金属矿床地下开采关键技术

胡杏保 著

北 京
冶 金 工 业 出 版 社
2015

内 容 提 要

本书介绍了金属矿床地下开采的关键技术，包括集中化开采技术应用研究、大参数开采、高应力隔断开采技术、破碎矿体开采、缓倾斜上下盘三角矿体回收、采矿方法转换技术、低贫化放矿技术、低贫化诱导崩顶技术，以及采场泥石流、岩爆、突水等矿山灾害防治技术。

本书可供采矿设计人员、矿山技术管理人员以及高等院校相关专业师生阅读。

图书在版编目(CIP)数据

金属矿床地下开采关键技术/胡杏保著．—北京：冶金工业出版社，2015.6

ISBN 978-7-5024-6922-1

Ⅰ.①金… Ⅱ.①胡… Ⅲ.①金属矿开采—地下开采 Ⅳ.①TD853

中国版本图书馆 CIP 数据核字（2015）第 117547 号

出 版 人　谭学余
地　　址　北京市东城区嵩祝院北巷 39 号　邮编　100009　电话　(010)64027926
网　　址　www.cnmip.com.cn　电子信箱　yjcbs@cnmip.com.cn
责任编辑　杨秋奎　美术编辑　杨　帆　版式设计　孙跃红
责任校对　李　娜　责任印制　牛晓波
ISBN 978-7-5024-6922-1
冶金工业出版社出版发行；各地新华书店经销；固安华明印业有限公司印刷
2015 年 6 月第 1 版，2015 年 6 月第 1 次印刷
169mm×239mm；13.75 印张；267 千字；211 页
50.00 元

冶金工业出版社　投稿电话　(010)64027932　投稿信箱　tougao@cnmip.com.cn
冶金工业出版社营销中心　电话　(010)64044283　传真　(010)64027893
冶金书店　地址　北京市东四西大街46号(100010)　电话　(010)65289081(兼传真)
冶金工业出版社天猫旗舰店　yjgycbs.tmall.com

前　言

采矿工业作为国民经济基础产业，在工业建设与发展过程中占有重要地位。随着矿产资源的不断开发，浅部易采资源量不断减少，地下矿山开采的比重逐渐增加，并且“三下”、富水、深井开采等难采矿床越来越多，开采难度也越来越大。同时，随着采矿工业的迅速发展，地下矿山的技术水平、开采设备的自动化程度、地下开采的工艺技术等都有很大的提高。如何安全、高效开采地下矿产资源，在很大程度上取决于对先进矿山技术的总结、推广与应用。为适应金属矿山开采的发展，以及矿山企业、设计和研究单位工程技术人员的需要，笔者将多年来从事的矿山应用技术研究和矿山实践经验总结成本书，期冀能为矿山工程技术人员提供一些有益的参考。

本书涉及多专业、多学科，以金属矿山采矿专业知识为主体，辅以其他相关专业知识而集成。本书以金属矿山为主，针对该领域矿山在开采中存在的主要技术问题及现场解决措施进行了比较详细的归纳与总结，并以现场实际矿山为辅证，对相关专题进行了分析与论证。

本书系统性、实用性、学习性强，在撰写过程中力求内容系统全面、主次得当，为读者分析、解决金属矿山地下开采中遇到的问题，让读者熟悉采矿过程中的主要着力点及解决措施，掌握采矿过程中的关键技术及难点处理与处置。

在撰写过程中，孙国全、孙丽军、郭进平、程平、孙锋刚等给予了很多宝贵意见和建议，潘健、麻雪岩等同志在文字编排、图表校核等方面做了许多工作，在此一并表示衷心的感谢。

由于著者水平所限，难免存在不当之处，敬请读者批评指正。

著　者

2015 年 3 月于西安

目　　录

1 金属矿床地下开采

总体而言，采矿方式可大致分为露天开采、地下开采和液体开采三种基本采矿方式。露天开采即在露天条件下，将埋藏较浅的矿石从矿坑露天矿、山坡露天矿或剥离露天矿开采出来，包括挖掘一系列顺序的沟槽。采砂船采矿也属剥离露天矿的一种，它从平底船上进行挖掘。地下开采是将埋藏较深的矿石，在地下采用自然支护、人工支护及崩落采矿方法将矿石开采出来。液体开采，又称特殊采矿法，是从天然卤水里、湖里、海洋里或地下水中提取有用的物质，先将有用矿物加以溶解（或热水融化），再将溶液抽至地面后进行提取；用热水驱、气驱或燃烧，把矿物质从一个井孔驱至另一井孔中采出。大多数液体采矿是用钻井法进行的。

对于一个具体矿床，需要根据地质条件和岩石力学资料，选择合理的采矿方法。比较理想的是要使被选用的采矿方法，在符合生产安全和适当采出有用矿物的要求下，能取得最大的经济效益。如采矿方法选择不当，将长期影响矿山生产技术指标和经济效益。

从整体上讲，地下开采仍主要是包括开拓系统、提升系统、运输系统、通风系统、给排水系统、供电系统、压气系统等内容，采矿方法上仍以空场、崩落、充填三大类采矿法为主。而当一个矿床开拓等系统建设以后，地下开采中主要的问题是出现在采矿方法及其工艺过程等的技术控制与完善方面，包括方法本身的适用性，装备的更新与工艺相互配套、提高产能效率、损失贫化控制等，之外也包括一些社会进步造成的方法适应性改变等，比如国家对土地征用的控制及对环境保护及安全上的更严格要求。近年来，我国矿山经历了一个比较好的发展机遇期，很多矿山引进了一些先进采掘装备，不断开展有关技术难点的攻克及技术创新研发，使得整体采矿水平得到了比较大的提高，再加之随着资源不断被采出，露天矿开采逐步减少，地下矿山或者露天转地下矿山逐步增加。金属矿床开采过程及开采特征与煤炭及一些非金属矿开采具有较大的差异性，本书主要分析和总结了地下开采尤其是金属矿床地下开采中遇到的关键问题以及研究进展。

1.1 开采现状

1.1.1 采矿方法

在当前的金属矿山地下开采中，仍然采用三大类采矿方法。

1.1.1.1 空场采矿法

空场采矿法一般被用于中小型矿山，或者空场嗣后充填的大型矿山。所采用的装备也相对比较简单；从我国中小型矿山使用的效果看，该方法所留的矿柱均难以被有效的回收，开采总体矿石回收率一般在50%~65%，劳动生产率低下，造成了大量的资源损失；随着开采的进行，形成了多空区（群空区）的状况，不同程度地出现区域性的地压危害，其主要面临以下几个关键问题尚需开展相关研究：

（1）残留矿柱的有效回收。

（2）多（群）空区条件下区域地压预防及控制技术。

（3）矿山尤其是民采矿山开采过程中地质灾害、水灾害预防及报警技术。

1.1.1.2 崩落采矿法

崩落采矿法开采是国内大中型矿山尤其是冶金地下矿山及低价值矿山主要使用的开采方法，其所采用的采矿方法也多以无底柱分段崩落采矿法为主；根据初步统计，在地下铁矿山中利用无底柱分段崩落法开采的矿石产量约占总产量的82%。该采矿法相对而言因为具有操作简单、开采强度大、机械化程度高、作业安全、采矿成本相对较低等优点，所以被较为广泛的使用。但是，该采矿法在使用过程中也遇到了以下一些问题：

（1）中型及部分老矿山结构参数小，装备水平低。造成采准切割工程量大，单次爆破量小，开采强度低。

（2）放矿方式不合理，损失贫化大。造成开采产品质量下降，无效费用占比比较高，影响到产品的市场竞争能力。

（3）硬岩覆盖岩需要强制放顶，很多矿山需要进行人工强制放顶，在增加矿山投资的同时，延长了基建时间。

（4）岩层崩落形成地表塌陷，造成地表环境的破坏。地表塌陷是该采矿方法特有的现象，其结果即是危害到地表安全及环境安全，尤其在国家对土地资源极其重视的今天，其危害尤其显现。

1.1.1.3 充填采矿法

充填采矿法是近年来发展比较快的采矿法，尤其是对于“三下”矿体开采、富水矿床开采、破碎矿体、地表需要保护及要求无废排放的地域开采等矿床开采，该采矿法具有较强的适用性。近年来先后研究形成了无废开采、高浓度全尾砂胶结充填及膏体充填开采等方法，为我国资源开采与环境协调发展做出了很大的贡献。

在铁矿等低价值矿床开采方面，采用更具环保优势的充填法（全尾砂非胶结甚至胶结充填法）开采的铁矿山正在逐步增加，尤其是新建设的复杂难采矿床及对地表不允许塌陷的区域，如马钢白象山铁矿、和睦山铁矿、山东莱新铁矿、李官集铁矿、山东苍山铁矿等，包括很多已经按照无底柱开采建设完成并生产的矿山，如金山店铁矿、安徽龙桥铁矿等，均已经改造成充填法开采。该采矿法由于其本身具有的特征必将成为地下开采的主体采矿方法。

同样，该采矿法也存在一些关键技术问题有待突破：

（1）低成本高强度胶结材料及充填技术。成本低并使充填体具有一定的强度，是矿山充填一直以来寻找的胶结材料，并将始终是今后研究的方向。

（2）大产能低成本充填技术。开采矿床的价值比较低、生产规模又比较大的矿山时，应经济地使用有效的充填开采综合技术，因为采用充填法开采毕竟增加了矿山的开采成本。

（3）可移动或者可撤卸式充填装备及技术。在对于中小矿山开采后形成的空区进行后期的空区处理时，往往采用充填空区的方法进行处理（治本办法），并是一种可以消除后患的有效处理办法。然而，向空区充填需要建立充填站，但固定式充填站的建设是该类型处理的难点，一般一个固定充填站的建设需要花费数千万元费用才可以建设完成，这对于很多矿山，尤其是民营矿山难以接受，如何既可以采用充填的方法进行解决，又不必花费很多的投资则是近年来很多地区积极寻求的方法。

（4）崩落法转充填法开采。由于很多矿山在开采过程中遇到了愈来愈严重的环境保护及地表征地等方面问题，多年采用崩落法开采的矿山也逐步开始寻求采用充填法开采的可能，其在方法转变的过程中需要解决一系列的过渡开采关键技术。

1.1.2 开采装备

在装备方面，随着前几年矿山行情的好转，一些大型矿山已经装备了比较先进的大型采掘设备，提振了采矿行业，促进了矿山整体装备水平的提高。但由于国内尚未形成大型高效的凿岩、掘进、装药、出矿等设备的生产制造体系，目前我国所采用的凿岩等大多仍还是小型风动机具，尤其是空场采矿法，大多采用的是浅孔凿岩，人工及简易装备出矿，劳动强度大，生产效率低；崩落法矿山多采用国产的YG-80、YG-90或CTC-141（甚至是浅孔凿岩设备）；出矿方面，尽管近年来淘汰了风动的T4G、T2G，但多采用1.5~2m^3的中小型国产铲运机，其整体装备制造能力尚待提高。

1.1.3 结构参数

随着大型装备的使用，提高矿山开采效能、降低开采成本是国内地下矿山开采的趋势。我国自20世纪60年代引进无底柱分段崩落法，其开采参数在应用了几十年后几乎没有得到多大的发展，对于大多数矿山而言，所采用的10m×10m

参数一直没有改变，并始终局限在较小参数的范围内。随着铲运机的引进与推广，这种小结构参数，一次崩矿量少，千吨采切比大的矛盾凸显出来了。具体表现为：80 年代起，国外地下先进矿山已逐步开展增大结构参数应用。如瑞典的基律纳铁矿，其开采参数演化（分段高度×进路间距）10m×10m→12m×11m→12m×16. 5m→20m×22. 5m→27m×25m→30m×30m，即参数由 10m×10m 逐步演化到目前的 30m×30m，并采用全液压凿岩台车和重型液压凿岩机，增加一次崩矿量、出矿采用斗容达 $6m^3$ 铲运机。马姆贝格特矿，其结构参数由原来 15m×15m 也改为 20m×22. 5m，采用大参数并形成相配套技术措施后，减少了采准工程量（减少到 2m/kt 以下），提高了采矿强度，大幅度降低了采矿成本，经济效益十分显著。

近年来，国内一些大型铁矿山也已经开始使用大参数进行改造，并取得了很好的使用效果。如程潮铁矿目前已经使用 17. 5m×15m，梅山铁矿使用 15m×20m，北铭河铁矿使用 15m×18m，大红山铁矿使用 20m×20m 等参数，并形成了相应的配套技术，基本上达到了国外先进矿山使用参数。在参数的选择上，国内已经开展了如椭球平面排列，并取得了一定的突破，但在实体三维理论方面仍未得到解决，因为该参数的合理匹配是解决矿石损失贫化的核心，如何组合才可以更有效地回收矿石、减少贫化的原理在理论上尚未得到解决。

1.1.4 放矿制度及损失贫化

金属矿山使用最为广泛的是无底柱分段崩落采矿法，但国内无底柱崩落法矿山一直沿用截止品位放矿方式，该方式的主要特点是：

（1）崩落的矿石在其上、左、右、正面都被覆盖岩石所包围，放矿过程中，随着矿石的被放出也将其周边的岩石放出，随着放矿的进行，铲斗内的矿石量会逐渐减少，而进入的岩石会逐渐增加，每铲斗内的矿石品位会逐步降低，这是形成该方法贫化的主要原因。

（2）截止品位放矿的着眼点为单个步距，即把每个步距视为最后一次的矿石回收，所以按边际收支平衡原则确定放矿界限（截止品位），按此边界品位放矿可以将有回收价值的都要求回收出来，造成每个放矿步距单元内的矿岩充分的混合。

该放矿方式的结果是造成了无底柱开采的损失贫化较大。

相对于其他采矿方法而言，无底柱分段崩落采矿法由于其自身的放矿特点，造成了该采矿法开采过程中损失和贫化率均较大，其每次崩落的矿石均被四面松散的废石所包围，在矿石被采出过程中周围的废石也跟着一道被放出，并且由于无底柱分段崩落法以“步距”为采矿回收的核算单位，保证了矿石和废石的充分混合（就一个同等尺寸的采场，如果采用有底柱崩落法和采用无底柱比较，无底柱开采时的矿石和岩石的混合体面积是有底柱时的 8 倍)，结果是损失和贫化率均偏高。

而通过组合放矿的多种组合比较，验证了低贫化放矿的可使用性，并确认截止品位放矿方式是无底柱开采条件下所使用的最差放矿方式，因此，低贫化与无底柱的配合使用将成为必然。

1.1.5 深井开采

随着我国云南会泽铅锌矿、安徽冬瓜山铜矿、抚顺红透山铜矿等金属矿山开采深度超过或者接近 1000m，大台沟超大型铁矿深度更是达到 2000m 左右，大规模开发深部金属矿产资源是我国矿业发展的必然趋势，深井开采已成为我国乃至世界矿业界特别关注的问题。解决深井开采所带来的高应力、岩爆、高温热害、深井充填、有效提升等难点和危害已刻不容缓。尽管近年来开展了相关的技术探索及研究，但尚未形成系统性的实践技术，包括如何利用深井高应力主动破岩，化不利为有利等技术，需要各矿山及研究单位进一步进行深入与完善。

1.2 近年来进展

近年来，随着装备和相关应用技术的带动，整个采矿行业，尤其是地下开采得到了比较大的进展，在此就其中的主要几个方向领域做一个简单介绍。

1.2.1 低贫化

低贫化放矿工艺是介于截止品位与无贫化放矿方式之间的一种放矿方式，即截止品位放矿、无贫化放矿是低贫化放矿的两个极值放矿方式，低贫化放矿与该两种放矿方式相比具有以下优势：

(1) 由于低贫化放矿工艺采取了多分层组合放矿的原理，在生产应用中可以采取不同的放矿组合，给矿山在生产应用中提供了可以选择的多种方案，各个矿山可以依据各自不同的条件进行合理选择。

(2) 低贫化方矿工艺不同于无贫化方矿方案，其在实施时不需要矿山在应用之前准备大量的三级矿量，实施投资较小。

(3) 由于该工艺打破了以单个步距为矿石回收指标的考核单元，允许在上部分层放矿时可以残留部分矿石在采场内，其结果是减少了总体的矿岩混合程度，从而减少了矿岩混合量，最后的结果是减少了采出矿石中的岩石混入量，降低了矿石贫化率。

(4) 当矿山可以在全矿推广应用时，其生产管理难度相对较小（不需要两套管理系统或模式）；在采场出矿控制时，上部各分层可以采用采出矿量单量

（出矿指令方式）进行控制（依据所需降低的贫化率幅度进行计算而得），简化了采场管理。

1.2.2 大参数开采

大参数开采是指无底柱开采过程中，进路间距、分段高度大型化。之前，由于受到所采用设备的影响，我国的无底柱参数在应用了几十年后几乎没有得到多大的发展，对于大多数矿山而言，引进时所采用的 10m×10m 参数至今仍然没有改变，某些矿山可能在该参数的基础上曾作过部分的改动，但都还局限在小参数的范围内。

随着国内矿山设备使用的大型化，大参数开采在近年来得到了较大的发展，国内大型地下矿山均开始采用 15m 以上的大参数，最大的矿山（大红山铁矿）已经在生产中采用了 20m×20m 参数；中型地下矿山也在原来参数上进行了加大，由原来 10m×10m 结构加大到 12. 5m×12. 5m 或者 12. 5m×15m，采切比由原来的 6~7m/kt 降低到 2~4m/kt，矿山单位面积的开采强度由原来的 25~30t/m^2 提高到了 40~45t/m^2，大大地提高了矿石开采效率，降低了矿石开采成本。为低品位、复杂难采的矿床提供一种高效率、低成本的开采方法。

1.2.3 高阶段

高阶段开采技术也是近年来为提高矿山效率，减少矿山建设循环而提出的一种加大阶段高度的开采工艺。在通常的矿山建设中，对于倾角陡的矿床，其阶段高度最大也不超过 80m。增大阶段高度，阶段内保有的资源量多，所能服务的年限也将增大，矿山新阶段需要准备的时间可以推迟，有利于矿山的稳定生产。因此，在条件适合的矿山，近年来形成了一种尽可能加大阶段高度的趋势，目前国内最大的阶段高度已经达到 200m。

1.2.4 铁矿山充填

近年来，随着开采条件好的矿床已经被占领开采及国家对土地和环境保护的控制，充填法开采地下铁矿山已经得到应用，这其中包括几种类型：

（1）矿床上部有需要保护的对象或富水矿床开采，如建筑物、重要运输线、水体。

（2）地表没有可以用作尾矿库建设的场地或者由于地方环境要求不允许建设尾矿库。

（3）由于征地价格昂贵，经济上不适宜建设地表尾矿库。

由于铁矿山本身的低价值性，地下铁矿山充填工艺仍以非胶结为主，但随着充填技术的进步，全尾砂胶结充填技术也逐步在地下铁矿山进行应用。

1.2.5 无废开采技术

矿山开采后的固体废物排放在我国很多地域的矿山已经成为了阻碍矿山发展的瓶颈，如何实现无废开采，是很多矿山需要解决的比较迫切的问题。另一方面，井下矿石采出的同时也在井下形成了相当的空场，如何实现该空场作为尾矿的堆场则需要采矿技术的配合与协作。目前国内使用比较好的矿山可以实现全尾砂充填及空场嗣后尾矿充填（排放），因此需要进行相关采矿、充填技术的改进，在采充平衡的前提下实现无废开采技术。

1.2.6 露地联合开采

随着资源的开发利用，浅部的资源愈来愈少，很多露天开采矿山的资源也逐步采完，逐步转入地下进行开采，尤其是铁矿山，如首钢的杏山铁矿、河北钢铁的石人沟铁矿、攀枝花尖山铁矿、太钢峨口铁矿等。因此，需要解决露天转地下开采的过渡关键技术问题，如产量平稳过渡、露天边坡破坏的危害、地下采矿方法过渡、露天地下联合开采安全技术及开采系统融合等，均在近年来开展了相关实践技术的研究。

1.3 存在的主要问题

在金属矿山发展过程中还存在着许多突出的技术问题需要在今后的开采实践中加以解决。

（1）硬岩覆盖岩层形成及最小厚度。对于矿体比较缓、而顶板岩层又比较坚固的矿床开采，其覆盖岩层很难靠自身的冒落形成足够的覆盖岩层。

目前，我国更低品位、难选的铁矿床已经逐步被开采，在不适用其他方法开采的条件下，仍只能使用无底柱这种相对简单、成本较低的采矿法进行开采。但无底柱开采的前提是必须形成足够保障安全的覆盖岩层，而对于倾角缓的矿体而言，上部已经形成的覆盖层不能随着开采的向下进行而自然跟随移动，在新开采部位需要人工再造，人工再造覆盖层的结果是需要结合矿山特点布置相应工程、确定合适的凿岩和爆破方式，尤其是矿体厚度比较小，其分摊到吨矿之上的相对放顶成本及矿山开采的绝对成本将大幅度地增加，这类矿体如湖南祁东铁矿、马钢罗河铁矿等。因此，迫切需要开发一种既可保证安全开采，又降低覆盖层形成成本的覆岩再造工艺。

同时，相关设计手册一直要求最小覆盖层厚度需要为分层高度的2倍，该规定在理论上缺少依据，该厚度要求是否可靠，在采用大参数开采时是否有些太过？尚没有合适的最小覆盖层厚度确定方法。

（2）地表塌陷及对地表的影响。崩落法开采（以及小民采铁矿山空场法开采）的结果是地表将形成塌陷程度不同的地表塌落区（沉降），对于开采矿点集中的地区，地表的塌陷成片相连。其一是严重破坏了环境，并且再恢复过程复杂、恢复效果差；其二是对地表的构筑物可能形成影响，是地下铁矿山开采对周边环境的一个主要危害。

(3) 残留矿石资源再回收及群空区危害控制技术。主矿体开采后的残留体（包括民采后空区间矿体、露天境界外矿体）指由于民采而造成大量的残留的矿体（民采回收率不到40%，造成大约60%的矿体残留在采空区），该部分资源占我国已经开采量的20%~30%。据初步统计，属于该类型矿石资源量达到数亿吨。该部分矿体的再利用逐步得到相关企业的重视。如马钢桃冲铁矿民采空区间残留矿体开采、河北唐山地区民采空区间残留矿体开采、昆钢大红山铁矿民采空区间残留矿体等。但在再回收的过程中，由于已经被民采所破坏，其产生的地压灾害、岩层控制、采场结构布置、采矿方法、群空区处理等均是有待解决的技术问题。

(4) “三下”矿体及非煤矿山岩层破坏规律。在国内，开采条件好、品位高的矿床基本上都已经被投入了开采，而上部有水源、流沙、建筑物或主要运输干线（“三下”矿床）等复杂难采矿床的开采逐步得到重视。由于“三下”条件下铁矿体资源约占我国开采量的15%，这部分国家资源一直未能得到有效利用。目前该部分矿体已经逐步开始回收利用。

该类型矿床开采的关键技术是上部岩层的变形控制，以确保上部被保护对象的安全。而由于非煤矿山矿床赋存的周边环境千变万化，各个矿山的岩层变形特征各不相同，开采产生的岩层控制、采空区处理及地表设施保护等技术均没有解决。尤其是金属矿山的岩层变形过程及规律具有很强的随岩特征，规律性较差，如何在经济安全的条件下实现该类矿床的有效回收、如何确保生产作业安全、不同岩层的变形破坏规律等尚未进行深入的研究。

(5) 开采过程控制缺失。长期以来，地下矿山开采一直被视为是粗糙的作业工艺，没有精确、可靠的被控制过程，井下作业从生产勘探开始到矿石被提升到井口，在过程控制方面确实存在着粗犷式计划和粗犷式管理，各个工艺本身及工艺与工艺之间没有严格或精确的过程控制措施，尤其是数字化矿山的基础信息来源不可靠，真正的现代化企业管理的过程控制无法全部实现，反过来也更无法实施矿山数字化。

(6) 完善充填技术，实现矿山无废开采技术（尾矿、废石、尾水等）。矿山充填是今后我国采矿方法发展的主要趋势，可以实现矿山产生的废石、尾矿尽可能少排放甚至不排放，但对于矿石价值低的矿山，其实现的难度非常大，比如前几年尚采用空场开采嗣后充填的很多矿山，在2014~2015年则开始出现了大面积的亏损，其直接原因就是因为近两年来矿石价格严重下跌，而采用嗣后充填毕竟增加了矿山开采的成本，也更难以实现铁矿山的无废排放开采。

（7）富水矿床开采防突水开采技术。由于矿产资源的不可再生性，导致开采技术条件比较好的矿山多已经被开发与利用，而“三下”、富水、松软与破碎、深埋、低价值矿山则愈来愈多，但开采该类型矿床也必将遇到更多的灾害威胁，尤其随着社会的进步，对人本身的重视度提高，其开采过程及之后危险源的处治是矿山开采面临的重大课题。对于金属矿山来讲，其最主要面临的灾害危险是矿山井下突水危害。

（8）深井系列技术。深井开采由于其所处的特殊环境而造就了该条件下开采的特殊问题，包括熟知的岩爆、高温、深井有效提升等，尽管近年来进行了不少的探索，也取得了一些单项成果，但作为该条件的整体系列技术尚存在很多使用性技术需要进行更深入的研究与实践。

1.4 主要趋势及研究方向

1.4.1 精确开采

矿山开采被认为是粗放式开采，目前矿山开采设计、指标统计、成本核算、过程控制、采场能力等数据要求精度不高，更没有实现高精度开采。但就一个100万吨/a规模矿山来分析，仅仅考虑回收率偏差10%计算时，就是每年误差10万吨原矿，按照目前市场价值计算就是每年误差产值4000万元左右。如果是被丢失，按照一般15年的服务年限计算，则可能在服务期间内有150万吨矿石被误差所丢失（该矿石是在应该损失矿石后而被误差所丢失），其目前市场价值将达到6个亿。对于全国来说这将是一个更大的数据。误差的结果可能使成本、分配、指标统计等均出现整体误差，在矿山实现成本控制的过程中就不能实施针对性措施，也可能使得生产过程人、财、物等资源分配出现再误差。

造成这种粗放式开采是由很多因素决定的，包括地下开采本身具有的隐形特征，再加上在开采及工艺过程中的精确测量控制仪器仪表的缺失等。这种粗放式开采的状况一直以来已经被行业认同了，矿山也没有更深地考虑和研究怎么去做好、做精。

受矿石行情的变化，目前有条件、有技术开展地下矿山由粗放开采向精确开采的转型。矿山需要精确开采，实现矿山的精确开采，具有巨大的经济价值和国家战略意义，并将提高我国地下矿山开采的整体水平和作业档次。

精确开采技术包括精确统计方法研究、精确设计技术、精确开采规划、精确控制仪器仪表。该研究包括生产过程地质品位的探查精度标准、每个炮排的矿量精确计算，品位精确计算（受到周围进路品位及残留覆盖岩层品位等的约束）、不同品级的分布控制及质量、预计采场出矿量、预计出矿品位、采场品位精确快速测量、与出矿设备配套的精确采场出矿量控制，精确溜井出矿计量、溜井各区段矿量控制、凿岩精度控制及精确验收等。

1.4.2 遥控采矿

遥控采矿技术在国际上已经是一种比较成熟的控制技术，也是地下矿山以后发展的一个方向，其中包括凿岩遥控、装药遥控、出矿遥控等。但是，该技术的发展必须与一个国家整体的发展水平相匹配，是国家工业整体发展到一定高度后配套应用技术，是建立在国家人力资源紧张、人力成本偏高，且又很注重劳动者作业环境时的产物，在我国尚未全面推广。但是，对于作业安全风险高的场合（如大空区下作业）、可能造成重大安全灾害的场合，应该适当加快引进并应该逐步推广使用。

1.4.3 数字化矿山

数字化矿山是相对比较新的领域，其建设也是近年来发展比较快，并取得了一定的成果。由于数字化矿山本身的定义相对比较模糊，从整体上来看需要进一步开展的技术同样很多，尤其在开采过程中的信息采集与整理方面，还需要着力加以开发与研究。

数字化矿山是近年来提出的新概念，建立在矿山精确控制基础上，是未来矿山发展的一种趋势。其内容包括数字化过程、采集矿山各个工艺过程的信息，再进行信息分析处理、辅助决策的过程。

（1）矿山辅助系统信息。

1）提升：提升监测、刹车及速度控制信息、安全监测、问题点信息及决策提醒。

2）压气：气量信息、供气压力信息及控制、开机时间、开机台位及台数、安全信息。

3）排水：设备自动控制、水位预测及开机信息、安全措施信息、问题点信息。

4）通风：风量风速自动检测、风量分配控制、主风站自动开机信息、需风量信息、局部通风风量及控制信息。

5）运输：运输点调度、运输位置、运输调度、溜井品位及运输品位平衡。

6）供水：线路分布、水压力调节、线路调度、用水量信息。

7）供电：线路分布、电量信息、负荷分布、危害信息、双回路交换、保护系统信息。

（2）岩体质量及采矿过程信息。

1）地质信息：结构面、节点图、节理聚类、品位等。

2）围岩及稳定性信息：围岩分类及质量评价、巷道围岩分类及稳定性、围岩动态分级、稳定性分区。

3）采矿信息：地质、测量、采准、切割、凿岩、矿体分布动态调整、回采、应力分布、采场出矿品位、溜井品位、出窿品位预测及采场品位变化信息。

4）矿山生产管理：矿山采掘计划、品位管理、产量分配。

5）地下采矿信息管理系统：地质信息库、安全管理信息、过程信息。

（3）地下矿山数字化研究。

1）矿山数字地质、矿床模型开发研究。

2）生产过程信息采集及生产调度监测系统。

3）井下无线通信及人员定位。

4）矿山安全监测及预警系统。

5）矿山生产经营决策支持系统，内部开采决策如最低截止品位、工业品位、边界品位等。

6）各个辅助系统（提升、通风、供电、排水、供水、压气、运输）的自动控制及信息采集。

1.4.4 空区精确探测及群空区间残留矿开采技术

群空区的存在对残留矿体开采有多方面的危害，矿体上部、下部、侧翼空区的存在均对残留矿体再回收及空区处理具有很大的危害性。该部分矿体开采的前提是必须掌握群空区在三维形态分布，确认残留矿体和空区的空间关系，因此，必须对已经存在的空区进行精确的探测。而由于该类型空区具有隐性特征，有的是开采后顶板已经垮冒、有的则开采后被封闭、有的更是空区套空区的存在，使得其真正被探测的难度很大。

前已述及，残留矿体的再开采是今后国内地下开采必须面对的一个难题，该部分开采由于受到民采的破坏，边界条件复杂，开采需要解决的难题包括：

（1）非沉积岩层顶板岩层破坏规律及方式。

（2）群空区条件下岩层变形破坏监测方法及其预报系统。

（3）残留矿体合理开采方法、采场参数确定及安全控制技术。

（4）空区及残留矿体精确探测技术。

（5）顶板冒落冲击危害性评价。

（6）群空区开采防灾变技术。

1.4.5 塌陷区控制

地下开采形成的塌陷区是地下矿对环境破坏的一个重点，无论是采用无底柱分段崩落法开采，还是小型矿点采用空场法开采，开采后形成的井下采空区将影响到地表（或者为地表安全隐患），对地表形成相应的破坏，破坏了地形地貌、破坏了区域水文环境、破坏了地表植被，甚至影响到地表的工业及民用设施。对于我国目前地下矿山开采来讲，一般的模式是先开采并破坏、矿山开采完成后再进行治理，其表现结果是地表必须先破坏。

因此，寻求不破坏或者少破坏地表的开采方式将成为今后金属地下矿山的又一个方向。其解决的方法可以结合无废开采的尾矿回填，也可以采取塌陷区压坡（废石地表回填）等措施，尽可能压缩地下开采对地表的破坏和影响。如国内的平水铜矿，在开采过程中从一开始就对地表出现的局部塌陷进行回填，随塌随填，有效地控制了塌陷范围（随着开采范围的增大）的再扩大。目前矿山已经开采到300m以下，地表的破坏范围基本上没有扩展（如果按照正常的开采移动范围进行圈定，其塌陷影响范围是目前的6倍）。再如瑞典的基律纳铁矿，其矿体为一长达数千米、宽为80~100m的整体性矿体，为解决开采对地表的影响，其在开采过程中采取了边生产、地表边塌陷、边采用生产废石进行回填的治理工艺，将地表塌陷范围始终控制在矿体露头塌陷内而没有再扩展，如果不采取该治理措施而按照我国通常使用的自由塌陷办法，其塌陷区范围也至少是目前的5~6倍。

两个矿例说明，在地下矿山开采期间，采用适当的处理技术和措施后（这两个矿均采用先塌后填的控制技术，抑制了塌陷区的扩张），极大地减少地下开采对地表的破坏，减少矿山征地，减少矿山后期治理费用。该控制技术应该作为地下矿山开采的方向进行开发并加以应用，使矿山开采与周边环境和谐、协调地发展。

1.4.6 低成本、安全、高效采矿方法

随着国内高品位，易采矿体的利用，国内资源已经进入低品位、深部、“三下”、境界外、富水、复杂难采矿体的开发开采阶段，迫切需要研究开发开采成本低、安全、更高效率的采矿方法。

具体低成本开采是要求多系统集成、多工艺协调、多工序精密组合、作业区与非作业区划分及分区控制、工艺无缝连接、无效时间压缩、高设备作业效率、集中化开采技术以及低贫化采场控制放矿等，提高工艺衔接效果，提高产品质量、减少无效费用，以达到节能降耗而降低矿山开采成本。

在安全方面包括灾变预测、灾变控制、铁矿山高效全尾非胶结、大产能充填。

在提高开采效率方面的设备更大型化、参数超级化、系统作业集中化等。

1.4.7 露地联合开采或露天转地下开采技术

露天开采一直是铁矿石产能主体，其生产能力占铁矿石60%~65%。经过长

时间的开采，三分之二的露天矿山已经进入中晚期，其中尤其以大中型露天矿为主，逐步将改为地下开采，并且在今后数年将达到转型高潮。尽管近年来开展了部分关键技术的研究，但其中尚有很多的关键技术需要在生产实践中完善与系统集成化研究，包括露天转地下开采覆盖层的安全结构与合理厚度、露天转地下平稳过渡方式及联合开拓运输系统衔接、露天转地下开采岩层变形影响预测预报及决策系统、露天与地下协调安全高效开采等。

1.4.8 矿山防灾变

矿山一直以来是灾害产生的主要源点，矿山安全也是近年来国家重点要求和监控的重点，其主要灾害包括爆炸、地压及冒顶、水害、地表沉降等。

对于富水矿床、“三下”矿体等矿床的开采，灾变防治技术是该类型矿体开采的保障措施，在寻求低成本、安全、高效率采矿法的同时，防灾变的安全配套技术的研究与开发将成为研究重点，包括灾变（边坡及顶板冲击灾害、突水）危害程度评级标准及方法、灾害预防技术、灾害治理、灾害监测预报系统、矿山应急水仓建立方法等。

1.4.9 矿山开采风险评价体系的完善

矿山的风险除了安全外，尚存在资源、市场走向等风险。近年来，矿山的发展明显经历了一个相对起落的过程，2003 年前矿山整体行业相对不景气，资源类产品价格相对处于比较低的位置；而 2003～2012 年，整个资源行业迎来了一个比较明显的牛市行情，产品价格一直在比较高的位置运行，几乎所有矿山均为高赢利甚至为暴利状态，拉动了整个行业的大发展，同时造成大量国外的高品质、低成本矿石的开发，造成整个资源的过度发展，产能释放加大；但随着国际经济环境的整体调整下行，引发了 2012 年后的资源过剩（也受国内外整体经济形势的影响），很多矿山新建投产即亏损，大量资金被积压并损失，尤其对于低品位、低价值矿床开采、开采条件复杂的矿床开发与利用。建立完善、具有预见性的资源开发风险评价体系及预警机制势在必行，规避矿山投资风险，避免盲目投资。

1.4.10 深井开采

由于浅部资源的逐步消失，深井开采是近些年来比较火热的话题，愈来愈多的矿山开始进入开采深部达 1000m 左右，同时，很多新发现资源的埋藏深度也达到 1000m 甚至更深。由于随着开采深度的加大，其必然存在温度的增加，相关应力也随之加大，因此采矿工作需要解决包括采矿方法本身的多种问题，尽管近年来从国家层面上支持开展了相关的部分技术研究与开发，但在高温、高应力环境下的采矿作业需要在保证安全的条件下解决有效降温、岩爆预报及防治、深井高压状态充填技术、高应力危害利用技术、有效提升等系列工程实践技术问题。

参考文献

[1] WILLIS P H. CSIR：Division of mining Technology [C] //Auckland Park，South Africa.

[2] 王新民，古德生，张钦礼．深井矿山充填理论与管道输送技术 [M]．长沙：中南大学出版社，2010.

[3] 唐绍辉．深井金属矿山岩爆灾害研究现状 [C] //长沙矿山研究院建院50周年院庆论文集，2006.

[4] 史秀志，陆广，张舒．金属矿山地下开采系统的风险管理研究 [J]．安全与环境工程，2008 (1)．

[5] 岑佑华．露天转地下开采关键技术研究 [J]．中国矿山工程，2009 (6)．

[6] 姚必鸿．我国地下金属矿床开采的现状及发展策略 [J]．矿业研究与开发，1999 (1)．

[7] 郭金峰．金属矿山露天转地下开采的发展现状与对策 [J]．云南冶金，2003 (1)．

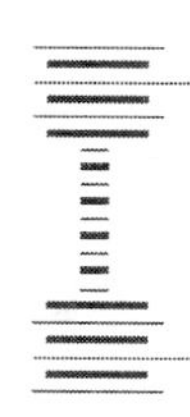

2 开采移动角及危害预警

地下采矿是将地下矿体开挖并进行利用的过程，矿体开采后在地下相应形成采空区，而采空区的存在则随着时间的延续可能会使地表形成塌陷或者沉降等危害，该危害不但在采空区直接上方存在，而且在空区的周围一定范围内也存在，但距采空区越远，其危害程度也越低。同时，采空区对地表的危害是逐步发展的，即由开始危害到真正形成危害有一个时间过程，并可以通过对该危害发育的过程规律的监测而可以预测目标点的危害发生大概时间和强度（图 2-1）。

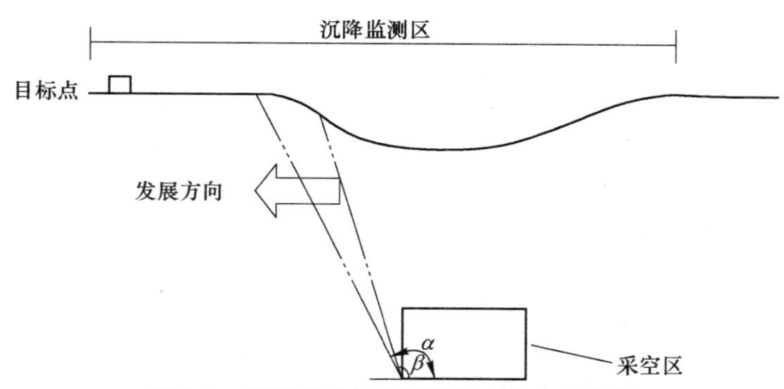

图 2-1　利用移动角预测目标点危害示意图

α—移动角；β—塌陷角

2.1　地表变形区域的可能危害

归纳起来，由开采引起的岩层移动和地表塌陷造成的负面影响主要有以下几点：

（1）地表出现采动沉陷盆地，在地面产生开裂、倾斜和弯曲等变形，甚至出现阶梯状塌陷坑、塌陷漏斗，在山区可能引起山体或地表滑坡等地质灾害。

（2）地面各种建筑物（包括城乡民宅、机关学校、商店及工矿厂房等）产生裂缝、倾斜，甚至倒塌，或者由于地表沉陷而使建筑区出现积水。

（3）铁路、公路、地面管道及地下所埋设的各种管线（包括自来水管、煤气管、电缆管）产生偏斜、坡度变化，甚至被拉裂或拉断。

（4）地表河流、湖泊、水库、工业和民用水井及地下含水层等各种水体产生导水裂隙，引起水资源大量渗漏或流失。

（5）土壤生态系统遭受严重侵蚀，有用矿物质、养分和水汽漏失或挥发，绿色植被生长环境被破坏，甚至引起肥沃的土壤沙化或沼泽化。

（6）地表水、地下含水层中水、开采矿层上覆岩层中的流砂砾石等流入井下采区，严重威胁井下人员及生产安全。

（7）破坏了开采矿层上覆岩层中的有用矿床，造成地下水系紊乱，严重影响了矿产资源的合理开发和综合利用。

上述地质灾害一旦发生，将给矿山企业、矿区居民造成难以估量的经济损失。地表移动变形造成的地表生态环境破坏问题已经成为矿山企业面对的最严重的社会问题。它不仅影响着矿区人民的生产、生活，同时也降低了矿山的经济效益，制约矿山的生产发展。为此，必须对开采区影响范围内的岩层移动和地表变形进行准确的预计，杜绝地质灾害的发生。地表移动带的圈定意义重大，不仅能带来巨大的经济效益，也能带来显著的社会效益及环境效益。通过对矿山岩移规律的研究，可以有效地减少损失，保证矿山的安全生产，促进矿区经济发展和社会稳定。

2.2 确定塌陷范围的主要方法

随着近年来国家对土地的严格控制及征地价格的不断提高，减少地表因开采引起的破坏范围的问题愈发被矿山（新建及已经生产矿山）重视，其除了采用充填法进行控制之外，在很多尚不具备充填开采的矿山提高塌陷角也是一种比较有效的控制方法之一，尤其对于地表需要重点保护物区域的开采。

塌陷或者移动角的确定方法通常采用的、比较熟悉的是设计手册或者教材所给出的类比法为主，并在矿山设计中得到了广泛的采用，辅助采用经验公式法、理论分析法、数值模拟法、相似材料模拟法等。

2.3 移动角与塌陷角的定义

在传统的采矿设计中，圈定移动、陷落范围时引入了移动角（错动角）、塌陷角（崩落角）的概念。移动角是指移动主断面上临界变形值的点和采空区边界的连线和水平线之间在采矿区外侧的夹角。这里所说的临界变形值是无需维修就能保持建筑物及各种设施正常使用所允许的地表最大变形值，根据临界变形值可圈定地表移动的危险变形区与非危险变形区。《煤矿测量规程》规定，对于一般砖石结构的建筑物，其临界变形值定为：$T=3\text{mm/m}$，$\varepsilon=2\text{mm/m}$，$k=0.2\times10^{-3}/\text{m}$。其中，$T$ 为地表倾斜，地表下沉沿某一方向的坡度值；ε 为地表水平变形，一线段两端点的水平移动差与此线段长度之比；k 为地表剖面线的弯曲度。塌陷角，即采空区上方地表最外侧的裂隙位置和采空区边界的连线与水平线之间在采空区外侧的夹角，也有理解为与陷落临界变形点的连线的夹角，陷落临界变形点的变形值定为：$T=10\text{mm/m}$，$\varepsilon=6\text{mm/m}$，$k=0.6\times10^{-3}/\text{m}$。

在金属矿山地表开采过程中可以根据上述判别圈定实测的移动角和塌陷角（图 2-2）。根据上述关于错动角、塌陷角的定义可知，矿山开采引起的错动区（变形区）指的是地表变形处于 $3\text{mm/m}<T<10\text{mm/m}$ 或 $2\text{mm/m}<\varepsilon<6\text{mm/m}$ 的范围；陷落区以地表变形处于倾斜率 $T>10\text{mm/m}$ 或水平应变 $\varepsilon>6\text{mm/m}$ 的范围（开裂形成裂缝）。

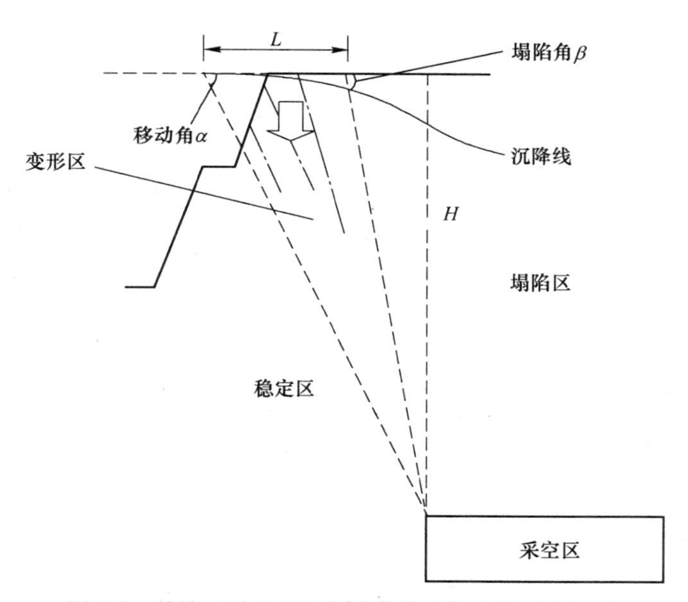

图 2-2 某铁矿露天地下联采崩落法影响范围示意图

2.4 变形区域距离的预警作用

由于塌陷区对地表建（构）筑物具有明显的危害性，而变形区则存在由外向内危害逐步加大的性质，即存在不危害到危害的区间域，则给予了在工程实践上一个可以预警的区间，指导矿山井下开采与需要保护物之间的控制。

对于生产矿山，在实际生产中，塌陷角和移动角是随着生产的进行不断地扩张，而塌陷区由于变形较大，易于观察确定范围，而变形区（属于移动范围）与稳定区由于位移较小，肉眼很难看出来，需要在其扩张的路径布置相应的沉降观测进行监测加以区分。

如图 2-2 所示，如大红山铁矿井下开采时，需要对其露天开采进行保护，一期地下开采存在小部分被露天采场压到的矿体，变形区的主要危害是地表出现采动沉陷盆地，在地面产生开裂、倾斜和弯曲等变形，甚至出现阶梯状塌陷坑、塌陷漏斗；二期地下开采存在较大的被压矿体，被压矿体部分开采后变形区可能引起露天台阶滑坡等地质灾害。当地下开采至200m阶段时，露天采场南部的部分公路出现在产生变形的区域，这部分公路将会产生偏斜、坡度变化，甚至被拉裂或拉断。因此，在地下采矿过程中需要利用变形区域的距离 L 进行危害的预报工作。

因此，需要在采空区对应地面的潜在崩落区地表按一定网度建立井下、地表联合观测网，通过对监测数据的分析，确定地表的塌陷边界及地表移动边界，预测移动及塌陷区域的推进速度，利用其存在的区间差值对需要保护对象进行预警并指导井下生产。

从图2-2中可以看到，位于塌陷区与稳定区之间的变形区在地表上存在一个距离 L，在已知塌陷区范围的情况下，可以通过距离 L 来区分变形区与稳定区的大概范围，推断不稳定的变形区范围。由图2-2中几何关系可以计算出 L：

$$L = \frac{H}{\tan A} - \frac{H}{\tan B} = \frac{\tan B - \tan A}{\tan A \tan B} H = KH \tag{2-1}$$

式中 H——距离采空区垂直高度，m；

A——移动角；

B——塌陷角；

K——变形系数。

根据公式计算出的变形区域距离 L 可以利用来判断变形区域的范围，即当现场观测到裂缝时，通过 L 可以大致划出处于岩层移动的地表范围，可以提前对处于变形区域的建筑、设备进行加固维护等工作，相关人员可以及时撤离危险区域，保障矿区人员的生命财产安全。当空区附近地表布置有观测点监测时，可以根据地表下沉位移反推地下空区裂缝的发展情况，为安全生产做出预警工作。

参考文献

[1] 袁义．地下金属矿山岩层移动角与移动范围确定方法研究［D］．长沙：中南大学，2008.

[2] 刘钦，刘志祥，李地元，等．金属矿开采岩层移动角预测知识库模型及其工程应用[J]．中南大学学报（自然科学版），2011（8）．

[3] 张飞，王滨，田睿，等．书记沟铁矿地下开采岩层移动界线的圈定［J］．金属矿山，2011（3）．

[4] 解世俊．金属矿床地下开采［M］．第2版．北京：冶金工业出版社，2008.

3 集中化开采技术应用研究

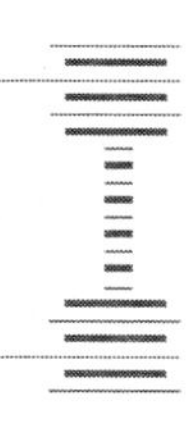

集中化开采技术是要求矿山多系统组合成一个有机的整体，形成节约化经营开采模式，降低矿山开采成本。

集中化开采包括集中化开采模式、三级矿量优化、开采保障系统等研究，现将研究内容总结如下，供参考。

3.1 概述

矿山开采，尤其是地下矿山的开采，是由多个子系统相配合的组合产生，从地质探矿到矿石被提升到地表，其中包含了矿床开拓、井下运输、排水、供电、通风、提升、供气、供水等系统及矿山开采过程中采准、凿岩、回采、支护、顶板加固、设备维修、材料供应、生产组织管理等数十种的生产工序，而这些系统与工序均是为了确保矿山有效、安全地采出一定量的矿石。从宏观上说，整个矿山是一个围绕开采出适当量的矿石而运转的大的系统，系统的输出是一定数量和质量的矿石及开采该矿石所付出的成本指标，而系统的运转效能则取决于该系统内部组合，取决于其内部各个子系统与工序的衔接与配合效率，系统内的子系统及工序配合合理、高效，其在采出该矿石所投入的资源就少，开采成本就低：相反，其开采成本就可能较高。

在国内矿山产品已经市场化的背景下，矿山管理的主要目标就是减少系统的内耗，降低矿石成本（图 3-1）。

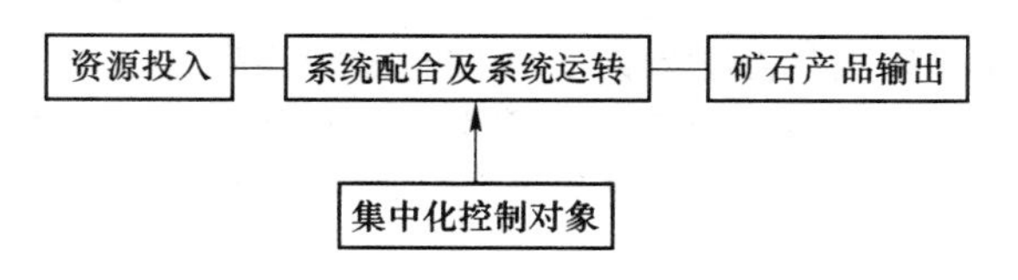

图 3-1　矿山生产过程示意图

集中化开采技术是国外矿山采矿过程中兴起的一种新型生产组织模式。20 世纪 80 年代，南非矿业公司和英国煤炭矿业公司开采不景气的条件下，提出了“一个矿区一个矿井、一个矿井一个采区、一个采区一个工作面”的作业模式。业界认为集中化开采是未来采矿方法的一个最重要特征，其服务系统的利用程度与采矿工作面的推进速度呈正比，尽可能地减少内部消耗，提高系统运作效能。

提出的背景是当时其矿山行业受到世界经济影响而运转困难，并相应地开展了该方面的研究与应用研究，为其摆脱困境起到了积极的作用。该背景正适合目前我国矿山开采的现状。进入21世纪以来国内也逐步开始重视该技术的研究与应用，如山东兖州矿业集团在生产组织过程中，根据煤炭开采的特点开始依据集中化的生产模式进行生产组织探索性应用，取得了一定的成效。

集中化开采的目的是通过对矿山生产过程的控制提高系统利用率（表3-1），降低过程中服务系统所占的比重，从而降低产品成本。

表3-1 某矿山各年矿山开采成本 (元/t)

序 号	成本构成	2001年	2002年	2003年
1	采准掘进	9.50	8.10	7.62
2	回采出矿	10.78	7.85	7.36
3	采矿凿岩	7.05	5.37	4.77
4	喷锚支护	3.14	5.66	5.54
5	矿岩运输	4.41	4.22	4.26
6	矿岩提升	5.97	8.33	7.92
7	总成本	40.85	39.53	37.47

注：1. 2001年辅助成本占总成本29.18%；
2. 2002年辅助成本占总成本25.31%；
3. 2003年辅助成本占总成本22.2%。

3.2 集中化开采技术

我国地下矿山的开采从基建投资到产品的产出，是从原来的计划经济发展延续而来的，其特点是所包含的内部系统繁多，管理及运营过程具有浓厚的计划经济特点，其开采过程至今仍未有大的改变，矿山系统间运作效率低下、无效费用多，产品成本高，严重制约了矿山（尤其是地下矿山）的发展。随着国内外矿山产品的一体化及不景气状态的发酵，在此背景下需要形成新的办矿模式和新的开采模式以指导矿山的建设与生产，而集中化开采的提出可以为地下矿山提供一种先进的开采模式。

3.2.1 定义

集中化开采技术是指矿山在开采过程中，利用控制手段，优化系统资源组合，形成开采过程中的地点集中、产量集中、工序集中、服务系统集中的集约化作业，提高矿山系统运行效率，从而达到降低经营成本的一种开采模式。

集中化开采的本质是使矿山开采的各个子系统及工序运转有效、实用，压缩作业区间，减少无效服务费用，降低产品成本。

集中化作业是相对概念，矿山管理作业的集中化程度可以在现有基础上被再提高、再上升，即可以在现有基础上进行更进一步的集中。

3.2.2 模式

集中化开采技术主要包括四个方面的集中，即地点集中、工序集中、产量集中、服务系统集中（图3-2）。

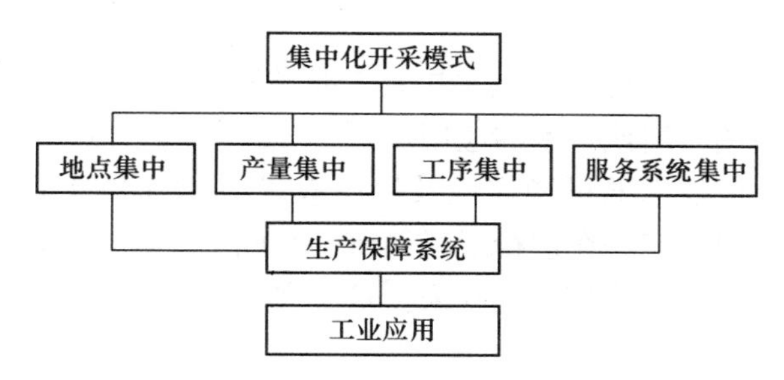

图3-2 集中化开采技术应用模式框架图

（1）地点集中。在四个“集中”之中，地点集中是核心，即在可能的条件下尽量缩短子系统作业线（或称作业区域面积）及服务线长度，其地点集中包含了生产工序、矿山产量、服务系统在某区域内的集中运转，使工序作业范围减少、运转效率更高，衔接更紧凑；使整个矿山的各个工序在一个较小的区域内进行运转时，可以减少区域外的系统消耗，达到降低矿石开采成本的目的；而该作业区域是随着矿山生产的进行而不断地进行推进，同时使生产工序、矿山的矿石产量、矿山的各个服务系统也随之不断地进行推进。在我国的地下矿山中，该作业线（或区域）可以是矿山的一个开采井区，可以是一个采区车间，也可以是一个采区的几个开采分层，以及一个分层中的几个矿块。

（2）工序集中。工序集中是指矿山在生产过程中由矿山开拓到提升矿石至地表的数十个作业工序相对进行集中作业。该集中包含两个层次的含义：其一是指其作业中的多个工序被要求在一个特定的作业区内进行，即工序的区域集中；其二是指这么多的作业工序在生产中尽可能地进行简化、合并、规范化、规模化、标准化操作，减少作业过程本身环节，要求某一种工序中的作业规格（参数）尽可能地进行统一，以简化矿山生产的作业管理。

（3）产量集中。产量集中是指矿山在生产过程中利用高效的出矿设备，配置大型采场结构，提高单位面积内的矿石产量，提高单位面积内采矿强度，确保矿山在较小的区域内进行高效的生产组织，并满足矿山的生产要求。矿山生产是以采出矿石为目的进行生产组织的，矿山产量集中是其他集中的基础。此外，产量集中还包括提高单机（包括出矿、凿岩、掘进等设备）作业能力，提高各个工艺的准备效率。

（4）服务系统集中。服务系统集中是指矿山在生产过程中，在地点集中的前提下，使矿山生产过程中的各个服务系统（提升、运输、通风、供水、巷道维护、组织管理等）在作业区内进行服务，使其所服务的区域被减少，各项服务之间的衔接更为有效，从而减少系统运行的服务费用。同时，为了保证集中化生产的运行，要求各项服务的运行质量可靠、安全、高效。

3.3 工程实践

集中化开采技术主要包括地点集中、产量集中、工序集中、服务系统集中，本节以梅山铁矿为例介绍该技术的应用。

为了证实验证该技术的可操作性及使用效果，2003 年正式在梅山铁矿开展了该系列技术的应用研究。在进行现场调研的基础上，针对该矿的实际中生产情况进行了相应的无底柱开采集中化开采技术研究，主要进行了以下的应用与研究工作。

3.3.1 无底柱开采特点

针对该矿山使用采矿法的特点，针对无底柱分段崩落采矿法的开采过程，强调了其特点是由上而下地依次分层开采，在分层内以进路为单元划分矿块，每个矿块内由数条进路组成，进路内可以进行或出矿、或凿岩、或采准，采场出矿是利用铲运机在进路中直接铲装后倒入矿块溜井。该采矿方法开拓为采准掘进提供空间，采准掘进为生产凿岩提供场地，凿岩为生产出矿提供作面，其中凿岩和掘进作业可以在一个矿块内同时进行；而在生产过程中为减少相互干扰、保证良好的工作面条件，要求出矿矿块内的进路必须完成生产凿岩后只进行爆破、出矿，即出矿矿块内不允许再同时进行凿岩或掘进等作业。

按照该特点选择采用了针对性的集中化开采研究。

3.3.2 地点集中研究

无底柱分段崩落采矿法的地点集中必须以合理的三级矿量组合为前提，以矿山生产组织管理为手段加以实施，因此着重进行了无底柱三级矿量优化、生产中减少同时工作的分层数等方面的研究。

3.3.2.1 三级矿量优化

A 问题的提出

如前面所述，集中化开采的核心是采矿过程的地点集中，具体到无底柱采矿采矿方法，其地点集中的表现首先是三级矿量的分配必须合理，以尽可能地压缩同时作业的分层数。由于无底柱分段崩落法采矿工艺的特点，自 20 世纪 60 年代引进以来在国内尚没有形成合理的三级矿量计算模式，一直沿用了原来教材及设计手册中的备采矿量保有时间6个月、采准矿量保有时间一年、开拓矿量保有量为三年的固定数值，缺乏依据无底柱所采用的设备、矿块参数等因子的调整，不是依据该采矿方法的特点计算而来，缺乏维持简单再生产的科学、量化基础。

矿山生产实践表明，该固定数值在无底柱采矿法中被采用的结果往往是致使大多数矿山在生产组织中很容易造成三级矿量的失调。为此，研究人员专门针对桃冲铁矿、板石沟铁矿、北铭河铁矿、梅山铁矿等国内主要无底柱山进行了三级矿量统计分析，发现各矿正常生产所要求的三级矿量差异很大，备采矿量由6个月到1.2年不等。为有效地开展集中化开采试验研究，压缩生产作业区域，减少矿山为持续生产需要而积压的资金量，配套进行该采矿法三级矿量的优化研究，进行并形成适合无底柱分段崩落采矿法的三级矿量计算方法，为我国无底柱分段崩落采矿法的生产组织提供科学、合理的依据。

B 三级矿量优化目的

三级矿量优化目的：

（1）减少矿山为持续生产所积压的流动资金。

（2）形成合理的计算方法，指导类似矿山生产组织。

C 三级矿量实质及其合理模式

地下矿山采矿合理的三级矿量分布主要取决于以下几个方面的因素：采场结构参数、生产作业设备类型、千吨采切比、该中段范围内矿山产量规划、下年度计划采出矿石量、下年度计划采准带矿量、开拓带矿量、平均的矿块矿量、矿块凿岩量、出矿效率、凿岩效率、掘进效率、生产不均匀程度、生产衔接程度等。

无底柱分段崩落法三级矿量的影响因素虽然可能很多，但三级矿量的实质是：

（1）备采矿量：备采矿量的实质是当一个矿块的铲运机完成出矿后，必须有新的矿块被准备出来而提供给该铲运机出矿的新场地，以保证矿山的持续进行，在新矿块内不再进行凿岩、采准等作业。

（2）采准矿量：由于无底柱分段崩落法生产组织及设备施工的要求，当铲运机进入新矿块进行出矿时，该矿块则必须已经完成中深孔的施工，即在该矿块内出矿与凿岩不能平行作业，而要求有新的场地（矿块）进行凿岩施工，该新的矿块可以是已经完成全部采准施工，也可以是部分完成，只要该矿块中的数条进路已经完成掘进施工就可以进行凿岩施工，亦即该采矿法的掘进与凿岩可以进行平行作业。此时，所提供的采准矿量就是该采矿方法允许的最小采准保有矿量。在生产中，为避免生产工艺之间的相互干扰，在矿山能力允许的条件下，应以矿块为工艺作业划分单元为优。

（3）开拓矿量：无底柱是采用逐分段、逐中段向下进行开采的，在某生产中段中，其剩余可采矿量的开采年限必须大于新中段准备时间，即当某中段开采完成时，新的中段必须准备完成而具备出矿条件，而新中段的准备时间取决于新中段的开拓工程量、设备准备时间等。该生产中段剩余矿量即是其开拓保有矿量。

D 无底柱三级矿量计算方法

依据上述的各矿量保有实质及无底柱分段崩落采矿法特点，经对生产矿山的调研与分析，初步形成了适合该采矿法的三级矿量计算方法。

a 备采矿量 $Q_{备采}$

当一个矿块刚开采完成后，另一个矿块恰好被准备出来。该矿量的多少取决于单个矿块的矿量 Q_i、出矿设备台数 N、单台铲运机的年产量 Q_N。

在生产组织理想（且稳产）情况下（注：在矿山产量变化时，以其下年度产量为基准进行计算），一般应该具有：

$$Q_{备采} = \sum_{i=1}^{n} Q_i$$

则备采矿量保有年限 $T_{备采}$ 为：

$$T_{备采} = \frac{Q_{备采}}{Q_{年}} = \frac{Q_{备采}}{\sum Q_N}$$

式中 $Q_{年}$——矿山年生产能力（除带矿量外）。

矿山生产中，考虑生产的不均衡性，可以在上式的基础上乘一个不均衡系数 K，即：

$$生产中矿山备采矿量 = KQ_{备采}$$

$$生产中矿山备采保有时间 = KT_{备采}$$

式中 K——生产不均衡系数，一般 $K=1.2$。

b 采准矿量 $Q_{采准}$

当一个矿块刚完成凿岩后恰好有另一个矿块（或该矿块中的几条进路）具备凿岩条件。该矿量值的大小取决于凿岩设备的凿岩效率、一个矿块内可同时布置的凿岩设备台数、采准施工效率及可同时工作的工作面数。

在生产组织条件较理想时也应该具有：

$$Q_{采准} = MQ_{备采} = M\sum_{i=1}^{n} Q_i$$

则采准矿量的保有年限 $T_{采准}$ 为：

$$T_{采准} = M\frac{Q_{采准}}{Q_{年}} = MT_{备采}$$

式中 M——采准与备采平行作业系数，一般为 1.5~2.0。

c 开拓矿量 $Q_{开拓}$

矿山在没有下一个中段开拓期间，其开拓保有矿量为本中段剩余矿量；当在生产期间同时存在下中段开拓时，其开拓矿量保有必须满足上一个中段刚开采完成（不含最后一个分层）时，其下一个中段正好被准备出来。该矿量值的多少取决于上中段的可开采量 $Q_{上中段}$（不含上中段的最后一个分层矿量）、年生产能力 $Q_{年}$、新中段开拓剩余工程量 L、开拓工程施工效率 P 及中段安装工程工作量等。在矿山稳产且条件比较理想的情况下，开拓工程应满足生产衔接等式：

$$\frac{Q_{上中段}}{Q_{年}} = \frac{L}{P} + T_{安装}$$

式中　$T_{安装}$——中段安装工程所需要的时间，可平行作业的 $T_{安装}=0$。

当矿山年产量各年发生变化时，该等式可以改为：

$$T_{上中段} = \frac{L}{P} + T_{安装}$$

式中　$T_{上中段}$——上中段可开采时间。

则其开拓矿量为：

$$Q_{开拓} = Q_{上中段} + \frac{已完成工程量}{中段开拓总工程量}Q_{中段} - T_{安装}Q_{年}$$

式中　$Q_{中段}$——本中段矿量。

其开拓矿量保有年限 $T_{开拓}$ 为：

$$T_{开拓} = Q_{开拓}/Q_{年}$$

由上述分析及计算可以看出，矿山稳产期间的备采矿量与矿块结构参数（矿块矿量）、矿山生产所需要的出矿设备台数有关；在产量变化期，只与为满足矿山下年度产量配套的出矿设备数及矿块量有关。采准矿量的值应该为备采矿量值的 M（平行作业系数）倍；而开拓矿量值的多少与其采准、备采矿量不存在直接的关系，其值的大小完全取决于矿山的生产与基建的衔接。

就正常而言，开拓量的最大值应该是矿山一个中段的矿量值，即当上中段开采完成时下中段正好被准备出来，此时的矿山开拓量保有期也最长。作为一般矿山情况，由于中段的开采时间大于中段的准备时间，则当中段已经被准备出来后，其在下一个中段的开拓可滞后进行基建施工，同时可使开拓量得到压缩。即开拓矿量具有最大值和最小值，其中：最大值为新中段矿量；最小值为下中段准备年限×$Q_{年}$。正常情况下，开拓保有矿量应在这两者之间。

同时，由计算式可见：当设备的能力足够时，矿山的年产量越大，其合理备采、采准矿量保有年限越小；当矿山产量不变时，所采用的设备效率越高，其所需要的设备台数越少，所需同时工作矿块越少，其保有矿量也就可以越少；当矿山产量不变时，矿块的参数尺寸越大，其需要的保有矿量也越大，保有年限越长。

E　三级矿量的现场优化

a　三级矿量计算值

依据上述公式进行计算，则梅山铁矿的三级矿量计算值如下：

梅山铁矿无底柱分段崩落采矿法所采用的采场结构参数目前是 15m×15m，按 8 条进路作为一个矿块（1 台铲运机），矿块长 75m，则其标准矿块的矿量约为 50 万吨，即：$Q_i=50$ 万吨；为满足生产要求，梅山铁矿同时需要工作的铲运机台数为 7 台，则按照计算其最少的备采矿量约为：

$$Q_{备采}=7\times50=350 \text{ 万吨}$$

其最少的备采矿量保有年限为：

$$T_{备采}=Q_{备采}/Q_{年}=350/320=1.1 \text{ 年}$$

同样，可以计算出其最少的采准矿量为 525 万～700 万吨。

其最少的采准矿量保有年限为：

$$T_{采准}=(525\sim700)/320=1.6\sim2.2 \text{ 年}$$

考虑到生产中的不均匀值，取不均匀系数 $K=1.2$ 计，则梅山铁矿合理备采矿量应该为 350×1.2＝420 万吨，备采矿量保有期应为 420÷320≈1.31 年；合理的采准矿量为 630 万～840 万吨，采准矿量的保有期应为 2.0～2.625 年。

b 实际三级矿量保有情况

2001 年、2002 年底梅山铁矿三级矿量保有情况见表 3-2，其计算矿量与保有矿量对照见表 3-3。

表 3-2 三级矿量保有情况

年份	年底保有矿量/万吨			当年消耗/万吨			当年完成				
	开拓	采准	备采	开拓	采准	备采	采准掘进/m	采准矿/万吨	中孔/万米	大孔/万米	备采矿/万吨
2001	7431	1650	821	339	260	272	11600	889	33	11.3	538
2002	9994	1042	525	543	290	509	8000	643	38	11	595

表 3-3 实际保有矿量与计算矿量对照

年份	项 目	备采矿量/万吨	采准矿量/万吨
2002	年实际保有量	525	1042
	计算合理保有量	420	840
2001	年实际保有量	821	1650
	计算合理保有量	420	840

由表 3-3 可看出，2002 年梅山铁矿的实际保有备采及采准矿量较计算的合理保有量要较多一点，该多出的部分有两个方面的原因，一是该矿在计算备采、采准矿量的过程中将正在进行但尚未完成的矿块算作了保有矿量；第二是因为该矿目前在−213m 水平的部分地段属于第一分层开采，该部分进路虽然具有保有矿

量，但其在本分层可回收矿量较少。由此可见，2002年梅山铁矿的实际保有矿量合理且较少。同时可以看出，2001年度梅山铁矿的备采及采准矿量相对较多，较多地超过了实际需要量。

3.3.2.2 生产中减少同时工作分层数

地点集中的目的是减少矿山作业的区域，使各工序的连接更有效，减少因此而发生的辅助费用。

梅山铁矿虽然其三级矿量的保有已经较为合理，但由于历史原因，其在井下开采过程中形成了南区下降快，北区下降慢的格局。到2000年为止，南区开采已经在-243m水平进行，而北区仍滞留在-198m的水平，两个区域之间相差三个水平，形成45m的开采落差，且同时开采的水平数达到了6个，致使矿山服务系统的服务区域过大，影响了矿山的生产管理及更好的效益取得。针对这种状况，在开展本攻关课题以来，矿山开始对这种状况进行调整，在生产计划中强化了北部区域的开采，尽可能地放缓南区，保证了到2004年使第二个区域得到同步下降，使同时回采的水平数由目前的6个减少到目前的4~5个，使作业地点做到尽可能的集中。具体地采取以下几条措施：

（1）强化北区采准、凿岩作业工程量计划安排，尽可能使之提前具备采矿条件。

（2）加大北区矿石产量计划，加速北区开采及下降速度，使该区域尽快能和其他区域同步下降，减少本矿同时工作的分层数。

通过加速北区开采，2003年下半年井下生产现状（表3-4）为：

1）采准掘进：采准掘进主要在-258m、-273m水平进行，-273m水平是主作业水平，-258m水平处于扫尾阶段。

2）采矿凿岩：采矿凿岩主要在-258m水平进行、-243m水平处于扫尾阶段。

3）回采出矿：回采出矿主要在-243m、-228m水平进行，-213m水平处于回采扫尾阶段。

表3-4 井下同时工作分层数及开采现状

<table>
<tr><td>分层水平</td><td colspan="2">-228m</td><td colspan="2">-243m</td><td colspan="2">-258m</td><td colspan="2">-273m</td></tr>
<tr><td>采区</td><td>北</td><td>南</td><td>北</td><td>南</td><td>北</td><td>南</td><td>北</td><td>南</td></tr>
<tr><td>正进行的
采矿工序</td><td>回采</td><td>回采</td><td>回采</td><td>回采</td><td colspan="2">采准掘进
采矿凿岩</td><td colspan="2">采准</td></tr>
</table>

3.3.2.3 减少生产及准备作业区域

集中化开采的主要目的是减少作业区域范围，减少辅助服务费用，在开展上述工作的同时，梅山铁矿采用了进一步加大采场结构参数，引进并应用了大型的出矿、凿岩、掘进等设备，提高了单机生产效率，见表3-5。

表 3-5 作业设备生产效率对比

设备名称	年份	
	1999	2003
掘进 Boomer281	1481.53m	1800m
掘进 ROCKET281		2000m
凿岩 SimbaH252	58100m	63600m
凿岩 SimbaH254		61000m
凿岩 SimbaH1354		61000m
出矿 TORO301D	31.69 万吨	35 万吨
出矿 TORO400E	43.38 万吨	50 万吨
出矿 007		52 万吨

由于矿山在引进设备方面注重了单机的生产能力，引进了具有国际先进水平的采掘主体设备，大幅度地提高了各个工艺的生产效率；同时，形成了相关主体工艺的设备完整化、配套化，使整体的生产效率得到了提高，如巷道掘进在采用大间距采矿的基础上，基本上取消了人工作业施工，不但减少了工人的劳动强度，而且从整体上提高了采准准备效率，使生产准备效率比原来提高了一倍；在凿岩方面，尽管在攻关初期也已经使用了进口的 SimbaH252 凿岩台车，但随着新系列台车的引进，其凿岩的整体效率也相应地得到了进一步的提高（约为原来的 1.3 倍）。设备效率的提高使为满足持续生产而所需要准备的备采（采准）矿量作业时间减少，运转周期短，则可以相应地减少了备采（采准）矿量数，减少了作业区域，据初步统计计算，出矿作业区域比原来减少了 20%左右，凿岩及掘进区域比原来减少了 20%~25%。矿山总作业区域比原来减少了约 20%，实现了地点的相对集中（表 3-6、表 3-7）。

表 3-6 2002 年采矿各工序作业区域分布

水平	−198m	−213m	−228m	−243m	−258m	−273m
采准掘进				√	√	√
采矿凿岩		√	√	√	√	
回采出矿	√	√	√	√		

表 3-7 2003 年年底采矿作业区域分布

水平	−228m	−243m	−258m	−273m
采准掘进			√	√
采矿凿岩	√	√	√	
回采出矿	√	√		

3.3.3 产量集中研究

在产量集中的研究上，梅山铁矿开展了以下几方面的工作：

（1）采用大型采掘设备，采用大间距结构，提高开采强度。作为无底柱分段崩落法开采矿山，采场出矿能力主要取决于所采用的出矿设备；同时，在加大采场参数后可以与大型设备进行有效的组合，充分发挥设备效率，提高单次爆破的崩落矿量，提高设备有效作业时间，在保证相同的矿山年产量的情况下减少作业矿块数，从而提高单位面积内的出矿强度。不同参数时出矿设备效率见表 3-8。

表 3-8 不同参数时出矿设备效率 （万吨/a）

设备 \ 参数	12m×10m×1.8m	12m×15m×2.0m	15m×15m×2.2m
$2m^3$铲运机	15.12	26.32	25.67
$3m^3$铲运机	15.00	30.96	33.97
$4m^3$铲运机	25.67	34.20	47.81

梅山铁矿自开展该攻关课题以来，随着结构参数的不断增加，所采用的出矿、凿岩等设备也不断进行了更新，有力地保证了该矿合理三级矿量的组配，提高了单位面积内的作业效率；出矿铲运机由原来采用的 $2m^3$ 电动铲运机更新到目前 $4m^3$ 机以及正准备进一步更新到 $6m^3$ 的大型机，出矿能力也由 12 万吨增加到 50 万吨以及现在的 65 万~70 万吨，大大提高了单位面积内采矿能力；与矿山年产 300 万吨能力进行比较计算可以看出，当采用 $2m^3$ 铲运机时，其需要同时作业的矿块数将达到 25 台，而采用 $4m^3$ 铲运机后只需 6~7 台就可以满足生产要求，且随着 15m×20m 大间距无底柱在井下进行工业性地展开、配备与之相对应的 $6m^3$ 铲运机后，其所需要的同时工作的矿块数将减少到 5 个，同时工作的分层数也将进一步得到减少。由于采场结构参数由 15m×15m 加大到 15m×20m，每次崩矿量由 2500t 提高到 3800t，单位面积开采强度由 $40t/(m^2 \cdot a)$ 提高到 $63t/(m^2 \cdot a)$。其单位面积内的产量比使用 $2m^3$ 机时已经提高了 4 倍，比使用 $4m^3$ 铲运机时提高了 1.5 倍；并且同时工作的矿块数也比攻关前减少了 25%~30%。

（2）加大采场结构参数，减少拉槽作业次数，减少由此而形成的无效时间。梅山铁矿是国内第一家采用 15m×15m 的大结构参数的地下矿山，其单个矿块的矿量由原来的 10m×10m 时的 12 万吨增加到 50 万吨，使单个矿块的矿量增加了 4 倍。在开展本攻关试验研究之后，其进路间距由 15m 进一步加大到了 20m，其单个矿块的矿量由 50 万吨进而增加到 72 万吨，提高了 40%以上。单个矿块矿量增大，减少了矿山开采过程中的切割拉槽工艺，其每年的拉槽次数由 10m×10m 时的 26 次减少到目前的 6 次，并将进一步减少到 5 次，使矿山的作业工作得到了较大程度的集中，大大提高了矿山的生产效率。据初步统计，由于参数加大后每年减少的拉槽次数而减少的无效作业时间有63天。

（3）提高每次崩矿量，减少作业循环，提高了时间利用率。梅山铁矿的无底柱分段崩落采矿法的结构参数经历了由攻关前的10m×10m到攻关期间的15m×15m及到目前准备采用15m×20m的变化与沿革，该变化的结果使得其每排崩矿步距的一次崩矿量得到了极大的提高，详见表3-9。

表3-9 不同结构参数崩矿指标

结构参数 /m×m	崩矿步距 /m	一次崩矿量 /t	$4m^3$铲运机可连续工作班数	年爆破次数 /次	日爆破次数 /次
10×10	2.2	880	1.4	3400	11.3
15×15	2.8	2520	4.4	1190	4.0
15×20	3.2	3840	6.7	780	2.6

由表3-9可看出，梅山铁矿的一次崩矿量由攻关初期的2500t增加到15m×20m时的3800t，增加了1.5倍；井下装药、爆破、出矿等作业的作业循环减少，同时也减少了工序衔接的损耗，提高了采矿效率，并充分发挥了采矿设备的效率，使该矿的铲运机效率达到了年产矿石50万吨的效果，矿山年有效时间由原来的89.8%（4.4/（4.4+0.5））提高到93%（6.7/（6.7+0.5）），即年有效工作日由原来的296天增加到307天，为矿山年产量的增长及设备能力的发挥作出了贡献，而且随着15m×20m大间距无底柱的工业应用，该效率值将会进一步得到提高。

（4）采用高效采掘设备，提高采场出矿及生产能力准备。产量集中同时包含生产能力、工艺准备能力集中，即某生产工艺的进行能力。进行能力大则其进行效率高，需要准备的时间、区域就可以被压缩。自开展攻关以来，梅山铁矿投入了巨资进行了较大规模的设备更新，新购进了$6m^3$的铲运机、高效凿岩设备、掘进台车等，大大提高了出矿及生产准备工艺的效率。使矿山生产储备的备采矿量、采准矿量进一步得到了减少，生产准备区域也相应得到了减少。凿岩、采准掘进台车单机能力变化情况对比见表3－5。

3.3.4 工序集中研究

工序集中研究的内容包括：

（1）通过三级矿量的优化及设备的大型化更新，已经将生产中的主要作业工序（包括采准、凿岩、拉槽、装药、爆破、出矿、供风、供水等）在地点上进行了较好的集中，其区域面积被压缩了25%~30%，使得工序间的衔接更为便利、高效。

（2）由于采用了大型的大间距采矿工艺及大型的凿岩、出矿设备，大大减少了工序的作业循环次数。仅出矿作业的辅助时间由攻关前的10%下降到7%。

（3）在采用大间距无底柱采矿之后，在保持矿上年产量不变的条件下，矿山的年采准工程量将得到减少，以同等年产量进行计算，采用大间距后的年采准量将降低15%左右，2003年之后，年采准工程量将由8000m降低到6800m，人工掘进巷道所占比例为14%，掘进台车承担矿山主要的采准工程掘进，简化了掘进工艺，并使矿山的掘进效率有一个较大幅度的提高。

（4）采矿生产组织。

1）采准掘进工序：目前从事采准掘进有两个车间，共有设备：5台液压掘进台车（其中1台备用），基本满足采准工序目前即今后的能力需要；出渣设备为4台TORO301D。

2）喷浆支护工艺：目前有一个车间承担采矿生产的喷浆支护工作，主要设备有：1台Cobra喷浆台车，3台混凝土运输车，4台ZHP-2型喷浆台车，主斜搅拌站1套。具备生产支护10000m^3的能力，基本满足采矿生产各工序的支护需求。

3）采矿凿岩工艺：目前由凿岩车间承担采矿凿岩工作，主要装备有：3台SimbaH252中孔台车，1台SimbaH254中孔台车，2台SimbaH1354中孔台车，3台YQ-100大孔风动台车。中孔配置基本满足采矿凿岩工序的能力（300000~360000m/a）需要。

4）回采出矿工序：目前由回采车间承担回采出矿工作，主要装备有：1台TORO1400E电铲，4台TORO400E电铲，2台TORO301D柴铲，1台TORO007柴铲，综合生产能力约为350万吨，满足原矿400万吨/a的生产能力。

5）原矿运输工序：目前由运输车间承担矿岩运输工作，主要运矿装备有：5台ZK20S-9/550型电机车，27节10m^3矿车，4台ZK7-9/550电机车。实行三列列车编组运矿，运矿能力满足400万吨/a。

6）主井提升系统：目前主井车间负责1号、2号主井系统承担的原矿提升，其设计提升能力为550万吨，满足二期达产要求。

7）副井车间承担副井、西南井辅助提升工作。

8）机修车间负责采区无轨设备的日常维护、大中修工作。

9）机电车间负责采矿生产供电、固定设备的日常维护、大中修工作。

3.3.5 服务系统集中研究

服务系统中研究包括井下辅助服务系统和设备管理集中研究。

3.3.5.1 井下辅助服务系统

地下矿山开采除主体生产工艺外，必须有专门的与之配套的、为其服务的相关系统，其中包括井下通风、运输、供水、供电等服务系统。只要有作业的地点这些系统必须同时存在，由于在开采过程中已经实现了地点、产量、工序等集中化作业，减少了作业区域，则相应地减少了服务系统的服务区域。梅山铁矿在实施集中化作业后，作业区域已经较攻关减少了20%~40%，其相应地其服务区域也减少了20%~40%，由于服务系统所产生的费用是随着作业区域的变化而变化，工作区域越大其所发生的费用也就越大；相反，其产生的费用减小。因此，梅山铁矿在实施集中化作业后，其井下服务系统的服务费用也就相应地得到了减少。

3.3.5.2 设备管理集中

梅山铁矿的设备维修及日常管理设有专门的职能部门，将井下作业的所有设备进行统一的集中管理与维修，制订了专门的管理章程，在不断提高维修人员技术素养、提高设备维修能的基础上，鼓励进行技术创新，职权明确，使引进的整机尽可能地做到配件国产化、自动化；此外，在井下设立了维修与保养厂房，始终使作业设备处于较好的运转状态，其在引进设备的使用与管理上处于国内领先地位，并使设备在应用上做到了不需备用的程度（一般矿山的设备备用率在20%左右，有些矿山甚至在引进设备的使用上达到1:1的备用配置），井下作业需要多少台就只存在多少台，这在国内尚属首例，在大幅地减少了矿山投资的基础上，保证了矿山的正常生产。

3.4 保障系统

集中化作业的目的是使矿山生产中的各个系统、工序运转高效，压缩作业区域，减少系统或工序间的无效消耗，减少作业成本，而为了保证该集中化后作业的正常进行，则需要有高效并且可靠的系统保障，在这方面本矿开展了多级机站通风的自动化控制和井下矿石运输调度系统的建设与应用。

3.4.1 多级机站通风的自动化控制

由于多级机站通风系统的风机数量多，分布在井下的广大区域内，且风机均采用人工手动控制，存在着风机控制和管理的困难。为了充分发挥多级机站通风系统的优越性，保证集中化作业的正常进行，梅山铁矿在我国率先开展并建成的多级机站通风系统的基础上，又开展了其计算机网络化集中监控系统的研究与建设。

自动控制所涉及的通风机站有7个机站，21台风机，分布在井下11个作业点，线路总长度达8km。该控制系统采用RS-485网络与设在井下变电所内的各种智能模块进行通信，智能模块根据主控机的指令完成风机的启动和停止控制、其他开关量输入输出和对电流传感器输出的模拟量进行转换采集，传回主控计算机，主控计算机对收集的数据进行分析处理，将风机的运行状态和电流参数以图形和文字方式显示在主机屏上。该控制系统的主要功能有风机的启停、发出启动前警告信号、两地启动互锁、电流监控、过载保护、历史记录、输出打印、计算机监视、双机热备份、备用主机等。该系统的应用为集中化开采提供了可靠的保证。

3.4.2 井下矿石运输调度系统的建设与应用

井下矿石运输调度系统，即“信集闭”系统，是铁路信号集中闭锁控制系统，是井下运输系统机车运行调度指挥中心，整个系统由一台计算机连锁控制。

2003 年 10 月对原系统进行了升级，新系统设置井上控制室与井下控制室两个控制点，两个控制点都拥有独立操作控制功能，可通过权限申请实现控制权的转换，实现一点控制，另一点监视或浏览。系统操作控制方式由原来的控制台按钮操作改为鼠标操作，并增加了语音提示功能和对所有运行列车的车号跟踪显示功能。

新系统与公司局域网连接，供公司局域网相关用户浏览井下铁路信号动态站场图形画面和相关数据。

“信集闭”系统控制着运输线上 29 组道岔电动转辙机、30 架红绿信号灯和 54 条轨道电路的状态监测，通过井下定点信息显示屏、井下电话通信系统与作业区域内的工作人员时刻保持联系。“信集闭”系统操作人员接受生产调度指令，按小循环配矿要求和生产计划，组织指挥原矿运输和辅助运输。

系统升级后，提高了系统的稳定性，减少了维修量，增强了井下运矿电机车的安全性，顺利实现了两列列车编组向三列列车编组运矿的生产组织，使列车在运行时间、区段的控制更直观、精确，提高了运矿时间的利用率，提升了系统运矿能力，奠定了原矿运输 400 万吨/a 能力的坚实基础。

3.5 小结

（1）集中化开采使矿山降低生产成本，优化系统资源组合的一种新型采矿模式有力地保证了矿山生产的高效、低耗生产。

（2）长期以来，三级矿量的定量计算困扰着矿山的生产组织，该三级矿量的计算方法适用于我国无底柱开采的矿山，该方法的形成为矿山设计、生产合理组织、降低生产运作流动资金提供了定量的、科学的依据。

（3）集中化开采以“地点、工序、产量、服务系统”等四个集中为内容展开，国内矿山可以在各自现有的基础上经过周密调研、组织等均能使运作效果得到提高，该四个集中的核心是地点集中，使之在较小的区域能进行同样的产量输出，各个服务系统的运转费用必然得到相应的减少。

（4）梅山铁矿开展集中化应用研究以来，通过引进先进的采掘主体设备、采用大间距无底柱采矿，有效利用生产组织手段，使矿山单位面积的开采强度由原来的40t/（m^2·a）提高到了目前的63t/（m^2·a），作业区域面积减少了20%~25%，同时工作的分层数由原来的6个减少到4~5个，主体采矿生产的辅助作业时间由10.2%下降到7%，为矿山生产的成本降低即能力增加起到了有效的作用。

参考文献

[1] 王斐，胡杏保．梅山铁矿集中化开采技术应用研究［J］．金属矿山，2004（6）．
[2]《大间距集中化无底柱开采新工艺研究》验收报告［R］．2013.
[3] 董振民，范庆霞，金闯．大间距集中化无底柱采矿新工艺研究［J］．金属矿山，2004（3）：10~13.
[4] 任风玉．随机介质放矿理论及其应用［M］．北京：冶金工业出版社，1994.
[5] 张幼蒂，姬长生．煤炭集中化开采与集约化经营［J］．煤炭学报，2003（10）．
[6] 唐青松．平顶山一矿集中化开采可行性分析［C］．

4 无底柱分段崩落采矿法大参数开采

无底柱分段崩落采矿法是金属矿山开采中使用比较多的采矿法，尤其在冶金地下矿山，利用该采矿法所采出的矿石量占总体采出量的80%左右，其主要原因是其开采机械化程度高，采矿效率高、作业过程安全，开采成本低等。无底柱分段崩落开采的核心参　数的采场结构参数，即进路间距（L）、分段高度（H）、崩矿步距（B），该结构参数的大小，决定了该采矿法的开采效能及成本；该结构参数组成放出体三维空间，其大小与相互匹配则直接影响到矿山的损失、贫化、千吨采切比、开采效率及开采成本。随着矿山技术进步及对开采效能、经济效益的追逐，大参数开采是该类矿山发展的必然。

无底柱分段崩落法的崩落矿石是在覆岩下放出的，特定的矿岩性质和出矿口尺寸，其放出体的形态也是特定的。崩落矿石的爆破堆积体只有与矿石放出体的形态相吻合才能取得较好的矿石损失贫化指标。因此，按爆破堆积体与放出体的形态相吻合的原则，在加大参数的同时必须优化、进路间距、分段高度及崩矿步距，保障其最佳组合才能取得理想的效果。

4.1　采场结构参数匹配的演变

4.1.1　国外采场结构参数匹配的演变

瑞典基律纳铁矿是首先使用无底柱分段崩落法并为使用该方法的标杆矿山，是世界上应用该采矿方法最先进的地下矿山，其分段崩落法的结构参数经过了一个由小到大的渐变过程，见表4-1。

表4-1　基律纳铁矿结构参数演变情况　　（m）

参　数	1956年	60年代	80年代初	1984~1988年	1989年	1990年	2000年
分段高度	7.5~9	10	12	12	20~22	27	30
进路间距	7.5~9	10	11	16.5	22.5	25	
崩矿步距	1.5	1.5	1.8~2.0	1.8~2.5	2.5~3.0	3.5	3.5~4.0

随着装备水平的提高，分段崩落法的结构参数也在逐步加大，矿石成本逐年下降，生产能力逐年提高。

2000年的分段高度为30m，进路间距未见报道，按报道的一次崩矿量推算出的进路间距应在 30m 左右。

从表 4-1 所示的结构参数变化过程可以看出，随着装备水平和凿岩能力的提高，分段高度一直保持增大的趋势，而进路间距却有着低分段时小于分段高度，一定高度后相等，然后大于分段高度。

一般情况下，即分段高度在 12~22m 范围内，统计数字表明有：

$$L=(1\sim1.38)H$$

可以明显看出，基律纳铁矿无底柱分段崩落法结构参数是按大间距结构布置的，而且有着一种规律：即当分段高度低于 10m 或高于 12m 时，进路间距小于或等于分段高度；当分段高度在 12~22m 范围内，进路间距都是大于分段高度的；当分段高度超过 25m 之后，进路间距将等于或小于分段高度。

瑞典的另一著名铁矿山马姆贝尔格特也将原来使用的分段高度 15m×进路间距 15m 的结构参数改为 20m×22.5m，使生产能力和生产效率大幅提高。

4.1.2 国内采场结构参数匹配的演变

程潮铁矿无底柱采场结构参数 70 年代、80 年代、90 年代分别为：10m×10m×2m、12m×10m×2m、14m×12m×2m。

程潮铁矿采场参数见表 4-2。

表 4-2 程潮铁矿采场参数

项　目	阶段高度	分段高度	进路间距	崩矿步距
原来使用	70m	14m	10m	
已改为	70m	17.5m	15m	3.0m

邯邢地区冶金地下矿山无底柱采场结构参数匹配演变为：西石门从 10m×10m 提高到进路间距 12m×分段高度 13.3m，后来引进 H252 台车，参数改为进路间距 12m×分段高度 24m。西石门缓倾斜中厚矿体无底柱采场结构参数匹配为进路间距 9~10m，分段高度 9~11m，崩矿步距 2.8~5.0m。

纵观我国无底柱分段崩落法结构参数优化过程可以看出，国内矿山也一直是在寻求增大结构参数，但主要是增大分段高度，走着一条无底柱分段崩落法的高分段之路：

(1) 20 世纪 60 年代初，我国从瑞典引进无底柱分段崩落法时的参数为分段高度过 10m，进路间距 10m（即 10m×10m 结构）。先后在酒钢镜铁山、大庙、符山、梅山等矿山进行无底柱分段崩落法的试验攻关并获得成功。其后设计的许多地下铁矿均是采用 10m×10m 结构的无底柱分段崩落法，配以 CZZ-700 型凿岩台车，T4G 出矿，风动装药器装药。这已成为标准的无底柱分段崩落法模式。

(2) 由于 10m×10m 结构参数，一次崩矿步距在 1.5~1.8m 左右，一次崩矿量在600t左右，使用T4G装运机出矿还勉强可以。但随着$2m^3$铲运机等大型出矿设备的应用，由于一次崩矿量偏小，限制了出矿设备生产能力发挥。为增大一次崩矿量，1978年马鞍山矿山研究院和北京科技大学在河北铜矿2号矿体开展了高端壁放矿无底柱分段崩落法的工业试验。试验结果表明，采用高端壁后使得一次崩矿量增大到8000t以上，铲运机的设备效率，取得了较好的技术经济指标。

（3）为解决无底柱分段崩落法矿石贫化大、进路通风困难两大难题，马鞍山研究院在浙江漓渚铁矿进行了双巷菱形高分段崩落法的试验研究工作。一次崩矿量达到2000t左右，使采矿强度提高25%，矿石贫化率13.63%，取得了相当好的技术经济指标。

该试验，由于设凿岩分段只是实现了高端壁放矿，而没有实现真正意义的高分段。

（4）1988~1992年，马鞍山矿山研究院在铁镜山铁矿进行了分段高度20m，进路间距15m的大结构参数试验研究，这是我国首次进行的高分段大参数研究。

试验采用炮孔直径64mm，炮孔最大深度为30m，炮孔排距1.8m，每排炮孔崩矿量达到2500~3000t。采用SimbaH252台车和Atlas Copcol238液压凿岩机凿岩，用DZY-200型装药车装药，Wagner ST-SE3.4m^3电动铲运机出矿。矿块生产能力大幅度提高，降低了生产成本，真正实现了高分段大参数。由于种种客观原因，该参数未能全矿推广应用，但已充分显示出大结构参数的优越性。

（5）梅山铁矿在试验矿块取得成功的基础上，自1996年其将原采用10m×10m结构参数改为15m×15m新结构参数。先后采用物理模拟、计算机仿真和工业试验等科学手段，系统地开展了凿岩爆破参数及合理崩矿步距的研究、放出体工业试验、结构参数改变后过渡分段的过渡技术研究以及大型设备配套等系列研究工作。采用SimbaH252台车钻凿直径78mm中深孔，用TORO400E铲运机出矿，使矿山生产能力大幅度提高。1998年完成了新旧参数的过渡，当年实现了年产250万吨矿石的设计达产指标。万吨采掘比下降50%，达到20m/万吨。采矿强度42.58t/(m^2·a)，矿石回收率84.15%，矿石贫化率13.12%，全员劳动生产率1331.9t/(人·a)，采矿成本降到44.68元/t，取得了相当大的经济效益。梅山铁矿全面推广应用分段高度15m、进路间距15m的结构参数，这是我国当时真正用于生产中的最大的结构参数。

由于我国凿岩设备能力的限制，高分段结构参数多是采用了分段凿岩来实现增大一次崩矿量。实质上这种结构的采掘工程量减少并不多且受凿岩精度、装药技术等诸多因素的影响，高分段并没有在我国获得实际应用，而加大结构参数也仅仅是增大到15m×15m结构。所以说，我国无底柱分段崩落法确实面临着一个如何加大和优化结构参数的问题。

4.2 采场结构参数匹配的理论基础

如前所述，崩落矿石的爆破堆积体只有与矿石放出体的形态吻合才能取得较好的矿石损失贫化指标。因此，按爆堆体积与放出体的形态相吻合的原则，如何优化分段高度（H）、进路间距（L）及崩矿步距（B）以适应特定的放出体的形态，应是研究的核心问题。而一般认为：在空间上，应使每个纯矿石放出体相切，此时的矿石损失贫化指标最好，即采场结构参数最优。

纯矿石放出体相切，在空间上有两种排列形式：高分段、大间距。

4.2.1 相邻回采进路纯矿石放出体相切原则

无底柱分段崩落法的回采是一个分段一个分段的回采下降的。过去习惯的想法和做法都是在同一分段力求相邻回采进路纯矿石放出体相切。如图 4-1 所示。在这方面下工夫做文章，演绎出高分段之路。

图 4-1 中，这 4 个纯矿石放出椭球体图是 5 点相切。而中间部分（AEB 和 CED）的矿石是需要在矿石贫化后才能放出。此种布置形式的分段高度比进路间距大，即高分段结构。

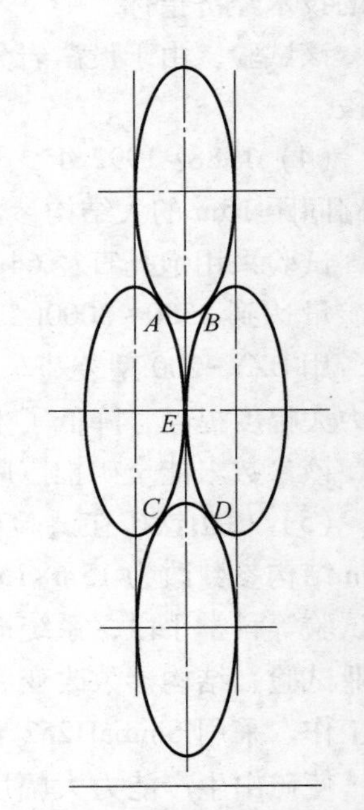

图 4-1 传统无底柱分段崩落法纯矿石放出体布置

在这种布置方式下，分段高度 H 和回采进路间距 L 有如下关系：

$$\frac{H}{L}=\frac{\sqrt{3}}{2}\cdot\frac{a}{b}$$

式中 H——分段高度，m；

L——进路间距，m；

a——放出体长半轴，m；

b——放出体短半轴，m。

这种高分段结构多年来几乎成为思维定势，写进了教材和设计手册，并给出了基本公式：

$$L=(0.8\sim1.0)H$$

为了提高一次崩矿量，提高采矿强度，就尽可能地加大分段高度，并相应加大进路间距，走了几十年的高分段之路，但由于受凿岩能力的限制，并没有取得本质上的进展。

4.2.2 上下分段纯矿石放出体相切原则

图 4-1 为大家普遍接受，就是因为这 4 个纯矿石放出体图是相互相切的。同

样是4个放出体相互相切，我们把四个放出体按图4-2的方式排列，也同样可以达到这个目的。图4-2中中间部分（*ACE* 和 *BDE*）的矿石是需要在矿石贫化后才能放出的，这种布置形式的进路间距比分段高度要大，即大间距结构。

由于进路间距加大，下面分段的纯矿石放出椭球体可以向上发育到上一分段，实现了上下两个分段的纯矿石放出体之间的5点相切。

在这种布置方式下，分段高度（*H*）和回采进路间距（*L*）有如下关系：

$$\frac{H}{L}=\frac{\sqrt{3}}{6}\cdot\frac{a}{b}$$

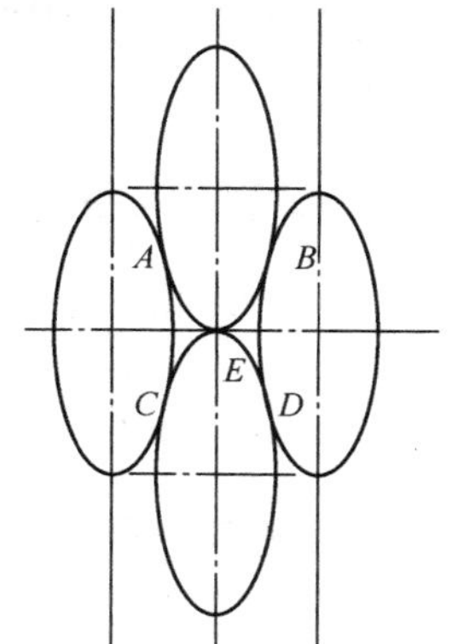

图4-2　大间距结构形式纯矿石放出体排列形势

图4-1和图4-2中的中间部分是基本相等的。

可见，上述两种结构形式只是放出体排列形式的不同，而放出体的形态是不变的。按放出体排列形式的不同有高分段结构形式和大间距结构形式。

这两种结构形式在理论上应该是等价的，它们的区别在于实际应用技术即可操作性的难易上。

高分段结构形式多年来在我国已有多种方案进行过试验和应用，由于凿岩设备和凿岩爆破技术的限制，多年来的高分段之路已经证明，单纯追求提高分段高度以增大一次崩矿量和提高采矿强度是得不偿失的。

而大间距结构形式，由于实际应用技术——可操作性强的优点，将获得有效的推广应用，是增大一次崩矿量和提高采矿强度，大幅度提高矿山经济效益的有效途径。

4.2.3　大间距结构参数的确定

按梅山工业放出体实验报告，其工业放出体参数见表4-3。

表4-3　工业试验放出体参数

放出体高度/m	放出原始体积/m^3	放出质量/t	放出体参数					计算体积/m^3	容重/$t\cdot m^{-3}$	误差/%
			长半轴 a/m	短半轴 b/m	纵半轴 c/m	$\tan\theta$	厚度 δ/m			
24	437.5	1750	10.8	4.4	3.1	0.056	3.7	396	4.0	9.4
30.5	756.5	2875	14.0	5.2	3.6	0.056	4.2	695	3.8	8.1

按大间距公式：

$$\frac{H}{L}=\frac{\sqrt{3}}{6}\cdot\frac{a}{b}$$

代入工业放出体参数的 a 及 b 值，则有：

$$H=(0.709\sim0.777)L \quad 或 \quad L=(1.266\sim1.287)H$$

按分段高 15m，则进路间距应为 19.0~19.3m。

考虑实际生产应用的方便，采用 20m 的进路间距是合理的。

4.3 采场结构参数匹配研究

大间距无底柱分段崩落法毕竟是一个新（近几年提出）的工艺，尽管国外有的矿山有一些应用，但对其的研究，包括合理参数匹配等还未见报道，为此进行了实验室物理模拟、计算机仿真和工业试验等的一系列研究。

4.3.1 实验室物理模拟研究

为寻求大间距无底柱采矿新工艺相关理论依据，在进路间距为 20m，分段高度为 15m 一定的条件下，进行了实验室物理模拟试验研究，试验内容包括：

（1）15m×20m 参数条件下合理放矿步距试验。

（2）大间距结构参数物理模拟试验。

（3）高分段结构参数物理模拟试验。

4.3.1.1 15m×20m 参数条件下合理放矿步距试验

无底柱分段崩落法的主要采场结构参数是分段高度、进路间距和崩矿步距。此三参数的不同组合，会产生不同的回收效果。在分段高度和进路间距一定的情况下，影响矿石的回收指标的主要因素是崩矿步距（在实验室中崩矿步距是以放矿步距来反映的）。

为了摸清 15m×20m 结构参数的最优崩矿步距，有必要在现场试验之前进行室内物理模拟实验，找出在分段高度为 15m×进路间距 20m 情况下最优的、合理的崩矿步距。

实验是在分段高度（15m）和进路间距（20m）一定的情况下，取不同的放矿步距（3.2m、3.6m、4.0 m、4.5m、5.0m、5.5m）做 12 次试验，试验结果见表 4-4。

表 4-4 15m×20m 结构参数时不同放矿步距放出结果

放矿步距/m	矿石回收率/%	岩石混入率/%	回贫差/%
3.2	93.57	16.59	76.98
3.6	89.41	15.16	74.25
4.0	91.62	14.74	76.88
4.5	91.73	15.14	76.59
5.0	93.33	13.60	79.73
5.5	93.53	13.03	80.5

从图 4-3 中还可以直观地看出，5.5m 放矿步距的回收率最高，但与放矿步距为 5.0m 时的指标很接近，矿石回收率相差不到一个百分点。

结合以上两种情况看，放矿步距 4~5.5m 的矿石回贫指标很接近，因此放矿步距优值范围为 4.0~5.0m。

由于现场工业放出体与实验室放出体差异，考虑差异系数 0.78，崩矿步距的优值范围为 3.1~4.3m。

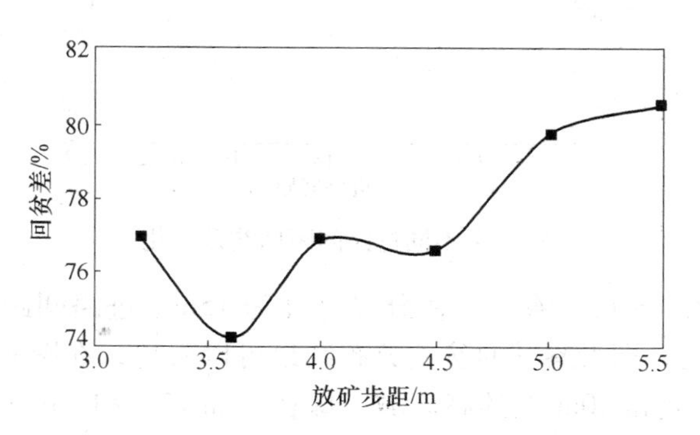

图 4-3 各个步距回贫差变化

4.3.1.2 大参数物理模拟试验

在分段高度 15m 的情况下，研究分段高度与进路间距的变化对放矿效果的影响，并与第一阶段的试验值进行比较，分析结构参数的优劣，参数搭配组合是否合理。

试验按照分段高度 15m 不变，分别进行了放矿步距为 7m、9m、10m、11m、13m、14m、16m、18m、20m、22m 不同参数的模拟，其试验后的结果见表 4-5。

表 4-5 分段高度 15m 时不同进路间距的放矿结果

进路间距/m	回贫差/%
7	80.38
9	70.92
10	75.54
11	63.92
13	72.88
14	76.23
16	78.94
18	77.07
20	79.14
22	60.15

由表 4-5 得到不同分段高度与进路间距的矿石回贫差变化，如图 4-4 所示。

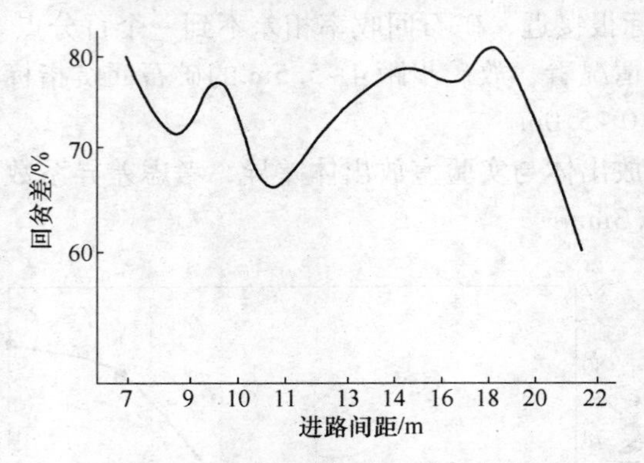

图 4-4 不同进路间距回贫差变化

由表 4-5 及图 4-4 可以看出，在分段高度为 15m，进路间距为 7m 和 20m 时的矿石回收率最高，即考察其回贫差分布结果可以看出，在图 4-4 中出现了 2 个高点区域：7m 区域和 20m 点的高区域。即在 15m×7m 和 15m×20m 两个点位置的回贫差相对比较高，亦即存在 15m×7m 结构的高分段结构的放矿效果比较好，同时存在 15m×20m 的大间距结构。

4.3.2 计算机仿真研究

按照随机放矿计算机模拟原理，试验进行了多方案的模拟比较，其方案见表 4-6，模拟结果见表 4-7。

表 4-6 计算机模拟方案参数

方 案	一	二	三	四	五	六	七	八	九	十	十一
分段	15	15	15	15	15	15	15	15	15	15	15
间距	9	10	11	13	14	15	16	18	20	22	25
步距	2.2	2.5	2.5	3	3.5	4	4	4.5	5	5.5	6

表 4-7 崩落法放矿计算机模拟数据

方 案	一	二	三	四	五	六	七	八	九	十	十一
间距/m	9	10	11	13	14	15	16	18	20	22	25
回贫差/%	75.1	69.4	68.4	70.6	72.7	73.3	72.9	74.3	75	74.1	71.4

注：回贫差=矿石回收率-岩石混入率。

由表 4-7 同样可以看出，在多参数试验的基础上，当分段高度维持 15m 不变时，进路间距为 9m 及 20m 时，其回贫差最大，同样证明存在 2 组结构的存在，即高分段和大间距均可以取得比较好的放矿效果。

4.3.3 无底柱采场结构参数匹配的现场工业试验研究

大间距无底柱分段崩落法采场结构参数匹配的现场工业试验是在梅山铁矿做的，共做了 8 个步距的试验。实验矿块分段高度为 15m，进路间距为 20m，采用 TORO007（4.56m^3）铲运机出矿。

实践证明采用大间距进行矿山的生产组织，改善了矿山生产、地压、强度效率等多方面指标，降低了矿山开采成本，证明了大间距结构参数是可行的。

4.4 工程实践

梅山铁矿的现场试验表明的无底柱分段崩落法大间距结构参数适合梅山冶金公司铁矿。这种结构参数确定的合理性也为国内外矿上的实践和理论计算结果所证实。

4.4.1 河北铜矿无底柱分段崩落法大结构参数的计算

据《河北铜矿工业放出体试验报告》，其工业放出体参数见表 4-8。

表 4-8 河北铜矿工业放出体工业试验资料

放出高度/m	放出体积/m^3	放出体参数				放出体厚度/m	a/b
		a/m	b/m	c/m	$\tan\theta$		
15	54	6.5	2.3	1.1	0.062	1.7	2.862
18	142	8	3.0	2	0.062	2.8	2.667
27	570	12.5	5.0	3	0.060	4.8	2.500
34	1160	16	6.1	4	0.058	5.7	2.622
47	2140	22.5	7.0	5.3	0.056	6.5	3.214
50	2400	24	7.2	5	0.05	6.6	3.333
55	2890	26	7.5	5	0.047	6.8	3.467

按照大间距结构参数的布置，由公式 $\frac{H}{L}=\frac{\sqrt{3}}{6}\cdot\frac{a}{b}$ 得到 H/L 关系，见表 4-9。

表 4-9 河北铜矿放出体参数与大间距布置的 H/L 关系

放出高度/m	放出体积/m^3	a/b	H/L	L/H
15	54	2.826	0.813	1.23
18	142	2.667	0.766	1.305
27	570	2.500	0.720	1.38
34	1160	2.622	0.755	1.32

续表 4-9

放出高度/m	放出体积/m³	a/b	H/L	L/H
47	2140	3.214	0.925	1.08
50	2400	3.333	0.959	1.04
55	2850	3.467	0.998	1.00

由表 4-9 可见，$L=(1\sim1.38)H$。同时，根据表 4-9 可得到 H/L 与 H 的关系曲线，如图 4-5 所示。

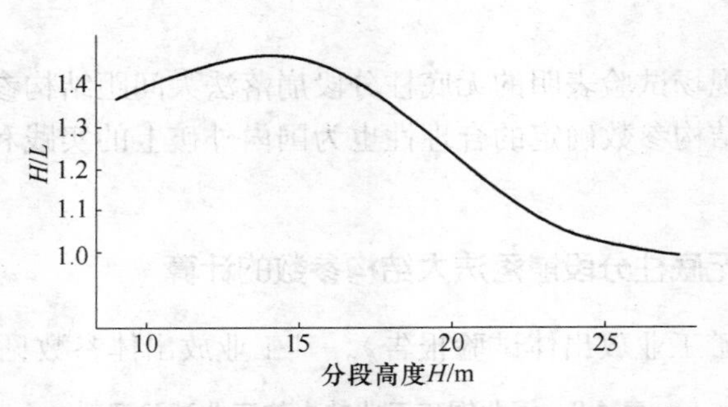

图 4-5 无底柱分段崩落法 H 与 L/H 的关系曲线

由表 4-9 可见，当分段高度大于 25m 时，分段高度和进路间距应是基本相同的：当分段高度小于 25m，特别是分段高度小于 20m 时，应采用大间距的结构参数；当分段高度为 15m，大间距结构参数显示出了突出的、指标上的优越性。

4.4.2 瑞典基律纳铁矿大间距结构参数的理论验证

关于瑞典基律纳铁矿大间距结构参数的问题前面已经提过，如果把基律纳铁矿历年的分段高度代入大间距公式：$L=(1\sim1.38)H$，则有表 4-10。

表 4-10 基律纳铁矿结构参数实际与计算参数对照

实际分段高度/m	进路间距/m	
	实 际	计 算
7.5~9.0	7.5~9.0	9.2~11.7
10	10	13.8
12	16.5	16.4
20	22.5	22.7
27	25	27
30	30	30

由表 4-10 可以看出，基律纳铁矿无底柱分段崩落法结构参数是按大间距结

构布置的，而且有着一种规律，即当分段高度低于 10m 或高于 20m 之后，进路间距小于或等于分段高度；当分段高度在 12~20m 范围内，进路间距都是大于分段高度的；当分段高度超过 25m 之后，进路间距将等于或小于分段高度。

由上述分析可以看出，基律纳铁矿的采场结构参数布置，符合了大间距结构参数布置的规律，符合公式 $\frac{H}{L}=\frac{\sqrt{3}}{6}\cdot\frac{a}{b}$，在生产中取得了满意的效果。

综上所述，国内外的无底柱分段崩落法的实践已经证明了大间距理论的合理性。

无底柱分段崩落法大间距结构参数主要包括了分段高度、进路间距和崩矿步距三个参数，这三个参数是有机联系的整体，是相互影响的。合适的崩矿步距应是在分段高度和进路间距确定后，经过试验室物理模拟试验和现场试验研究确定，并且应确定一个合理的适应范围。找出一个标准的最佳值在实际生产中是无法实现的。同时，崩矿步距还受到放出口参数中的铲运机铲入深度、崩落矿岩的岩石力学性质等一系列因素的影响，采用大间距结构参数的矿上应根据自己矿山的设备、生产以及崩落矿岩的岩石力学性质的具体情况，通过试验来具体确定，不应照搬照抄。

4.4.3 基本规律和结论

（1）无底柱采场大间距结构适用于一切正在采用无底柱分段崩落法的矿山。

（2）结构参数匹配是建立在放出体空间排列理论基础上的，左右相邻近的放出体相切决定了高分段的结构参数，上下放出体相切决定大间距参数的结构参数。

（3）结构参数与单个放出体的形态关系密切，即长短轴之比。长短轴之比比较大时，进路间距小一些；长短轴之比比较小时，进路间距比较大一些。根据我国目前做过的放出体工业试验，进路间距和分段高度的关系基本为 $L=(1\sim1.38)H$。

（4）无底柱分段崩落法主要的三个参数——分段高度、进路间距和崩矿步距是一个有机联系的整体，在分段高度一定的情况下，进路间距和崩矿步距的最后确定，一定要经过相应试验的研究验证。

（5）结构参数是随着放矿高度的变化而变化的。由于放出体参数 a/b 值是随放矿高度的不同而改变的，经计算，在分段高度低于 10~12m 的时候，以高分段为优；当分段高度在 12~20m 时，以最大间距为优；当分段高度大于 20m 时，分段高度应基本等于进路间距。

（6）经过试验室物理模拟试验、计算机仿真试验和现场的工业试验，梅山铁矿在 15m×20m 结构参数条件下推荐的合理崩矿步距为 2. 8～3. 5m 为宜，具体取值由凿岩爆破工艺的可操作性决定。

（7）由于大间距结构的无底柱分段崩落法，增大了进路间距，改善了出矿进路之间的间柱的应力状态，为矿岩松软、矿山岩石应力较大的矿山，应用无底柱分段崩落法创造了有利条件。

（8）根据研究成果，重点在于在现有的条件下（即不增大分段高度，无需更换新设备）只增大进路间距即可获得巨大收益。增大进路间距，在最深炮孔深度略有加大的情况下，大大减少了采准工作量，从而大大减少了采矿成本，同时加快了采准工作进度，减少了采准和备采矿量。所以大间距结构的无底柱分段崩落法具有极大的推广价值。

（9）加大进路间距无疑是无底柱分段崩落法发展改进的方向，这将给矿山带来可观的效益，也降低了管理的难度。各矿山在采用大间距的无底柱分段崩落法时，应根据矿山的实际情况通过实验确定相应的结构参数，而不能追求同梅山一样的 15m×20m。

4. 5 存在的问题

进入 21 世纪后，随着矿山环境的变化，铁矿石价格的走高，开始引进大型凿岩、出矿等装备，国内大型地下铁矿山也开始进行了大参数的开采研究。以梅山铁矿为例，其参数从开始的 10m×10m 加大到 15m×20m→20m×20m；而昆钢大红山铁矿设计时就采用了 20m×20m，一些中型矿山（龙桥铁矿、桃冲铁矿、板石沟铁矿等等）也在国产设备的条件下开始由 10m×10m 加大到 12m×15m 或者 12. 5m×12. 5m。

尤其是近年来，梅山铁矿在国内首先提出了大间距开采的理念，其支撑的理论依据是椭球体的平面排列最优组合方式。具体为：大间距开采方式跳出了单个放出体的框架，研究了多个放出体的平面排列，而采用的基础原则不变，即采用崩落矿石的爆破堆积体形态尽可能地与放出体体型相吻合（如图 4-6 和图 4-7 所示，其平面上看放出体之间的空隙最小，即其球体在平面上密实度最大），此时认为是纯矿石的放出体相吻合，开采效果被认为是最好。

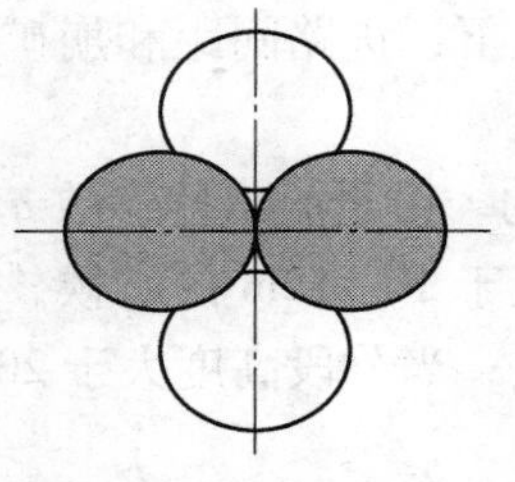

图 4-6 高分段结构

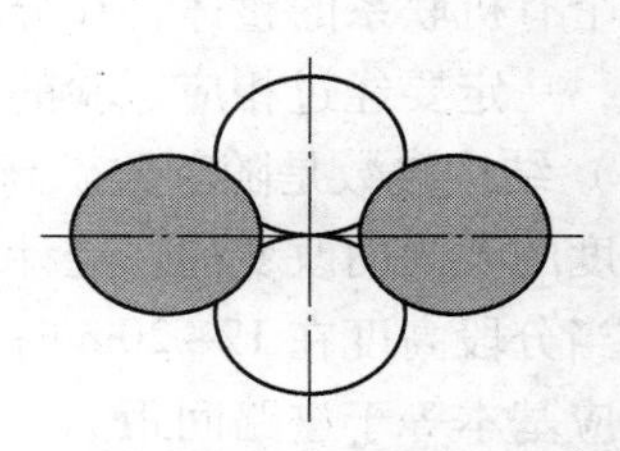

图 4-7 大间距结构

如图 4-6 所示，在此五点相切排列下，其分段高度 H 与进路间距 L 之间关系为：

$$\frac{H}{L}=\frac{\sqrt{3}}{2}\cdot\frac{a}{b}$$

这是传统参数确定的高分段基本模型，并且一般给出了 $L=(0.8\sim1)H$。

图 4-7 为大间距模型，由此给出了：

$$\frac{H}{L}=\frac{\sqrt{3}}{6}\cdot\frac{a}{b}$$

然而，上述球体的相切是指在放出体最大剖面上（由图 4-8 可以看出，其剖面 1 为最大截剖面，其后由 1 剖面到 3 剖面均逐步变小）做到了五点相切，其所对应的炮孔排面是上分层、本分层及下分层相邻的各个进路内的炮孔排面线在同一个竖直面上，即图 4-6、图 4-7 及图 4-9 中的相切均是指放出体的最大面相切，此时的要求是上分层、本分层及下分层的炮孔排面在同一个竖直面上。

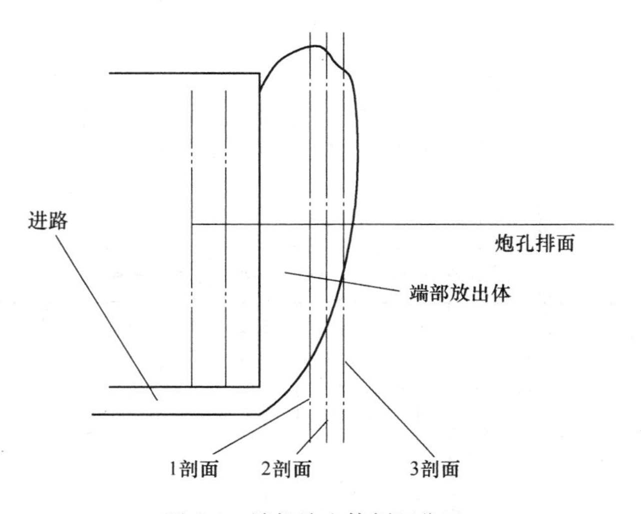

图 4-8　端部放出体剖面位置

归纳起来其存在的主要问题是：尽管近年来国内开展了相关的放出体组合理论研究，取得了一定的成果，但尚未形成三维意义上的球体排列模型，在空间上未开展最佳排列效果研究，比如大间距排列理论，其基点是建立在上下左右 4 个进路在同一个排面上进行球体排列，并形成了该条件下的参数计算公式（平面模型），然而现实生产中不可能做到真正的上下左右进路内步距的同排面生产，并且依据球球相插方法，其三维上的最优组合方式也不是同排面内排列，如图 4-9、图 4-10 所示（其中图 4-6~图 4-8 均是以图 4-9 同排面布置为基础存在的）。

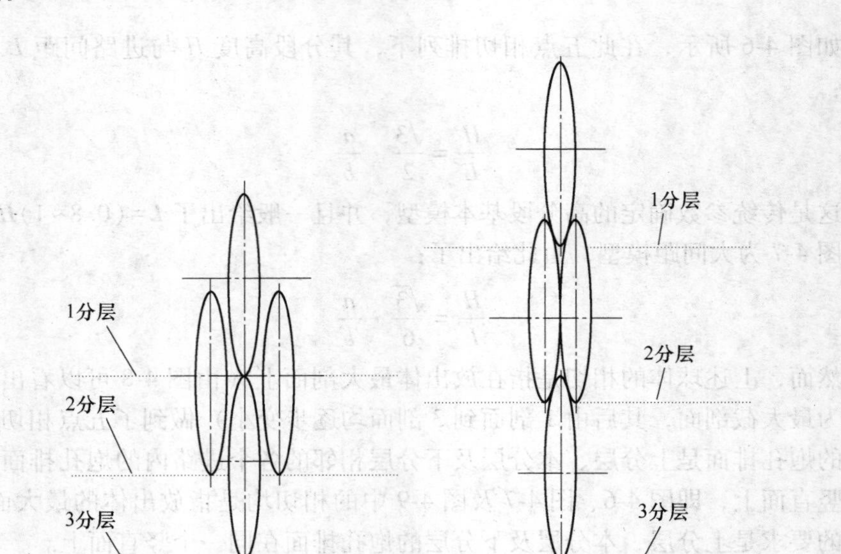

图 4-9　同一步距面（1 剖面）大间距及高分段结构椭球缺排列

a—大间距结构排列；b—高分段结构

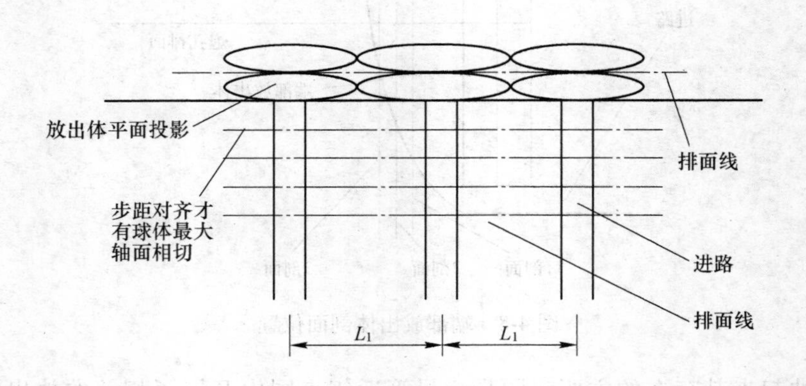

图 4-10　同排面放出体平面投影图

从图 4-10、图 4-11 可以看出，图 4-10 内的放出体之间的空隙明显大于图 4-11，即当相邻放出体（在进路菱形布置上和步距方向上）相互交叉时，密实度较好，而由于放出体是一个端部球缺（尚未形成其准确的数学表达描述），其相互交错多大为最好，需要在众多的组合中进行寻找，并且肯定存在一种组合——密实度最大。

但该类型空间三维组合放矿理论（方法）至今尚未进行过相关研究。

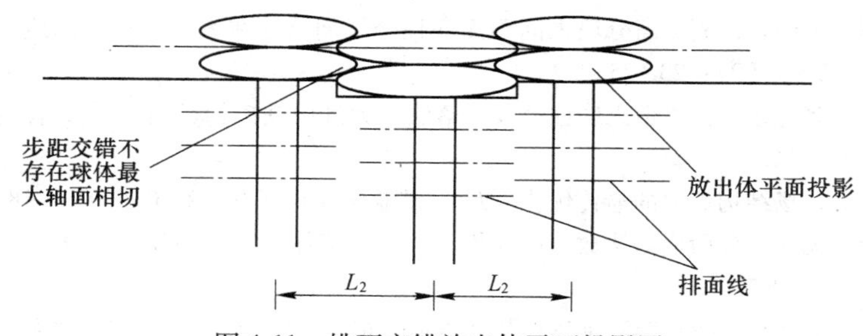

图 4-11 排面交错放出体平面投影图

参 考 文 献

[1] 宋卫东．程潮铁矿采矿结构参数优化的研究［J］．金属矿山，1999（2）．

[2] 宋卫东，匡安详．程潮铁矿过渡分段合理放矿制度的试验研究［J］．矿业研究与开发，2002（4）．

[3] 李江．邯邢冶金地下矿山采矿技术发展［J］．中国矿业，1999（6）．

[4] 马鞍山矿山研究院，等．高端壁放出体工业试验［J］．金属矿山，1977（6）．

[5] 王喜兵．无底柱分段崩落法在邯邢矿山的应用实践［J］．金属矿山，1999（6）．

[6] 朱卫东，原丕业，鞠玉忠．无底柱分段崩落法结构参数优化主要途径［J］．金属矿山，2000（9）：7~12.

[7] 布鲁伊维斯 T. 基律纳铁矿的 KVJ2000 地下采矿发展规划［J］．国外金属矿山，1995（3）：7~11.

[8] 斯塔热夫 C E，等．瑞典地下矿的现状和前景［J］．国外金属矿山，1995（3）．

[9] 梅山铁矿．《大间距集中化无底柱采矿新工艺研究》鉴定资料［R］. 2006.

[10] 范庆霞. 优化采矿结构参数，降低原矿成本的探讨［J］．梅山科技，2000（1）：7~11.

[11] 孙光华．大间距无底柱采矿新工艺放矿随机模拟研究［D］．唐山：河北理工大学，2006.

[12] 董振民，范庆霞，金闯．大间距集中化无底柱采矿新工艺研究［J］．金属矿山，2004（3）：10~13.

[13] 张宗生，乔登攀．端部放矿随机介质理论方程［J］．矿山技术，2006，6（3）：237~240.

[14] 胡杏保．大间距无底柱采矿工艺在国内矿山的应用［J］．矿业快报，2002（2）：14~16.

[15] 余健，汪德文．高分段大间距无底柱分段崩落采矿新技术［J］．金属矿山，2008（3）：3~8.

[16] 安宏，胡杏保．无底柱分段崩落法应用现状［J］．矿业快报，2005（9）：8~12.

[17] 任凤玉．随机介质放矿理论及其应用［M］．北京：冶金工业出版社，1994.

[18] 刘仁刚，王健，徐刚．高分段大间距无底柱分段崩落法在大红山铁矿的应用［J］．现代矿业，2009（9）：23~25.
[19] 陈发兴，张志雄．大参数无底柱分段崩落法在大红山铁矿的运用［J］．有色金属设计，2009（2）：36.
[20] 周科平．采场结构参数的遗传优化［J］．矿业研究与开发，2000（3）：4~8.
[21] 翟会超．无底柱分段崩落法放出体、松动体、崩落体三者关系研究［D］．鞍山：辽宁科技大学，2007.
[22] 杜贵军．无底柱分段崩落法崩落体形态数值模拟［D］．鞍山：辽宁科技大学，2006.
[23] 赵海云，王映南．无底柱分段崩落法的实践与思考［C］//第六届全国采矿学术会议论文集：199.
[24] Malmberget Iron Ore Mine，Sweden［OL］．mining-technology. com.

5 高应力隔断开采技术

5.1 高应力下软破矿岩体崩落开采地压显现特征

地下矿体开采破坏了岩体中原来的应力分布及平衡状态，导致岩体中应力场的重新分布，产生二次应力场，在二次应力场的分布中会形成高应力集中区和应力降低区（又称应力升高区或者降低区——免压区）。而矿体开采过程是一个对岩体的持续不断的开挖过程，围岩的应力场分布状态也在不断的遭受破坏，不断地产生新的次生应力场，岩体应力场的不断变化将影响到地下开采的安全性。

对松软破碎矿岩体，其承载能力低，自稳能力差，流变特性明显，矿岩变形破坏量大，而高应力更易加剧矿岩体的破坏，因此高应力下破碎矿岩体开采中会显现出一系列的地压问题，如采准井巷变形严重且支护及维护难，崩落炮孔变形破坏严重，采区溜井破坏严重，切割槽等开采工程形成困难，采场地压显现剧烈，开采过程安全性差，并将造成大量的矿石损失。

5.2 高应力切割方式

5.2.1 高应力切割的目的与方式

采矿后的应力会因为开采的进行不断产生应力的转移（采场动压），其应力的升高可以造成矿山开采的很多技术与生产问题，恶化开采效果。但主动的利用其应力转移，进行有计划性的调整，可以化被动为主动，或者化大害为小害，解决高应力状态条件下相关生产及技术问题，尤其是对于破碎矿体的开采，可以改善其开采环境、简化其开采技术。

高应力切割的目的是通过有序的矿体开采改变岩体应力的区域分布特征和分布规律，即形成预期的应力降低区和应力升高区，为后续矿体开采提供良好的开采环境。

切割基本方式是将回采区内的高应力通过切割（隔断、卸压）等措施引导转移到采场四周，使一定的回采区段内或采切工程布置处于应力降低区域，改善矿岩体的应力分布状态，控制由于多次采动影响而造成的应力增高带相互重叠的程度，以实现安全开采。

高应力切割（隔断）方式分为竖直应力切割和水平应力切割（图 5-1）。

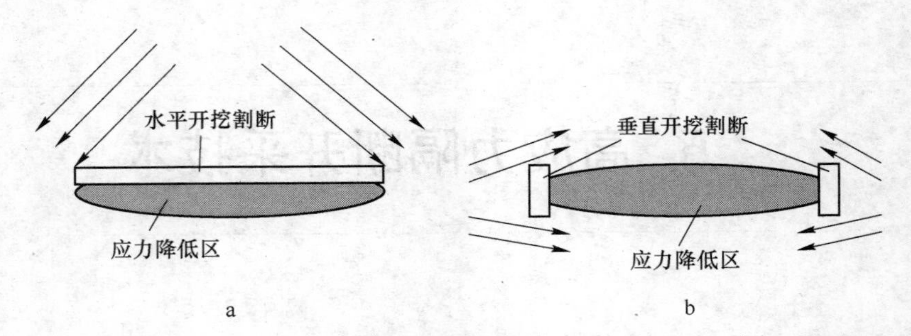

图 5-1 切割方式示意图

a—垂直应力切割开采方式；b—水平主应力被切割开采方式

竖直应力切割（隔断）是通过对上面分段的回采，将下分段回采区上部竖向应力（覆岩压力）部分或全部转移到四周，压力拱下的开采工程只承受本分段矿体与上覆矿岩重量，应力值显著降低而变得易于开采；水平应力切割是将作用于开采区段内的水平应力部分或全部隔断，使开采区段或工程布置处形成水平应力降低区，以减小水平应力对回采安全的影响。

高应力切割可以采用矿块的布置先行开采实现，也可以采用深孔（可以接力）预裂爆破的方式进行。

高应力切割与开采顺序、采场参数、工程布置、回采工艺等密切相关，要按照高应力切割为应力转移、应力转移为回采安全、回采在切割后的低应力区段进行的宗旨开展。通过合理的采场结构布置，使得高应力切割段（槽）形成后其下分段或另一侧回采工程处于应力降低区域，从而保证预设应力降低区段回采工程的稳定性和可利用性。可见，切割（隔断）是后续采场布置及回采的基础，而合理采场布置及参数选取也是高应力切割目标得以实现的前提，即高应力切割（隔断）和回采是一个相辅相成的过程。

5.2.2 切割后的应力转移及效果分析

利用 FLAC^{3D}程序分别模拟竖直切割（垂直应力为主）和水平切割（水平应力为主）后采场周边及采准巷道的应力应变分布特征及变化情况，分析垂直或水平高应力切割后采场周边应力的分区分带特征及应力引导转移效果，为高应力软破矿岩体矿山有效管理地压及安全高效生产提供科学的理论依据。

5.2.2.1 方案Ⅰ：竖直应力切割

以竖直自重应力为最大主应力形成初始应力场，然后将第一分段的矿体一次性开采完成，计算分析此时采场周围岩体应力变化及分布情况，开采区域内巷道围岩体应力分布情况及变化情况（图 5-2）。

5.2.2.2 方案Ⅱ：水平应力切割

该方案分两步骤模拟，首先以水平应力为最大主应力形成初始应力场，第一

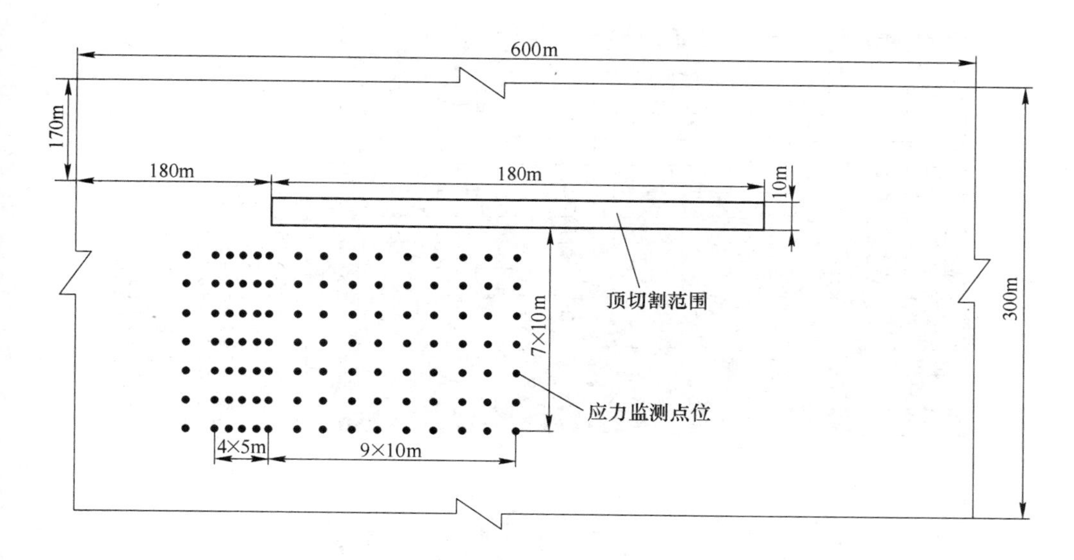

图 5-2 顶切割及监测点位布置

步在左侧垂直主应力方向一次性切割开采一个中段（或分段）的矿体，计算分析此时采场周围岩体应力变化及分布情况，开采区域内巷道围岩体应力分布及变化情况（大小及范围），预设监测点的应力大小。第二步再在右侧一次性切割开采一个中段（或分段）的矿体，然后进行同第一步的计算和分析（图 5-3）。

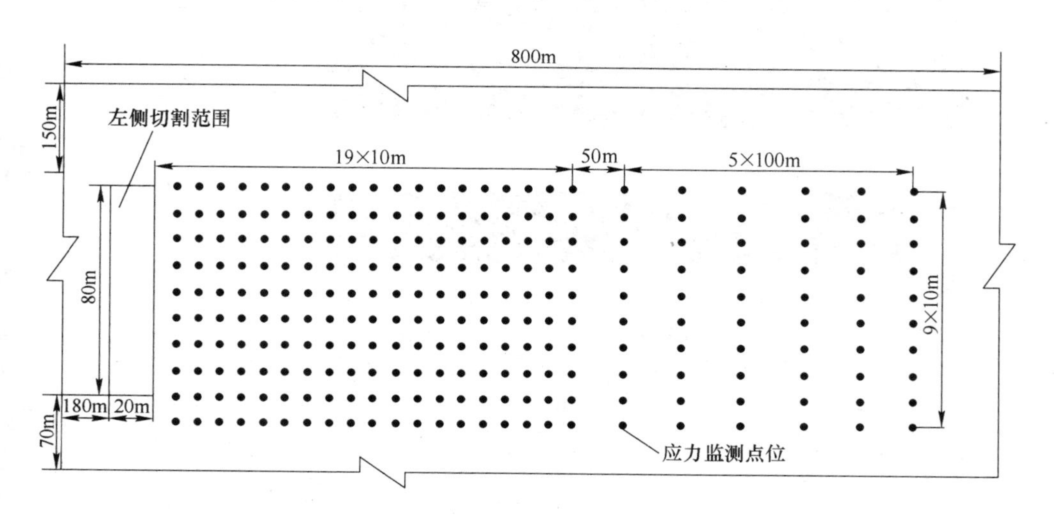

图 5-3 左侧切割及监测点位布置

A 垂直高应力水平切割（隔断）

部分模拟结果如图 5-4 所示。

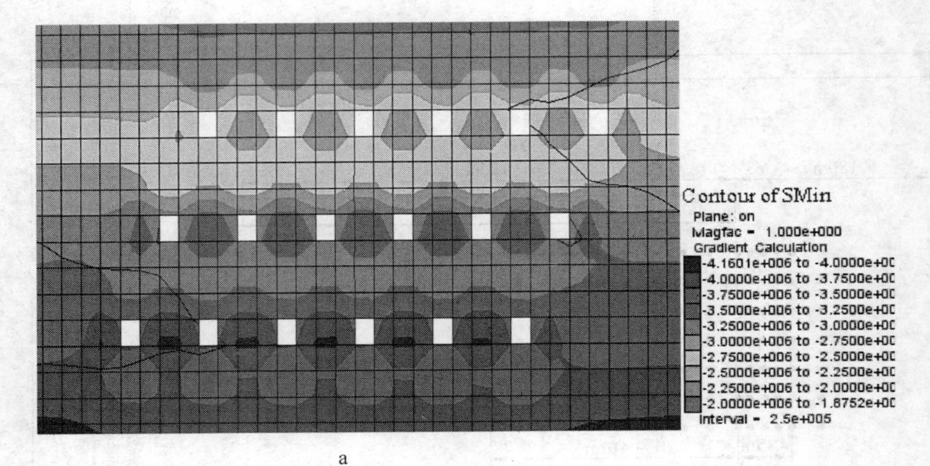
Contour of SMin
Plane: on
Magfac = 1.000e+000
Gradient Calculation
-4.1601e+006 to -4.0000e+00
-4.0000e+006 to -3.7500e+00
-3.7500e+006 to -3.5000e+00
-3.5000e+006 to -3.2500e+00
-3.2500e+006 to -3.0000e+00
-3.0000e+006 to -2.7500e+00
-2.7500e+006 to -2.5000e+00
-2.5000e+006 to -2.2500e+00
-2.2500e+006 to -2.0000e+00
-2.0000e+006 to -1.8752e+00
Interval = 2.5e+005

a

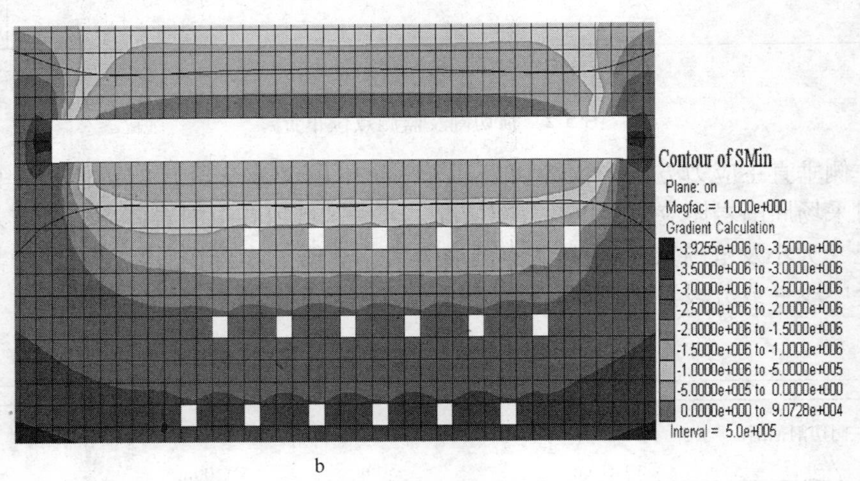
Contour of SMin
Plane: on
Magfac = 1.000e+000
Gradient Calculation
-3.9255e+006 to -3.5000e+006
-3.5000e+006 to -3.0000e+006
-3.0000e+006 to -2.5000e+006
-2.5000e+006 to -2.0000e+006
-2.0000e+006 to -1.5000e+006
-1.5000e+006 to -1.0000e+006
-1.0000e+006 to -5.0000e+005
-5.0000e+005 to 0.0000e+000
0.0000e+000 to 9.0728e+004
Interval = 5.0e+005

b

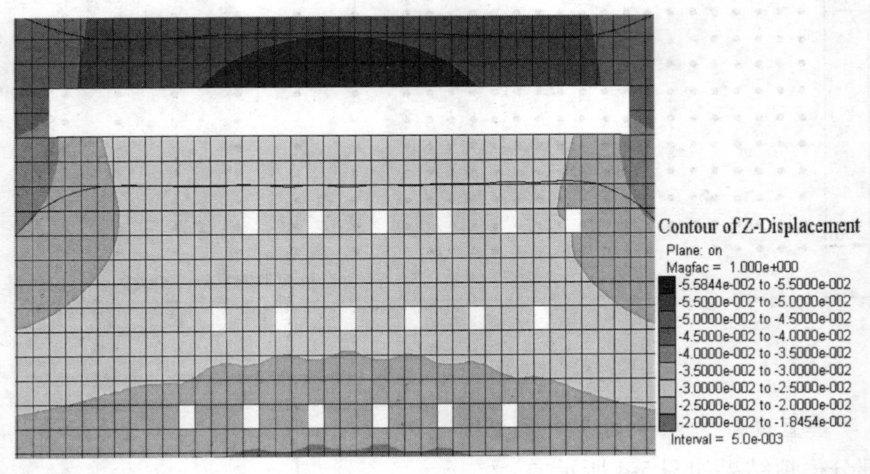
Contour of Z-Displacement
Plane: on
Magfac = 1.000e+000
-5.5844e-002 to -5.5000e-002
-5.5000e-002 to -5.0000e-002
-5.0000e-002 to -4.5000e-002
-4.5000e-002 to -4.0000e-002
-4.0000e-002 to -3.5000e-002
-3.5000e-002 to -3.0000e-002
-3.0000e-002 to -2.5000e-002
-2.5000e-002 to -2.0000e-002
-2.0000e-002 to -1.8454e-002
Interval = 5.0e-003

c

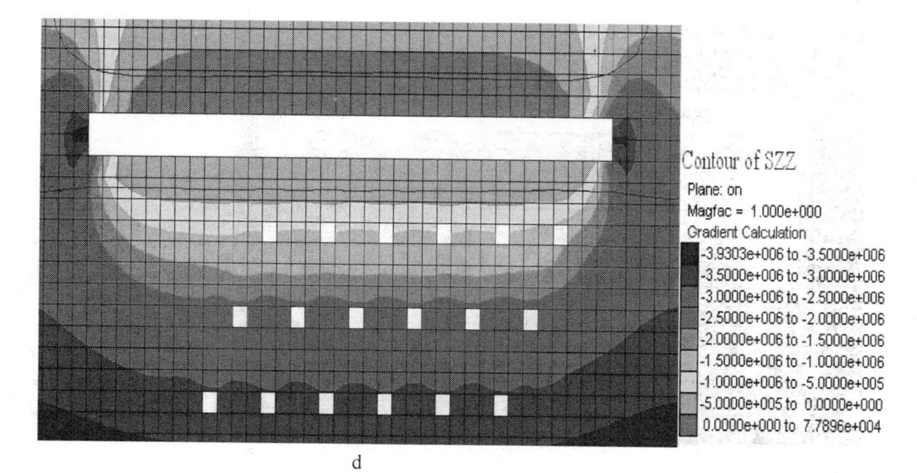
Contour of SZZ
Plane: on
Magfac = 1.000e+000
Gradient Calculation
-3.9303e+006 to -3.5000e+006
-3.5000e+006 to -3.0000e+006
-3.0000e+006 to -2.5000e+006
-2.5000e+006 to -2.0000e+006
-2.0000e+006 to -1.5000e+006
-1.5000e+006 to -1.0000e+006
-1.0000e+006 to -5.0000e+005
-5.0000e+005 to 0.0000e+000
0.0000e+000 to 7.7896e+004

d

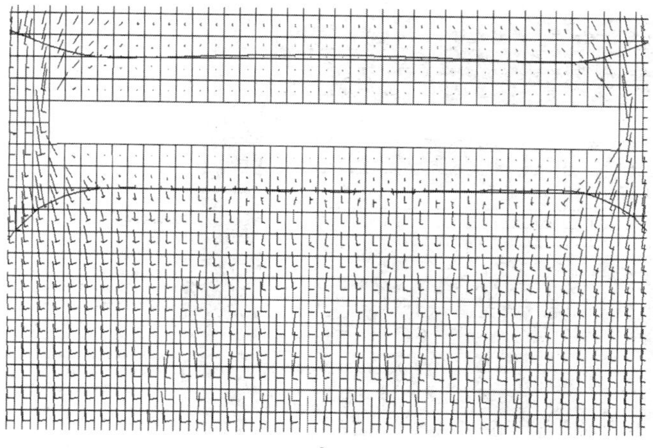
Principal Stresses
Plane: on
Magfac = 1.000e+000
Compression
Linestyle
Tension
Linestyle
Max Compression = -4.546e+006
Max Tension = 5.647e+005

e

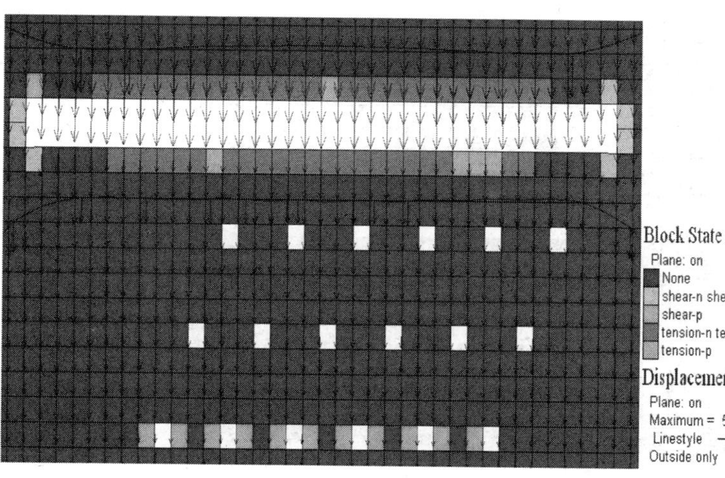
Block State
Plane: on
None
shear-n shear-p
shear-p
tension-n tension-p
tension-p
Displacement
Plane: on
Maximum = 5.585e-002
Linestyle
Outside only

f

Contour of SZZ
Plane: on
Magfac = 1.000e+000
Gradient Calculation
-4.2855e+006 to -4.0000e+006
-4.0000e+006 to -3.5000e+006
-3.5000e+006 to -3.0000e+006
-3.0000e+006 to -2.5000e+006
-2.5000e+006 to -2.0000e+006
-2.0000e+006 to -1.5000e+006
-1.5000e+006 to -1.0000e+006
-1.0000e+006 to -5.0000e+005
-5.0000e+005 to 0.0000e+000

g

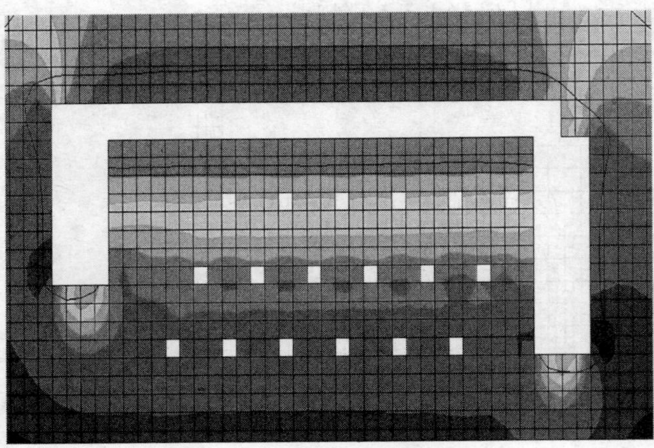
Contour of SZZ
Plane: on
Magfac = 1.000e+000
Gradient Calculation
-4.3877e+006 to -4.0000e+006
-4.0000e+006 to -3.5000e+006
-3.5000e+006 to -3.0000e+006
-3.0000e+006 to -2.5000e+006
-2.5000e+006 to -2.0000e+006
-2.0000e+006 to -1.5000e+006
-1.5000e+006 to -1.0000e+006
-1.0000e+006 to -5.0000e+005
-5.0000e+005 to 0.0000e+000

h

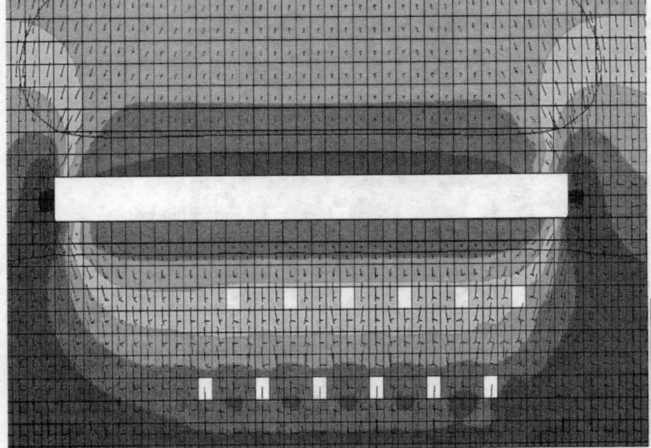
Contour of SMin
Plane: on
Magfac = 1.000e+000
Gradient Calculation
-4.0253e+006 to -4.0000e+006
-4.0000e+006 to -3.5000e+006
-3.5000e+006 to -3.0000e+006
-3.0000e+006 to -2.5000e+006
-2.5000e+006 to -2.0000e+006
-2.0000e+006 to -1.5000e+006
-1.5000e+006 to -1.0000e+006
-1.0000e+006 to -5.0000e+005
-5.0000e+005 to 0.0000e+000

i

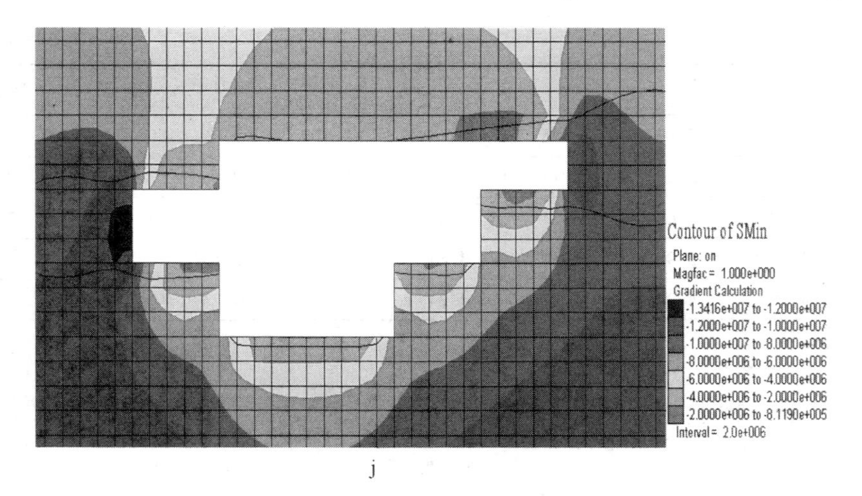

j

图 5-4 部分模拟结果

a—仅巷道开挖最大主应力云图；b—顶切割最大主应力云图；c—顶切割 z 向位移云图；
d—顶切割后 z 向应力云图；e—顶切割后主应力矢量图；f—顶切割后塑性区分布图；
g—顶切割和左侧隔断后 z 向应力云图；h—顶切割和左右侧隔断后 z 向应力云图；
i—顶切割后最大主应力云图；j—多层矿体开采时最大主应力云图

不同监测点位的竖向应力变化对比见表 5-1。不同监测点位应力变化率曲线如图 5-5 所示。

表 5-1 不同监测点位的竖向应力

序号	离空区底之距离	初始应力	测点 1	测点 2	测点 3	测点 4	测点 5	测点 6	测点 7
1	10m	2.41	2.42	2.64	2.69	2.65	2.4	1.9	0.965
2	20m	2.67	2.77	2.78	2.78	2.74	2.65	2.47	1.98
3	30m	2.93	2.98	2.97	2.94	2.9	2.82	2.71	2.45
4	40m	3.19	3.21	3.18	3.15	3.18	3.06	2.99	2.83
5	50m	3.45	3.44	3.44	3.39	3.44	3.32	3.27	3.17
6	60m	3.71	3.7	3.7	3.64	3.7	3.58	3.55	3.48
7	70m	3.97	3.96	3.96	3.89	3.96	3.85	3.82	3.77
8	80m	4.23	4.22	4.22	4.15	4.22	4.11	4.1	4.05
9	90m	4.49	4.48	4.48	4.41	4.48	4.38	4.36	4.32

序号	测点 8	测点 9	测点 10	测点 11	测点 12	测点 13	测点 14	测点 15
1	0.698	0.646	0.63	0.667	0.562	0.726	0.569	0.728
2	1.59	1.42	1.36	1.31	1.14	1.24	1.15	1.25
3	2.21	2.05	1.99	1.81	1.82	1.8	2.08	1.81
4	2.69	2.58	2.46	2.28	2.24	2.26	2.25	2.25

续表 5-1

序号	测点 8	测点 9	测点 10	测点 11	测点 12	测点 13	测点 14	测点 15
5	3.08	3.03	2.75	2.74	2.67	2.72	2.72	2.72
6	3.42	3.38	3.13	3.05	3.06	3.06	3.06	3.06
7	3.72	3.67	3.53	3.47	3.47	3.47	3.47	3.47
8	4.01	3.95	3.87	3.87	3.87	3.87	3.87	3.87
9	4.28	4.24	4.24	4.24	4.24	4.24	4.24	4.24

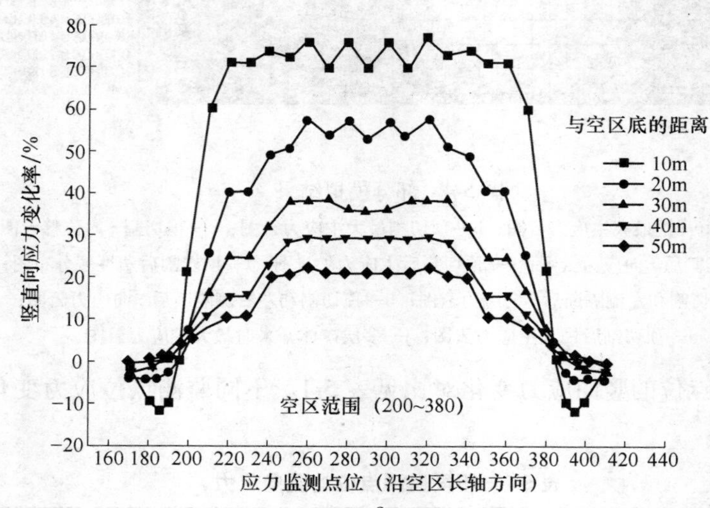

a

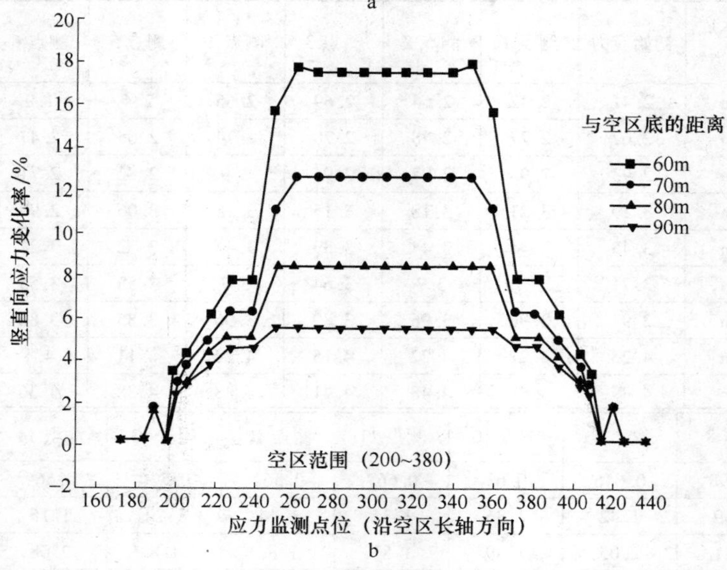

b

图 5-5　不同监测水平的垂向应力变化率曲线

综合分析以上图表可见，矿体开挖后岩体的最大、最小主应力及 z 向应力均发生了明显的重新分布，在空区的顶板部位和底板部位均出现了应力降低区，且离空区投影中心部位越近，其应力值降低越明显。在空区两侧部位则出现了应力集中区。底板以下 50m 范围内（约等于切割顶层的跨度）应力降低率大于 20%，70m 范围以内应力降低率大于 10%，90m 范围内的应力降低率大于 5%，120m 范围内的应力均有不同程度的降低，可见顶切割后底板以下应力降低区的延深范围约为 2.5 倍的空区跨度，且该区域基本呈椭球形分布，并且越靠近空区底板，降低幅度越大，其应力最大降幅可达 76.7%，分析不同切割的跨度和高度，可见开挖后底板的应力降低范围与空区高度的影响很小，基本只受空区跨度的影响，空区高度的增大使应力降低程度和集中程度都有所减弱。在空区两侧部位出现了基本呈扇形分布的应力集中区，该应力集中的最大部位随切割的高度、跨度等而不同。

B 水平高应力水平切割（隔断）

不同监测点位应力变化率曲线如图 5-6 所示。

综合分析以上图表可见，水平高应力切割（隔断）开采后，切割槽两侧的最大、最小主应力及 x 向应力均发生了明显的重新分布，在切割槽的两侧部位出现了应力降低区，且离切割槽垂向投影中心部位越近，其应力值降低越明显。在切割槽一侧的水平向 150m 范围内（约等于两倍的切割槽高度）应力值降低率大于 20%，然后应力降低程度迅速减弱，该区域基本呈椭球形分布，并且越靠近切割槽中央，降低幅度越大，其应力最大降幅可达 85.8%（约在距切割槽 15m 范围以内），分析不同切割槽的宽度和高度，可见开挖后水平向的应力降低范围主要受切割槽的高度影响，切割槽宽度的增大使应力降低程度有所减弱。当沿水平方向一定的距离在左右两侧各形成一条切割槽时，中间区域内的水平应力基本完全被隔断，此时该部位基本为免压区。

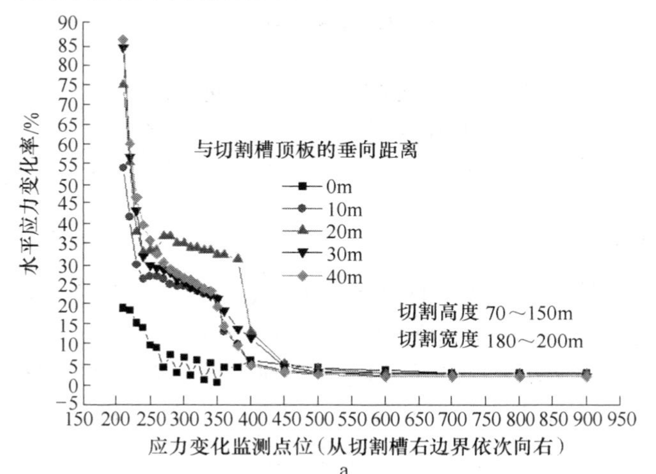

a

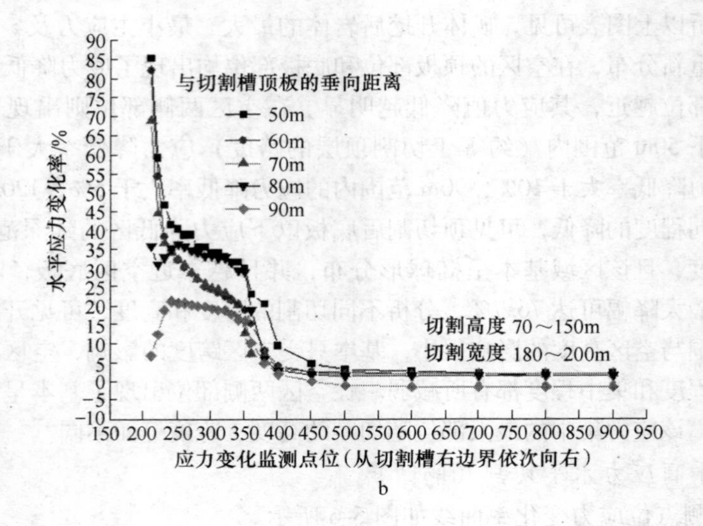

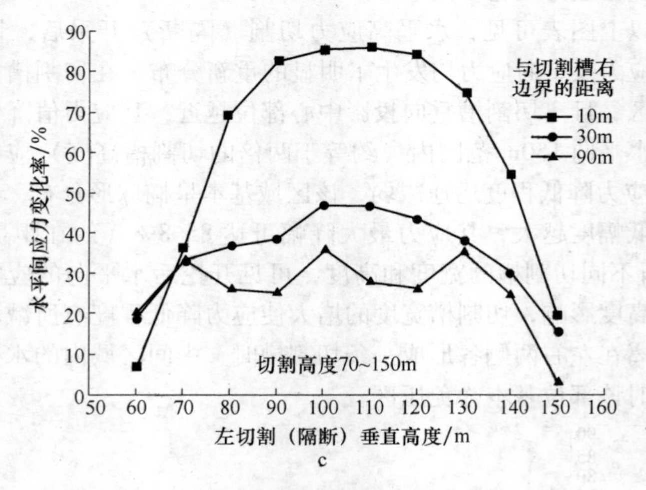

图 5-6 不同监测点位应力变化率曲线

a，b—左切割后不同监测断面的水平向应力变化率曲线；

c—不同监测断面的水平向应力变化率曲线

5.3 工程实践

梅山铁矿在开展大间距无底柱开采研究中，相应地开展了大间距改善采场地压及应力转移变化监测研究。2002 年对-228m 开采水平及对-243m 水平进路监测（图 5-7），该开采部位位于矿体的边缘，研究分别对-228m 分段进路开采前、后的-243m 两进路中应力进行了对比（表 5-2），其结果相差极其明显，即上分层的开采对其下部进路具有良好的应力降低效果。

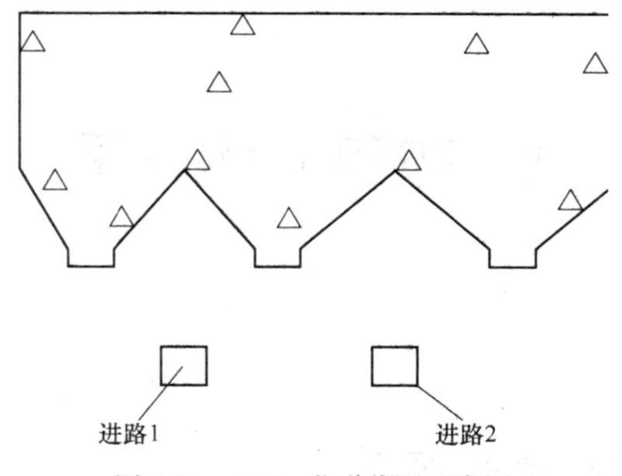

图 5-7 －243m 巷道位置示意图

表 5-2 开采前后压应力变化 （MPa）

进路号	－228m 开采前	－228m 开采后	相差值
1	6.3	3.3	3
2	6.4	3.0	3.4

适当利用开采的应力转移，可以较好地发挥应力变化的成果，有效地控制采场地压，化不利为有利，保障矿山安全、高效地进行开采。

参考文献

［1］王永才，康红普．金川深井高应力开采潜在问题及关键技术研究［J］．中国矿业，2010（12）．

［2］杨承祥，罗周全，胡国斌．深井高应力矿床开采地压检测与分析［J］．矿业研究与开发，2006（19）．

［3］周乃松．程潮铁矿高应力区开采技术实验的研究［J］．化工矿物与加工，2006（11）．

［4］王御宇，李学锋，李向东．深部高应力区卸压开采研究［J］．矿冶工程，2005（4）．

［5］杨志强，等．高应力深井安全开采理论与控制技术［M］．北京：科学出版社，2013.

［6］赵洋．深部开采高应力区冲击地压预测及防治的研究［D］．济南：山东科技大学，2010.

［7］赵生才．深部高应力下的资源开采与地下工程——香山科学会议第 175 次学术讨论会综述［C］//科技政策与发展战略，2002.

［8］谢柚生．深部金属矿山卸压开采研究［D］．南宁：广西大学，2012.

［9］王喜兵，王海君．高应力区卸压开采方法研究［J］．矿业工程，2003（8）．

［10］闵厚禄，王文杰，季翔．中厚矿体卸压开采技术研究现状及存在的问题［J］．中国矿业，2008（6）．

［11］鲁中冶金矿山公司小管庄铁矿西区采矿技术攻关鉴定资料［R］．1990.

6 破碎矿体开采

6.1 现场状况

6.1.1 某破碎矿山开采中遇到的问题

地质概况：该铁矿属高中温热液磁铁矿床，矿体总的形态受 F_1 断层控制，为一大透镜体。矿体顶板为炭质板岩，稳定性差；底板为白云岩，稳定性较好；矿体内夹层较多，且分布不均，主要为透闪岩、绿泥岩等，夹层岩体软碎，这些不规则夹石杂乱穿插于矿体内，再加上受到多条断层的切割，矿岩体破碎严重，稳固性差。

采矿方法：无底柱分段崩落法。

调研方法：进行该铁矿 280 块岩石试样的常规力学试验、17 块试件的应力-应变全图试验，62 块试样的膨胀性试验，12 块试样的结构面直剪试验，160m 长度范围节理裂隙调查，17 个钻孔 *RQD* 值的统计，17 个断面 13 个钻孔的干孔声波探测。

矿岩力学属性：矿区主要几种矿岩的弹性模拟一般为 20~87GPa，最高的是致密状 Fe_1 磁铁矿可达 55~164GPa，最低的是红板岩为 3.3~10.6GPa，泊松比波动在 0.1~0.39 之间；磁铁矿、赤铁矿、块状闪长岩的单轴抗压强度多数在 50MPa 以上，红板岩强度低，多数在 36MPa 以下，各矿岩抗拉强度约为抗压强度的 0.1~0.059；试验表明矿岩强度受矿物成分、组织结构、蚀变、矿化程度和时间尺寸的影响。

RQD 值统计：根据对矿区 6、8、10、16、18、20 线 17 个钻孔进行的 *RQD* 值统计，矿山西区 *RQD* 值均小于 50%，较多的还有小于 25%，属于差和最差的岩体。

节理裂隙调查：根据对-260m 分段 2 号、3 号联络巷及 9 号、21 号进路的 161m（其中 Fe_2 矿体地段 110m、蚀变闪长岩地段 51m）巷道进行调查得出，倾向 N 或 NE 的节理组较未集中。倾角大多为 50°~80°。大多数节理开口宽度小于 1mm，一般无充填物。

干孔声波探测：为了避免水干扰结构面的原有声学效应，水改变膨胀岩体性质等湿孔声波法的缺点，采用干声波探测法在西区-250m 分段分别在红板岩、蚀变闪长玢岩和块状磁铁矿中埋设3个声波探测断面，经过对13个有效钻孔的探测，得出处于支承压带的进路采用砂浆锚杆支护后的围岩松动区深度分别为红板岩进路两帮为1.2~1.5m，蚀变闪长玢岩进路顶板为1.2~1.4m。

巷道收敛变形：崩落法采准巷道90%以上进行了支护，但变形垮冒不断，维护相当困难，-250m分段101采场数百米巷道无法爆破回采，丢失了大量矿石，部分巷道的变形、冒落截断了通风回路，造成采场内通风极为困难，巷道变形破坏统计见表6-1。

表6-1 巷道变形统计

巷道状况 开采水平	掘支总量/m	变形破坏量/m	垮冒报废量/m	垮冒矿量损失/t	巷道总破坏率/%
-230m	807	211	71.5	13395	35
-240m	1164	810	205	64841	61
-250m	3080	1045	481	65300	49.5
总　计	5551	2066	757.5	143536	50.9

炮孔变形破坏：根据现场调查，西区中深孔变形破坏非常严重，主要形式有错孔、塌孔、缩孔及挤孔等，详见表6-2。

表6-2 炮孔变形破坏形式

破坏形式	错孔	塌孔	缩孔	挤孔	总计
破坏孔数/个	134	53	13	5	205
破坏率/%	65.4	25.9	6.3	2.4	100

采区溜井变形破坏：根据现场调查，采区内8条溜井都采用喷锚支护，但都发生过不同程度的破坏，其中4条破坏报废，许多下盘风井被迫改为出矿溜井，使采区通风条件恶化。

采场地压显现一般规律及影响因素：巷道、溜井、炮孔严重破坏和分布的不均匀是西区采场地压显现的重要特性，是一系列影响因素的结果，主要变化规律是：

（1）巷道、炮孔、溜井的破坏具有明显的区域性。在矿体两翼，特别是上分段采空区周围破坏尤为剧烈，而在上分段已回采过的崩落区下，破坏较轻，变形平缓，稳定状况稍好，两个区域地压显现情况调查见表6-3。

表6-3 井巷、炮孔、溜井地压显现情况调查

项　目	巷　道			炮　孔			溜　井	
	总量/m	破坏量/m	破坏率/%	总量/m	破坏量/m	破坏率/%	总量/条	报废率/%
采空区周围	1874	1336	71.2	330	176	53.3	4	100
采空区下	3270.5	1121.5	34.2	730	29	4	4	0

结合现场调研情况和表中地压显现特征可见，采场内存在应力升高区和应力降低区。初步分析主要在于西区矿体埋藏深、覆盖岩层厚、倾角缓、两翼侧伏、上小下大、采场范围逐渐扩展，当第一分层回采后，不能有效支撑空区顶板和传递压力，使空区上方压力向四周转移而形成空区下的应力降低区和空区周围的支承压力区。应力降低区主要承受空区崩落覆岩的重量，其应力值一般小于原岩应力，而空区周围支承压力区的压力则明显高于原岩应力值。

支承压力（应力升高）区的地压显现程度随位置的不同也有差异，表6-4为采空区周围巷道破坏率与距空区边缘的距离关系。表中数据显示支承压力的影响范围一般为40~60m，其压力剧烈影响范围有增大趋势。

表6-4 巷道破坏率 （%）

巷道与空区的距离		10m	20m	30m	40m	50m
开采水平	-240m	95	95	85	60	20
	-250m	97	92	90	54	41

在应力降低区，围岩变形平缓，变形量小，稳定变形持续时间长，采准期间除软弱岩种外，一般不产生大的变形破坏，因矿岩破碎引起的垮冒及时支护后，变形破坏即可控制。回采期间，变形量增大，但变形速度远比支承压力区小，地压显现程度较轻。

（2）支承压力随回采进行而转移。调查发现许多在采准期间稳定状况良好的巷道，在进入回采期后，变形急剧增大，破坏日趋严重，如西区破坏的巷道有74%是发生在回采期间。

回采期间巷道和炮孔的破坏与退采工作面破坏点距离和停采时间有关，-230m水平两条进路退采距下盘联巷15~20m处，两条进路间联巷便发生了大量垮冒，形成高8m、宽7m的冒落空间；-250m分段上盘102采场退至距中间联巷15m左右时，联巷变形加大，各进路岔口普遍发生垮冒，联巷及采场中矿量几乎全部丢失，该区段回采率仅为6.5%。

以上地压显现说明进路和回采造成了工作面后方某一范围内的应力变化，出现支承压力。这在首采分段以及上分段未回采而下分段提前掘出的巷道尤为突出，因为在这些地段，进路间柱仍支承着顶板，一直向下传递着压力，随着回采的进行，进路间柱不断被撤出，工作面逐渐形成崩落空间，空区上方压力向外转移，因为在待采的进路上方产生不断递增的支承压力，支承压力的峰值区位于距工作面一定范围内，随着回采工作面的后退不断向下盘方向滚动，因此靠下盘部位的进路和联巷将承受很大的压力，尤其是当这种移动支承压力与上分段采空区周围支承压力相互叠加时，使巷道破坏更加剧烈，支承压力带中下盘巷道严重破坏即源于此。

由调查中观测到的现象分析，回采支承压力的影响范围为回采工作面后方15~25m范围内。

（3）“孤岛承压”效应显著。调查中发现，当某进路的同分段相邻进路超前退采后，该进路巷道变形具有明显加速的特征，当巷道垮冒报废所产生的残柱，也会使下分段对应位置产生异常的局部压力，这种“孤岛承压”效应不仅存在于应力升高区，也存在于应力降低区内，其主要来自首采分段，而第二分段受其影响最大，在第三分段中表现不突出。如-230m分段6、7、8三进路丢下18排炮孔约0.9万吨的孤立矿柱未崩落回采，结果造成-240m分段对应进路及联巷共50m巷道严重破坏无法进行回采。

（4）地压显现具显著的时空效应。现场调研发现，巷道的失稳变形破坏与巷道的断面形状、赋存环境、受力状态、支护方式等密切相关，同时围岩的破坏是一个随时间渐进破坏的过程。

（5）地压分布及显现程度与采准与回采顺序密切相关。现场调研发现，-240m巷道比-230m分段先掘，-230m分段回采移动支承压力对下分段巷道产生严重破坏作用。上分段回采对下分段巷道的这种影响，即使在应力降低区也有明显反应。

6.1.2 开采地压显现

综合分析杨家坝铁矿和小官庄铁矿等几个典型破碎矿岩体矿山现场地压显现特征，存在以下几点主要结论：

（1）软破矿岩崩落开采过程中，主要地压显现活动是巷道变形破坏（如顶板冒落、剥层脱落、片帮冒落和楔体滑移等）、炮孔变形破坏（如错孔、缩孔、塌孔和挤孔等）、开拓采准工程破坏（如溜井变形垮塌、切割槽难以形成等）、采场围岩变形失稳等。

（2）矿体开采过程中，采场地压显现存在明显的分区分带特征，即存在应力升高区和应力降低区，两带显现程度具显著的差异性。采准工程布置和回采应适应其特征并进行控制和利用。

开采中分段应力以是否位于上部已采范围之下而地压显现差别很大，在上分段回采后，顶板充分崩落，下分段矿体与未崩落的顶板之间以松散覆岩和空区相隔开，此时由于从未崩落的顶板至地表的竖直应力被切断，直接施加于下分段矿体的竖向力仅为崩落的松散覆盖岩体重力，这与最初的竖向应力相比非常小，即为应力降低区，相对而言，该区域可认为竖向无压，称竖向免压区。此时顶板上部岩层应力除小部分随顶板变形释放外，大部分岩体应力转移到采场四周未采动的岩体上，这些区域上竖向应力显然大于初始自重应力，即为应力升高区。

（3）采场地压显现与开采工艺关系密切。地压活动不仅与地质条件、开采空间有关，而且与开采工艺有关，不同采矿顺序造成的最大集中应力相差很大。如上分段的回采对下分段的地压显现特征（地压分布、显现程度等）影响极为严重，尤其在支承压力带内更加明显。

（4）采场或巷道的地压显现具有显著的时间、空间效应，即地压显现具有明显的动态特征。因此采矿的各个工艺环节应从时间、空间及地压分布上进行立体综合布置和控制。

综合前面分析可见，采场地压显现随时空不同而变化，且这种变化存在明显的分区分带特征，回采过程中采取一定的措施降低应力或将采切工程布置在应力降低区内，对减弱或消除巷道、炮孔、采场等工程的变形破坏及回采安全是极为有利的。

6.2 存在问题的典型特征

6.2.1 巷道的主要变形破坏形式

巷道变形受周围几何空间、应力环境、岩石性质、开采过程及存在时间等因素的影响，通常主要有以下几种破坏形式（图 6-1）：

（1）顶板冒落。顶板冒落主要发生在矿岩特别破碎或蚀变严重的地段以及软碎夹层等断层带处。这种地段岩体开挖后自稳时间短，其变形特征是冒落始于小片脱落，慢慢则发展到大面积冒落。该破坏形式在巷道开挖过程中主要是支护不及时或支护不当所致，在矿体崩落开采阶段主要受爆破退采的应力转移影响。

（2）剥层脱落。剥层脱落主要发生在呈碎裂结构状的矿岩体中，其破坏特征是从巷道两帮上半部及顶板逐渐呈拱形崩落。

（3）片帮鼓裂。片帮鼓裂主要发生在软弱结构状的矿岩体中，其破坏特征是两帮酥裂，片垮，边墙鼓裂挤出，顶板下沉，巷道断面明显缩小。

（4）楔体滑移冒落或块状冒落。楔体滑移冒落或块状冒落主要发生在呈块状结构的矿岩体中，其破坏特征是冒落通常都发生在暴露面积比较大的进路与联巷的交岔点等处。

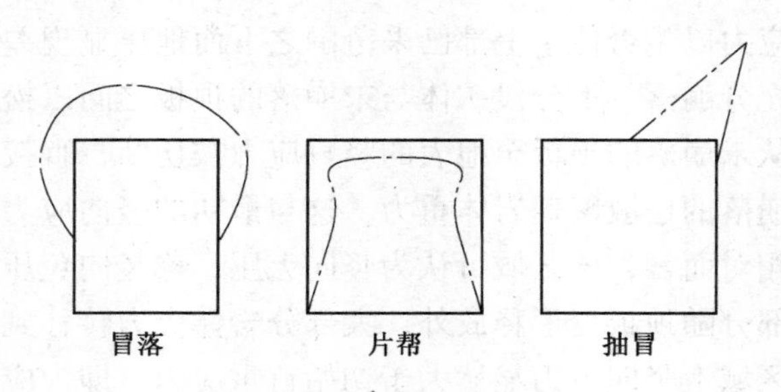

图 6-1 巷道破坏形式

6.2.2 崩落炮孔变形破坏形式

炮孔变形破坏是破碎矿岩体动压显现的显著表征，通常主要有以下几种破坏形式（图 6-2）：

（1）错孔。错孔是软破矿岩开采崩落炮孔的主要破坏形式，其破坏特征是炮孔穿过矿岩夹层时巷道周边岩层发生移动，炮孔在轴线方向发生移动错位，炮孔变小，以致完全错位。

（2）堵孔。堵孔是仅次于错孔的又一破坏形式，主要发生在软弱破碎岩体的侧孔中，其破坏特征是炮孔孔壁破坏冒堵或被碎块卡堵。

（3）缩孔。缩孔主要发生在软弱岩体中，其破坏特征是孔壁膨胀缩小，直至整个炮孔堵死。

（4）挤孔。挤孔主要发生在软破岩体中，其破坏特征是圆形的炮孔变为椭圆形，并有软泥物质挤出。

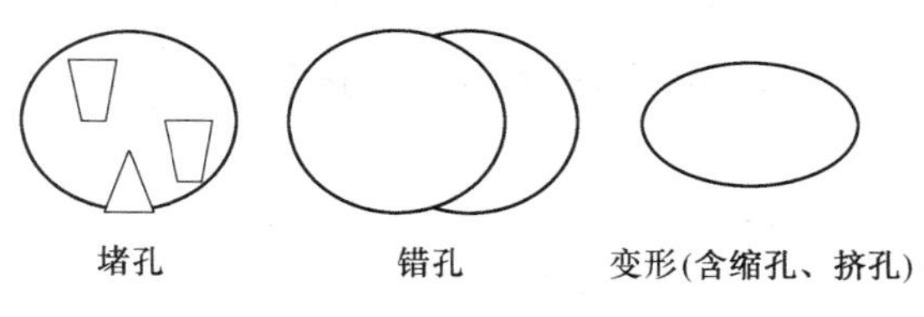

图 6-2 炮孔破坏形式

6.2.3 眉线破坏及爆破事故

中深孔破碎矿体开采，在开采过程中很容易产生的另一个问题是眉线破坏，其原因是掌子面爆破时很容易在巷道口位置炮孔的炸药装填的过于集中，造成其巷道顶部的岩石被带落，结果是造成后排的炮孔被崩落的矿石填埋，导致下一步再装药时后排孔装不进炸药，造成通常说的“隔墙”事故，造成矿石的损失。眉线破坏的典型形态如图 6-3 所示。

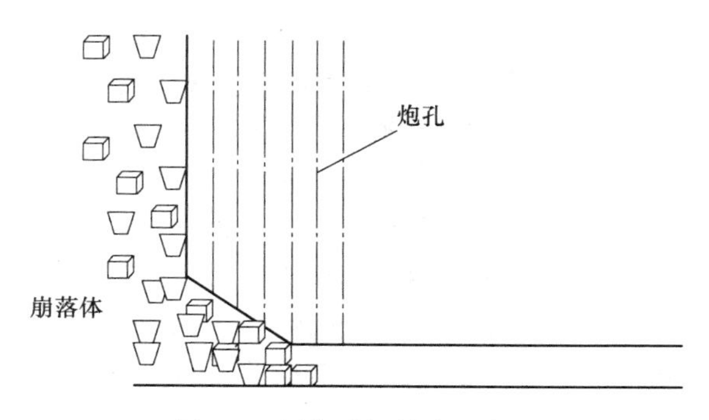

图 6-3 眉线破坏状态示意图

6.2.4 采场动压大、应力集中明显

根据现场采场及井巷等的变形情况可见，采场地压显现的主要特征有以下几点：

（1）采场地压显现存在明显的分区分带特征（即开采中存在应力升高区和应力降低区），开采中各分段以是否位于上部已采范围之下而地压显现差别很大。

（2）动压显现与首采分段矿体开采状况有着密切关系。当首采分段开采不完全而残留下矿柱时，其下分段对应位置处的巷道压力明显增加，垮冒等地压显现显著加剧。

（3）采场或巷道的地压显现特征具有显著的时空效应。随开采的连续开展，采场或巷道的空间形态不断发生变化，其围岩体会受到连续不断的交变动压作用，地压显现也会随之发生很大的变化。

（4）动压显现具有随采矿作业面的变动而变动的特征，其一表现为爆破对炮孔的冲击作用，随着回采爆破的退采后移，炮孔的破坏也随之后移；其二表现为随进路的爆破退采，与其相邻的进路及本进路后部未采部分的巷道其变形速度增加。

6.3 主要解决措施

6.3.1 巷道支护

作为破碎矿体中的巷道维护，首先可能需要考虑的是适当调整开采顺序，主动利用开采过程动压的存在，在可以进行割断开采的基础上，实现三强开采，缩短巷道存在时间。当仍不足以维护巷道的稳定时，则需要根据各巷道所处的工程地质环境，因地制宜进行巷道分区、分级、分重要性而进行分别采用适当的方式进行支护。

一般讲，由于松软破碎矿体具有破碎不一致特点，并需要考虑到巷道的功能、使用时间、围岩稳定性及应力环境，要求在处理该类岩石支护时应分级进行支护，如：

（1）Ⅰ级支护：对于极其不稳固岩石位置的巷道支护，目前比较成熟的是长短锚杆结合的锚网喷支护。其中胀楔式中长锚杆长3.2m，排间距1.8m×1.8m；缝管式摩擦锚杆长2.0～2.2m，排间距0.8m×0.8m，钢筋直径6～8mm，网度200mm×200mm，双筋条直径8mm×3200mm，主要用于支承压力带联络巷道，交岔口处于极不稳固的矿岩地段（其参数仅作为参考）。

（2）Ⅱ级支护：对于不稳固岩层位置巷道支护，不用中长锚杆，其余同Ⅰ级支护，主要用于支承压力带中的进路、卸压带中的下盘进路、下盘通风巷与卸压带中的联络巷。

（3）Ⅲ级支护：缝管式摩擦锚杆、双筋条、喷混凝土支护，双筋条带不设加密钢筋网，用于卸压带中的上盘矿块进路，也用一部分带垫板的砂浆锚杆。

（4）Ⅳ级支护：对于相对比较好的岩层位置巷道支护，采用单锚或素喷，用于服务时间很短，岩性又不很差的上盘切割巷道，靠上盘部位的进路，以及远离矿体掘进在块状闪长岩中的巷道。

6.3.2 炮孔破坏

针对出现的炮孔破坏，其各种出现方式均有其各自的导因：

（1）错孔破坏。综合几个典型矿山出现的炮孔破坏类型及发生的位置可以看出，错孔破坏一般是发生在巷道开挖的松动圈范围之内，即均发生在距离巷道壁3m的范围之内的炮孔内，该形式破坏的发生原因为巷道变形，其周边岩石发生相对移动而造成该区域的炮孔随之产生错位而产生错孔破坏。

（2）堵孔破坏。堵孔是炮孔破坏的主要形式。堵孔破坏的主要形式是小块度的矿（岩）石掉落而将炮孔在某位置堵塞形成了炮孔的破坏，其发生的范围为整个炮孔全长范围，产生的诱因是炮孔周边的矿（岩）石破碎，很容易在一定外力的作用下掉落，而在采场，主要的外力是爆破产生的震动。为此，需要采取综合的措施加以解决，包括：

1）增大孔径，减少堵塞概率。一般矿山可以适当的加大凿岩炮孔的孔径，在同样大的矿（岩）块掉落后，大孔径孔的堵塞可能性会相对降低。

2）透孔。当发现某炮孔被堵塞后，一般可以先采用装药用的软管在孔内上、下不停的捣动，将块石引导到孔外而完成该孔的处理。

3）减少每次炸药爆破量，减少对后排孔的爆破震动。

根据几个典型矿山的现场统计，愈靠近掌子面的炮孔，其堵孔愈严重，说明其爆破对掉渣堵孔影响很大，为此，一般要求最少是减少每次的爆破排数，当一次需要爆破2排时，排与排之间首先进行微差方式进行爆破作业，当堵孔比较严重时，在每排内的炮孔之间也需要进行微差爆破，即排内微差爆破，要求其中间孔先爆破，二侧孔分别依次微差起爆，减少单次爆破的药量。图6-4所示为排内V形爆破示意图。

4）护孔。即在炮孔形成后，在孔内布置塑料软管，对已经形成的炮孔进行维护，当需要装药时再将其拔出进行装药。该方法相对来说工艺麻烦，当拔不出时则造成材料损失较大。

5）减少炮孔存在时间。存在时间的长短也是炮孔维护的一种方式，存在时间长则被掉渣或者被移动的可能性增加。

在破碎矿体开采时，一般要求是强进强出型的“三强”开采，尽可能减少巷道、炮孔的存在时间，减少其破坏的可能性。

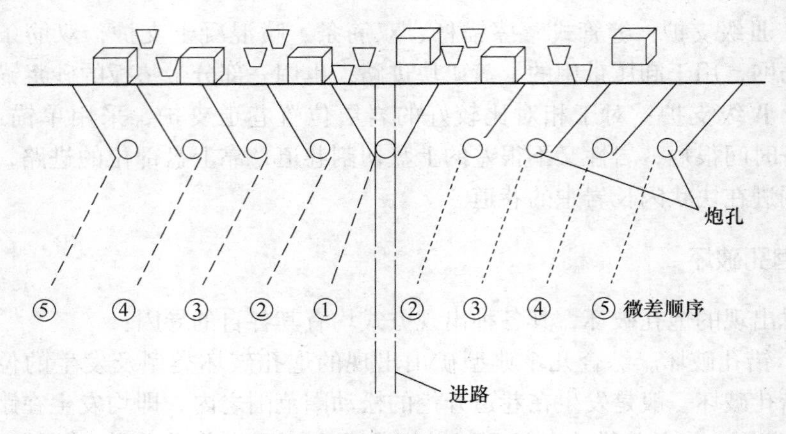

图 6-4 排内 V 形爆破示意图

（3）变形。炮孔变形是破碎矿体开采时遇到的第三种破坏形式，但该形式破坏在总的破坏孔中比例相对较少，其主要原因是一些软岩在遇到水等侵蚀后局部不均匀的软化从而造成由原形孔边为其他形式的破坏。

解决该类型炮孔破坏的主要方式是减少炮孔存在时间、加大炮孔直径及加强采场内的水疏干作业。

6.3.3 眉线保护

眉线破坏的原因主要是因为该部位的炸药量过于密集。因此，解决的主要措施就是改变装药结构，减少孔口部位的药量；具体来讲就是在孔口部位加长不装药孔长度（图 6-5）。

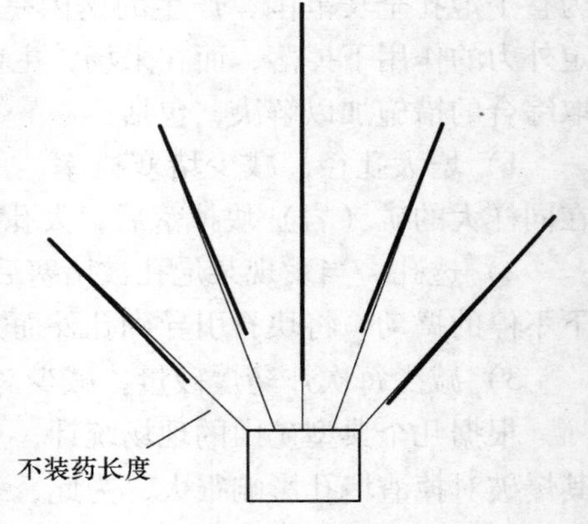

图 6-5 装药结构示意图

6.4 应用实例

小官庄铁矿床为鲁中莱芜断陷盆地弧形背斜北部倾伏末端呈半环形分布的三个铁矿床之一，系闪长岩浆侵入奥陶系灰岩形成的高温热液接触交代矽卡岩型磁铁矿床。在地壳升降过程中，上部灰岩被侵蚀而为继后沉积的巨厚红板岩所取代。

小官庄铁矿床走向 NE17°，倾向 NW73°，走向长 2150m。中部有一长约 1000m 的 F_3 断层将矿床分为东、西两个矿体，并置西矿体于东矿体上盘一侧。东西矿体分别向北、南倾伏。按赋存标高和勘探线将东、西矿体分别划为东、北和西、南四个采区同时进行开采（图 6-6）。

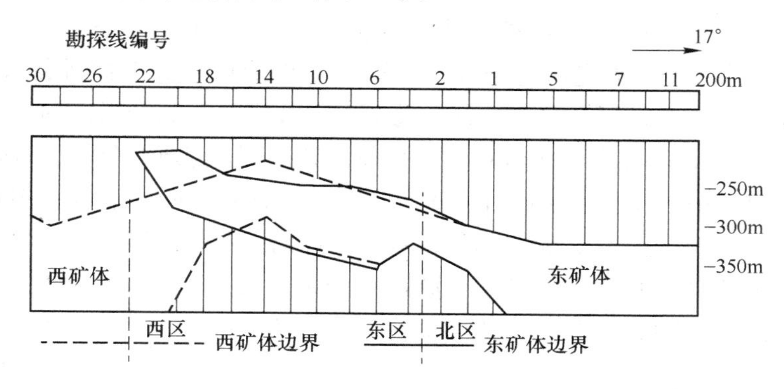

图 6-6 东、北、西、南采区划分

小官庄铁矿于 1970 年 12 月开始基建，于 1985 年 9 月投产。西区是首批投产的采区之一。从投产到 1986 年秋攻关开始前第一分段（-230m 水平）已经采完，第二分段（-240m 水平）已开采一半，第三分段（-250m 水平）采准巷道已掘进过半，分段基本格局已经形成。

按地质勘探报告设计院设计西区采用无底柱分段崩落采矿法。矿块宽和溜井距为 50m，分段高和进路距为 10m。根据地质报告作出的矿岩单体强度较高的描述，设计规定采场巷道不支护。基建和投产后发现矿岩不稳固，支护量逐步增加，由最初为零相继增到 30%~70%。支护形式以砂浆单锚为主，辅以素喷和锚喷。在施工中也局部采用了砂浆锚喷网支护和整体浇灌钢筋混凝土支护。为应急之需，又采用了大量木支护。

6.4.1 暴露的问题

经过-230m、-240m 水平的回采和-250m 水平的采准，暴露出一系列严重问题：

（1）采场井巷大量垮冒，炮孔严重变形破坏。

1）-230~-250m 水平掘进 5551m 巷道中破坏率达 50.9%（其中 757m 垮冒报废，2066m 严重破坏需重新支护）；作为咽喉通道的联巷破坏率高达 65.9%；因巷道垮冒堵路，致使某些区段无法进入回采。

2）溜井破坏。已有 8 条溜井中，下盘 4 条溜井相继垮冒报废，被迫将 12 线和 16 线的下盘风井改为溜井，上盘矿块 4 条溜井也经多次维修，才勉强维持生产。

3）抽样调查炮孔破坏率达 63%，其主要破坏形式为：孔壁坍塌（多在中上部），炮孔错位（多在巷道周边 1~3m 处）；孔径缩小（多在红板岩，矽卡岩中）。炮孔破坏状况表明，巷道周边 1~3m 处围岩已松动破坏，深部存在较大变形。

（2）系统遭到破坏，秩序被打乱，产量上不去，作业不安全。

1）三个水平的北翼通风道破坏，改道重掘后的风道经多次维修又被切断，通向-300m 水平的总回风巷多次垮冒，长期靠未被堵死的剩余断面回风。结果西区采场通风很差，温度高，矿尘和烟雾弥漫，危害工人健康，降低人机效率。

2）巷道维护占线，溜井片帮堵塞，出矿系统常被切断，泄水孔坍塌，凿岩水加红板岩使巷道成泥潭，铲车运行维艰，常使溜井和矿仓堵塞。

3）回采顺序被迫打乱，矿块（进路）间超前关系被破坏，诱发新的地压，有的矿块被迫改为从下盘采向中间联巷，有的不得不从中间联巷向上盘方向退采。

4）处理顶板危岩、冒顶区、悬顶和溜井堵塞等都在危险条件下作业，抢险支柱林立，失效锚杆凌空悬垂，生产通行缺乏安全感。

5）综上，正常生产秩序很难维持，常处于抢险保产的紧张状态，完成年产20 万吨任务已很艰难。

（3）矿石回采率低。−230m 和−240m 水平累计回收率仅 42.9%。其中不少矿石丢失在下盘部位，难以回收。令人担忧的是−240m 的回收率反而低于−230m 水平（分别为 52%和 38.4%），颇有每况愈下之势。

（4）采矿衔接紧张。采区刚投产，本来应处于产量上升期，但因回采率低，采准待采矿量消失太快而出现反常状态，−230m 水平和−240m 水平消耗巷道2600m 采出矿石仅 29.6 万吨，千吨采矿量的巷道消耗达 9m。照此下去按西区年掘进能力 1700~1800m 计，即使维持 20 万吨的年生产能力也很困难，很快将把基建时期提供的采准、备采储量耗掉。−250m 水平向−260m 水平转段时，采矿衔接就出现了紧张局面。

（5）由于产能低，回采率低，无效巷道多，每吨采出矿石材料消耗大，巷道返修率高，使 1986 年矿石成本高达 29.58 元/t，亏损严重。

6.4.2 主要工作过程

多年来从各方面进行研究探索。其主要历程为：

（1）根据−240m 和−250m 水平已形成的格局“对症治疗”采取可能的补救措施，使−250m 水平出现转机。

（2）在−260m 水平全面实施了新的综合工艺。通过整个分段开采的实践，使西区生产面貌发生了巨大变化：转危为安，变被动为主动，无底柱分段崩落法，在西区由“死缓”而重获生机显示了旺盛的生命力和使用前景，大大改善了各项技术经济指标。

（3）完成了从−260m 水平到−270m 水平的顺利转段，开始了−280m 水平的开段工作，开辟了-290m 20~22 线新的生产线，保证了产量衔接和生产持续发展。

(4) 结合生产进程探索并组织试验以端部出矿为基础，旨在进一步降低采准比，提高出矿强度，降低贫损的新的采场结构和方案。

6.4.3 矿床赋存特点

该矿体赋存在矿床最高的区段，其最小埋深 415m，矿体赋存形态复杂。上部较厚大，下部逐渐尖灭，呈蝌蚪状，走向分布似背斜状；最高处在 14 号勘探线，逐渐向南北翼倾伏，随开采水平下降，矿量重心向南北两翼转移，12、14 线渐成为无矿带，平面上含矿带呈倒置 S 形，北翼和南翼分别向上盘和下盘方向伸出，矿岩接触带不规则。14 线、16 线剖面图如图 6-7 所示。

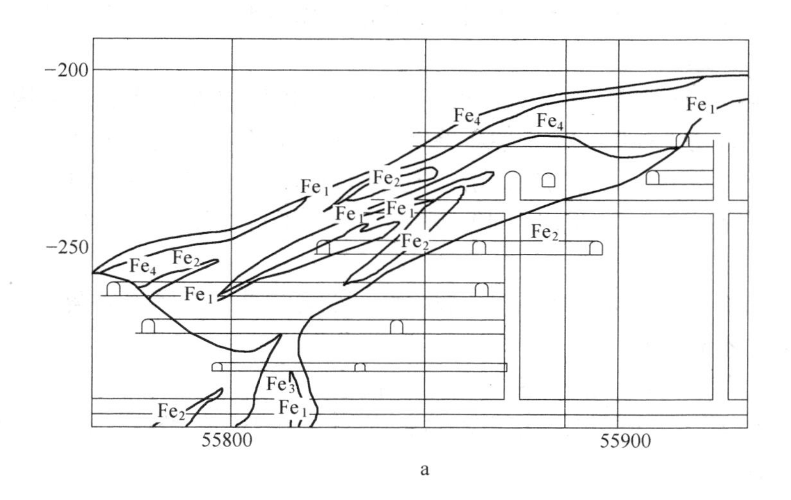

a

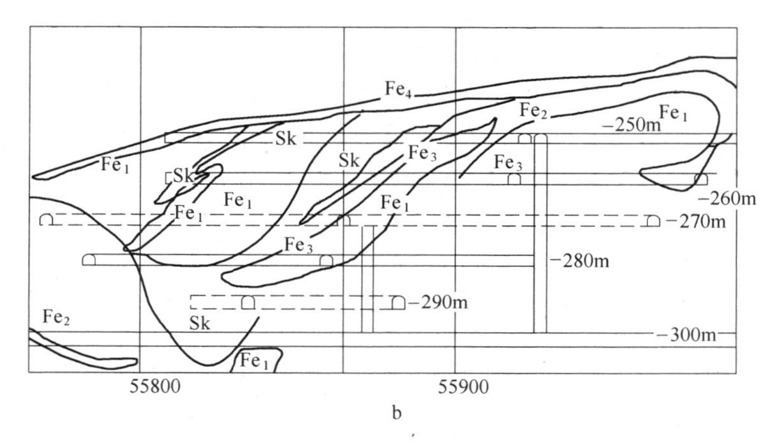

b

图 6-7 14 线 (a)、16 线 (b) 剖面图

矿内有厚2~15m的闪长玢岩和矽卡岩，其产状大体与矿体一致，但形状十分复杂，分枝复合叠现，闪长玢岩夹层分层连续厚大，矽卡岩夹层较分散，多呈块状和条状。由于夹层穿插，使矿体形态更加复杂。夹层岩性很差，不稳固，且常与小断层伴生，常是巷道垮冒的突破口。

矿体顶板为黏土质砂岩（俗称红板岩），固结成岩作用差，极不稳固，但有良好的自然崩落性能。遇水膨胀成泥，是溜井、矿仓，泥浆危害的主要根源。

矿床的赋存条件可概括为如下特点：

（1）埋藏深。为国内非煤矿山所少见，仅由覆岩重力形成的地压就很大。

（2）矿岩软破。自身已不稳固，更缺承载能力。

（3）倾角缓。相对于储量相同的急倾斜厚矿体，其矿体总承压面积大，空区跨度大，需直接在承压带下回采的总面积大；制约了无底柱分段崩落法的结构参数的调整；在各分段上，属低效回采，采准工作量大，贫化损失高的上下盘三角带占了很大比例。

（4）变化大。矿体上下盘矿岩边界不规整；矿体内夹层叠现，又构成一系列矿岩边界，且均不稳固；矿岩性质差别大，同一岩石在不同应力环境中，其力学行为不同；品位分布很不均匀，给贫损管理和出矿品位平衡带来困难。

（5）价值不高，平均品位为49%左右，考虑不可能剔除的夹石率10%，实际品位仅45%左右。

上述特点表明，在该开采范围，属深埋，矿岩软破，缓倾斜复杂低价难采矿体，具有多种不利因素。

从开采的角度还可以把上述特点概括为：

（1）地压大。-250m以上诸分段的问题主要源于此，控制地压维护采场巷道成为西区开采的基点。

（2）开采条件变化大。其中包括：地压显现的大小，随矿块所在段（承压带还是卸压带）、矿岩性质、邻域采动的影响、存在时间、巷道结构、掘进顺序、空区跨度、支护形式和工程质量等不同而差别很大；垂直走向方向上矿体中间部位、上盘三角带和下盘三角带的条件差异大，矛盾性质各异，要求也不同。应该根据和利用这些差别，确定相应技术和原则。

6.4.4 采用的综合关键技术

6.4.4.1 摸清矿体软破、深埋、缓倾斜矿体中无底柱分段崩落法采场地压规律

小官庄矿西区矿体埋藏深，倾角缓，矿岩软弱破碎，地压活动剧烈，对巷道稳定性具有强烈的影响，自1985年试投产以来，巷道垮冒十分严重。因此，地压规律的研究对西区矿山生产，利用地压规律控制、维护好采准巷道显得十分迫

切和具有重要的意义。具体开展了以下主要工作：

（1）地压现场宏观调查。为了直接通过-260m水平以上三个分段的巷道破坏的形式和位置直观反映出西区地压规律，为此，对三个水平的5551m的巷道状况进行了调查和分析。

（2）地压显现的收敛测试研究。采用操作简便的BGD-1型恒张力式收敛计测量采场巷道周边的变形，并根据处在不同位置，不同支护等级的巷道围岩变形量、变形速度来揭示采场地压规律。

（3）二维弹塑性有限单元法分析。考虑到研究上的需要，采用了五个剖面进行二维弹塑性有限元分析。它们分别是：平行于走向且通过地表最大下沉点（剖面Ⅰ）；垂直于走向且通过地表最大下沉点（剖面Ⅱ），北翼承压带中垂直于走向剖面（剖面Ⅲ），北翼承压带中平行于走向剖面（剖面Ⅳ）和卸压带下平行于走向剖面（剖面Ⅴ）。为了研究无底柱分段崩落法采场顶板岩石崩落规律及对采场地压影响规律，还专门开展采场顶板三带（崩落带、裂隙带和弯曲变形带）的位置、形状和高度的研究，在此基础上，研究了不同位置、不同过程及不同采矿顺序的采场地压分布、量值和变化规律。同时揭示了处在不同位置、不同过程巷道围岩受力状态和变化趋势。

（4）三维光弹试验研究。考虑到上述各项研究的局限性，还采用了三维光弹模型试验从事地压规律研究，尤其对进路和联巷交岔处巷道围岩应力分析更为直观和有效。

综合上述研究结果，得到的主要结论是：

（1）采场地压与采场工艺关系密切。地压活动不仅与地质条件、开采空间有关，而且还强烈地受控于开采工艺。由于西区矿岩软破，且采场应力复杂多变，采矿工艺对地压影响十分显著。有限元分析结果表明，不同采矿顺序其最大应力集中系数相差达0.52。以先从矿体的两翼上分段已开采边界相对应的部位向远端开采支承压力带中的矿体，最后再由两翼向中央后退式开采顺序的应力最小，其北翼最大应力集中系数为3.30。

（2）地压分布具有明显的分区特征。采矿导致采场应力变化形成比原岩应力高出几倍的应力升高区（承压带）和低于原岩应力的应力降低区（卸压带）。由于西区矿岩软弱和矿体倾角缓，必须回采承压带中矿体，因此，两带地压显现规律及对巷道稳定性影响具有明显差别：

1）地压活动程度差别大。在承压带中，地压活动剧烈，致使巷道围岩变形量和变形速度远远大于卸压带围岩变形，其最大变形速度达4.7mm/d，最大总变形量达220mm；卸压带巷道围岩变形速度一般小于0.033mm/d，最大总变形量不超过5mm。

2）巷道围岩受力差别大。承压带和卸压带中巷道周边应力状态相同，但应力值差别甚大。在60m的范围内，承压带中的巷道围岩应力与卸压带的比值为：两帮围岩的压缩应力比高达8.5~15.7倍，顶板的最大拉伸应力比高达10~18.5倍。

（3）地压显现具有显著的动态特征：

1）地压的采动动态特征。在平行于走向方向上，随着开采深度的增加，其应力和影响范围也随之增加。从-230m水平采到-250m水平，南翼应力集中系数从1.81增大到2.17，影响范围从55m扩展到85m，应力峰值位于空区处8m左右；北翼的应力集中系数从1.85增大到2.23。影响范围从60m扩展到90m，应力峰值位于空区外15m左右。在垂直于走向方向上，随着上盘开始退采，使滞后回采的相邻进路及本进路后方应力升高，并以波浪（应力波）的形式向下盘移动，应力和影响范围随退采距离扩大而升高和扩大。当回采距离从10m增到50m时，采动最大应力集中系数从1.1增大到2.3，而最大影响范围顶板为10.5m左右，底板为31.5m左右，进路方向为30m左右。

2）地压随时间变化的动态特征。对于深埋破碎的西区矿岩，在采用切片式的无底柱分段崩落采矿法，使上覆顶板岩石在回采过段中，在相当长时间里自下而上逐渐崩落，而逐渐压密。在岩石崩落和压密的过程中采场地压也随之改变，其变化规律是随着顶板崩落而逐渐降低，例如北翼承压带最大应力集中系数从2.99降低到2.19。地压随时间变化具有明显的时间效应，这是由围岩蠕变所引起的。

（4）采场巷道承受复杂的应力作用。由于巷道围岩处于一个复杂多变的应力环境，致使同一巷道将处于不同的应力状态，即：

1）巷道的两帮承受压缩应力。

2）承压带中的巷道顶板承受切向压缩和轴向拉伸的一拉一压的应力作用。

3）联巷顶板与位于卸压带中的进路顶板均受切向与轴向的二向拉伸应力作用。

（5）采场巷道地压类型。围岩受力状态、变形破坏方式决定了巷道地压类型，西区巷道地压类型为：

1）巷道两帮岩体受压缩应力通常表现为剪切破坏形式，岩石压碎破坏被挤入巷道空间，表现为变形地压类型。

2）节理发育的顶板围岩受拉伸应力促使节理扩张，使围岩松脱或弱面滑移表现为松脱地压类型。因此，西区卸压带的巷道主要以松脱地压为主。

上述的西区采场地压规律，为优化西区采矿工艺、确定合理的支护形式和支护等级等综合措施控制采场地压提供了理论依据。通过在-260m水平的工程应用实践，取得了良好效果，在矿山的生产实践中必将不断检验和完善西区采场地压规律的研究成果，用于指导矿山生产。

6.4.4.2 无底柱分段崩落法开采深埋软破矿体综合工艺

巷道变形速度快，寿命短是深埋软破矿体中地压大的主要特征之一，同一矿块（进路）中完成掘采作业需要一定时间序列来实现。如果巷道寿命短于掘采作业时间将出现恶果。根据西区地压规律，通过各种手段延长巷道寿命，强化采掘过程缩短作业时间，使前者略长于后者，这是深埋软破矿体无底柱分段崩落法综合新工艺的基本思路和实质。

（1）调整回采顺序，改善作业区环境应力状况。

1）沿走向方向采用先承压区后卸压区的后退式回采顺序，缩短联巷在承压区的存在时间，改善联巷的地压环境，降低承压区峰值部位的回采难度。

2）走向方向上承压区中原则上按前进式开采（从卸压区边界采向分段边界），这是由于后退式回采将使承压区中最后 2~3 条进路承受叠加的峰值压力。分段边界处岩性非常差时也可采用后退式开采。

3）下分段进路在上分段对应部位进路尚未回采时即存在，往往因地压较大、变形速度加剧，因此按下列原则确定上下分段回采超前距离：只有上分段矿块采完后，才允许在其下部对应矿块中掘进路。

4）开采-270m 水平的同时，提前并段回采 18~22 线间-280~290m 水平，以实现南区（在-310m 水平开采）和西区回采水平间的平缓过渡，并在西南采区的承压峰值带未在该区段会合前实现“摘帽”卸压，为西区开辟一个新的回采区段，为进一步增产创造了条件，同时验证了采用双段退采在西区的合理性。

（2）调整采场结构采准布置，改善采准顺序，以调整巷道围岩应力，降低采掘比，大幅度缩短巷道闲置存在时间。

1）针对下盘联巷垮冒问题，改变下盘联巷布置在矿岩接触带的原有做法，外移至比较稳固的闪长岩中以利于维护，并利于控制下盘边界和回采下盘三角带。

2）鉴于中间联巷的重要性，采取一系列措施以提高其稳定性：在岔口用带中长锚杆的喷锚网支护，尽可能避开软弱夹层；下盘进路留 3m 暂不和联巷掘透，变十字岔口为丁字岔口以降低顶板应力和侧帮压力；上下分段联巷错开布置，以便回收联巷矿石，并避免在联巷形成压实带而诱发局部支承压力；进路退采不允许在距联巷 10~15m 处停留，以避免支承压力长时间作用在联巷上。

3）将分段底板以上矿厚达 7m 即布置进路的原有规定改为 10m 以上，以降低采准比提高巷道利用效率，仅-260m 水平就节约巷道 2071m^3。

4）鉴于上部诸水平自下盘向上盘反序掘进进路导致进路闲置存在时间过长，垮冒十分严重。将分段采准顺序按先采先掘的原则改为由下盘掘进的关键路线，通达上盘首采矿块联巷，然后按规定回采顺序和采掘超前关系先上盘后下盘做采准，巷道闲置时间大幅度缩短。

5）现场观测、边界元计算和光弹模拟试验表明，巷道顶板多受拉应力作用，进而使弱面发展而垮脱，侧帮多受压应力而呈压剪破碎鼓裂，最后成落地拱。从提高巷道顶板抗拉，侧帮抗压剪能力出发，改原有高墙三心拱断面为低墙半圆拱断面。

6）研究并验证加大进路网度和改变采场结构的可能性。因-300m 水平以上已形成 10m×10m 进路网度的格局以及矿体倾角缓对加大段高的制约，决定不改变现有进路网度。但是，考虑到矿体水平厚度较大，下盘倾角缓的影响主要限于下盘一侧采场，基于此形成了用单段采下盘侧用并段采上盘侧的采场新结构的新设想，实现该方案可进一步大大减少采准工作量强化出矿和利于降低损失贫化。分别在 18+25 至 22 线区段以后 10~18 线上盘和侧翼三角带进行并段回采，前者为上段仅进行落矿的双分段回采，后者则为强制和自然崩落相结合。

（3）按地压分布规律，分级强化单元采掘过程。采用上述措施和强化支护旨在保持巷道稳定延长巷道寿命。还必须强化采掘过程缩短巷道存在时间才可能达到控制地压的目的，同时用有限个单元实现全采区产量和效益增长。

划小单元和密集作业是强化单元回采的一般原则，在西区的条件下必须根据西区的地压分布以及提高产量和效率的要求作出相应的符合实际的决策。

1）考虑到：

①西区地压分布在时间上和空间上随回采进程而有巨大差别，可以应用这种差别分别划定其允许的采掘时间。

②回采单元的大小各有利弊。单元小可缩短进路的存在时间，但在保证采区产量，作业效率以及采矿衔接诸方面存在一系列问题。

③作业密集度越高，可缩短采掘时间，但作业间衔接弹性小，作业转换次数多而影响各自效率，在限定人力物力的条件下，均要高度密集必然分散力量，该快的反而快不起来。

因此，有差别的确定回采单元大小和作业密集程度，实行分级强化。按单元大小，允许采掘时间，作业密集程度和是否允许闲置等矿块划分三类实施不同级别强化。

2）确定单元强化的基本工艺和组织管理措施，包括：

①做好光面爆破、分级支护、凿岩爆破切槽以及发挥铲运机效率等关键技术。

②安排好回采单元中工序衔接，主要抓住几个环节：单元开工时间，单元开始退采时间，确定合理的作业密集程度和工序安排。

③加强施工管理，调整劳动组级，狠抓工程质量，坚持好中求快。

3）采用上述分级强化措施，取得了明显效果。

①首次在西区实现了在承压带中成功回采，取得了回采率为 83.7%~

85.65%，贫化率为22.5%~27.1%的良好指标。

②回采率比-250m水平提高80%的同时，而巷道平均存在时间降低了约11.3个月。

③保证-260m水平全分段既实现强化，又有较平稳的生产节奏，产量和效率持续增长。

（4）合理处理采掘关系，保证生产衔接和持续发展。在西区的条件下，巷道寿命短，工作线不能长，回采单元少，工序间衔接弹性小，系统失调的可能性增大。系统失调的最重要的原因是采掘失调，只能按巷道和深孔量保存最小而又能保证矿块间、分段间采矿的衔接为原则来解决。

解决了两个衔接问题：

1）分段中回采矿块间的衔接。考虑到一般情况下矿块矿量差距不大，矿块采准凿岩时间和回采时间也可控制到比较接近，将采准和凿岩对回采的超前量控制在2+（0.5~1）个矿块的范围。“2”是指同时回采矿块数，（0.5~1）多指安排在卸压区中矿岩条件较好的备用矿块数。设置这样的固定式备用矿块和西区需要采用的待采矿量储备形式有关也符合-260m水平地压分布状况。

2）分段间的衔接。按照回采顺序和先采先掘的采准顺序，一个新分段水平从开段到首采矿块（2.5~3个）形成需要的时间很长，因为相当长的时间内都是独头掘进，能安排的掘进班组很少。如何安排好周期如此长的工程，使之既不超前（首采矿块多在承压带内，掘了就需采，不许闲置），又能保证及时转段，不使生产出现被动，需要精心安排和组织。

从-250m至-260m，-260m至-270m分段都顺利实现了转段的采矿衔接。总结起来，主要有两点：

①处理好上、下分段间的搭接关系：上分段终采矿块同时转段或依次转段。同时转移利于集中管理，新水平两翼发展平衡，但一般不易做到。由下盘采场为切岩开采贫化较上盘采场高，从采区出矿品位平衡看，依次转段较好。两次转段都是采用后一种形式。

②正确确定新水平的开段时间，并按计划组织施工。解决这个问题时，注意了以下几点：估计上分段开采时间时要恰当估计其回采率，过高估计，将使转段时间估计过晚，可能导致延误。-260m水平，其视在回采率为100%，估计留有一定余地；考虑完成新水平采准比需要一定时间（开段到形成首采矿块），不能用千吨采准比毛估，因为大约有20%以上采准工程为不能形成采准矿量的系统工程必须事先投入，且平行作业度小。需要0.5年的备用时间来抵偿不可预计的时间延误。

6.4.4.3 适合地压和矿岩特征的巷道支护配套工艺

西区矿岩软破，且节理裂隙发育，尽管单个岩块强度较高，但整体稳定性极差，属不稳定和极不稳定岩体。由于矿体倾角较缓，必然导致在承压带中回采矿体。由于承压带地压活动更加剧烈，巷道围岩受力状态更加复杂多变，更增加巷道维护的困难。根据-250m 水平以上三个分段巷道调查，其破坏率达 50.9%，返修率达 48%，垮冒报废巷道近 800m，由此引起的矿石损失达 14.2 万吨，因此，解决巷道支护，保证矿石正带回采是西区开采最关键问题之一。

研究开展之前西区巷道支护主要采用砂浆锚杆的锚喷支护形式，局部地段加网构成喷锚网支护，尽管巷道发生大面积垮冒与采掘顺序不合理等采矿工艺有关，但在很大程度上是由于所实施不合适的支护所造成的。其支护主要存在以下几个问题：

(1) 支护不能发挥及时速效作用，也不能让压卸载。

(2) 支护与巷道表面临空较浅部盘围岩的变形破坏特征不相适应，刚度过大，柔性不够。

(3) 不能提供加固围岩的主动力。

(4) 支护工艺不合理，锚杆与网脱离，不能发挥支护的整体效果和围岩的自身承载力。

在进行围岩力学性质、变形特征研究的基础上，还进行现场宏观调查，数值分析和模型试验，研究出西区地压显现规律，总结出西区巷道支护的原则性要求如下：

(1) 西区巷道支护应当具有加强围岩抵抗拉伸破坏的能力（主要在顶板）。

(2) 支护需具有加强围岩抵抗压缩、剪切破坏的能力（主要在承压带中巷道的两帮及进路的顶板）。

(3) 既能适应松脱地压的特征（主要在卸压带），还能适应变形地压和松脱地压两者兼备的特征。

(4) 要求支护具有速效性，尤其是针对岩性差、不稳固围岩。

(5) 由于西区要求支护的巷道量大，因此支护还必须具有施工方便、灵活性和经济性。

根据地压规律及巷道围岩对支护的要求，选用以锚喷网联合支护为主要支护形式，其要点是：

(1) 主要锚杆类型选用缝管式摩擦锚杆（管内注浆）或摩擦式胶结复合式锚杆，既起到支护的及时速效作用，又能达到滑移让压的目的。

(2) 采用以钢筋条为主干的加强钢筋网，以增强巷道顶板的抗拉强度。

(3) 采用 5~10cm 厚的薄喷层，使支护具有一定的柔度，适应围岩变形。

(4) 在支撑压力带中处于极不稳定地段的联巷，附加胀楔式中长锚杆，即采用长短锚杆相结合的喷锚网支护，用以提高支护刚度，限制围岩过大变形。因此，该支护具有以下特点：支护能让压卸载，但又刚柔适度，既能抗拉抗剪，又满足速效及时，基本上适应于西区巷道的支护要求。

由于西区围岩变化多端，巷道所处位置不同而应力环境差异甚大，考虑到巷道的功能、使用时间、围岩稳定性及应力环境，对西区巷道的支护强弱有别，分别对待，也就是采用四个支护等级实施西区的巷道支护（详见 6.3.1 节）。

6.4.5 主要经验及结论

6.4.5.1 研究获得的主要指标

自 1986 年 7 月至 1990 年 8 月，由于合作方共同努力，密切配合，技术措施得当，西区昔日产量低，矿石损失，效益差，生产被动，各处巷道垮冒，抢险支柱林立，失效砂浆锚杆裸露，生产作业不安全等状况已发生了根本性的变化。

（1）根本改变了巷道垮冒严重破坏的状况（表 6-5）。

表 6-5 各水平巷道垮冒破坏量对比

开采水平/m	总量/m	严重破坏量/m	垮冒量/m
-230	807	211	71
-240	1664	810	205
-250	3080	1045	481
-260	3187	0	0

（2）安全状况逐年好转（表 6-6）。

表 6-6 西区采场顶板浮石冒落引起的工伤事故统计

年　份	1986	1987	1988	1989	1990
人数	4	4	2	0	0

（3）产量平均以每年 5 万吨的幅度增长，攻关期间翻了一番（表 6-7）。

表 6-7 攻关期间产量增长情况

年　份	1986	1987	1988	1989	1990（1~8 月）
年产量/万吨	20.06	25.27	31.61	35.46	28.22
增长率/%		25.90	57.5	76.8	111

（4）矿石回采率大幅度提高（表 6-8）。

表 6-8 各分段水平回采率、贫化率

水平/m	-230	-240	-250	-260
回采率/%	52.09	38.44	64.07	95.91
贫化率/%	14.81	22.79	20.33	26.72

−260m 水平回采范围内，上部已采分段面积见表 6-9，说明 70%面积属第一和第二分层回采。

表 6-9 −260m 上部已采分段面积

上部已采分段	0	1	2	3
占−260m 分段回采面积/m^2	5985	10560	5275	690
所占面积比例/%	26.59	46.91	23.43	3.07

−230m 分段贫化低，因当时顶板尚未大量冒落，基本上介于空场下回采；−260m 分段贫化虽较高是正常的：一因大量回采下盘三角带需切岩回采（以上水平特别是−230m、−240m 水平此部分均丢失），二因夹石混入率高达 10%。

（5）降低了千吨采准矿量和采出矿量所需巷道数。

（6）大幅度提高了效率，降低了消耗（表 6-10）。

表 6-10 提高效率降低消耗情况

指标	采矿工效 /t·（工·班）$^{-1}$	掘进工效 /m^3·（工·班）$^{-1}$	工人劳动生产率 /t·（人·a）$^{-1}$	铲运机效率 /t·（台·班）$^{-1}$	采矿炸药消耗 /kg·万吨$^{-1}$	电力 /kW·h·万吨$^{-1}$
1986 年	5.9	0.37	208	142	7459	492552
1990 年 1~8 月	15.22	1.59	520	215	3301	209112

（7）降低了成本，提高了经济效益（表 6-11）。

表 6-11 降低成本提高经济效益情况

年 份	1986	1987	1988	1989	1990（1~8 月）
当年实际成本/元·t^{-1}	29.58	22.79	23.11	25.79	25.28
按 10%的贴现率算可比成本/元·t^{-1}	29.58	20.72	19.1	19.37	17.27

6.4.5.2 主要结论

根据取得的技术经济效果和技术攻关研究实践的经验教训，可得主要结论如下：

（1）在深埋矿岩软破缓倾斜复杂难采条件下，取得上述指标是先进的。由此可见，西区过去存在的问题主要不是采矿方法选择不当所致，而是工艺不符合西区赋存条件和特点，有效解决了该方法应用上的“水土不服”问题。

其西区攻关的结果说明，缓倾斜加矿岩不稳固、地压大不是无底柱分段崩落法的使用禁区。只要工艺符合实际，该法同样可以取得好的效果，并发挥其结构简单，对矿体变化的适应性较强、易于实现机械化、作业条件好、安全性好等一系列固有优点。

（2）认真研究西区地压规律和无底柱分段崩落法生产规律，从发展生产提高产量，提高效益着眼，从积极控制地压入手，采取综合措施把两者结合起来，是西区这类的矿床条件下，发展生产和开采技术的积极的方针。

（3）在矿岩软破、深埋的缓倾斜矿床中，无底柱分段崩落法采场地压规律的认识成果，从理论和实践的结合上丰富了对无底柱分段崩落法采场地压规律的认识；根据认识地压规律所采取一系列工艺技术的成功，证明了对破碎矿体开采地压规律的基本认识符合实际。

（4）根据西区矿体深、缓、软、变、地压大等条件所确定的技术原则，以及体现这些原则的一系列开采工艺技术，实践证明是正确的。这些原则和技术比较全面地探索了在破碎条件下应用无底柱分段崩落法所面临的一系列问题并取得积极成果，形成了无底柱分段崩落法在类似条件下使用的新的综合工艺，丰富和发展了无底柱分段崩落法的研究和实践成果。

参 考 文 献

[1] 鲁中冶金矿山公司小官庄铁矿西区采矿技术攻关鉴定资料 [R]. 1990.

[2] 安宏，胡杏保. 无底柱分段崩落法应用现状 [J]. 矿业快报，2005 (9)：8~12.

[3] 刘方求，冯壹，郑剑洪. 黄金洞金矿厚大破碎矿体开采的研究与实践 [J]. 现代矿业，2011 (11).

[4] 刘畅，姚端方，朱青凌. 安庆铜矿深部破碎矿体开采研究 [J]. 矿业研究与开发，2012 (3).

[5] 金鹏，任玉东，于长军. 松软破碎矿体卸压开采方案模拟研究及应用 [J]. 黄金，2013 (6).

[6] 刘新祥，李文秀. 鲁中矿区破碎矿体开采地压测试及支护技术研究 [J]. 岩石力学与工程学报，2008 (7).

[7] 霍俊发. 开采软弱破碎矿体的综合技术 [J]. 中国矿业，1994 (4).

[8] 修蕾，等. 缓倾斜中厚矿体采矿方法研究 [J]. 有色金属（采矿部分），2011 (3).

[9] 吴爱祥，尹升华. 缓倾斜中厚矿体采矿方法现状及发展趋势 [J]. 金属矿山，2007 (12).

[10] 任凤玉，马运时. 无底柱分段崩落法开采缓倾斜中厚矿体在玉石洼矿的应用 [J]. 化工矿山技术，1995 (5).

7 缓倾斜上下盘三角矿体回收

缓倾斜矿体开采一直是矿山开采的难点之一，其在开采过程中往往存在比较难以回收的下盘矿体。针对这种情况，以开采效率比较高的无底柱为例，总结几点比较实用的方法。

7.1 窄槽开采

窄槽开采工艺是针对下盘矿石的特点，在开采时适当加大边孔角（图 7-1），将部分可以当作脊部损失的废石直接进行损失，减少废石的混入。

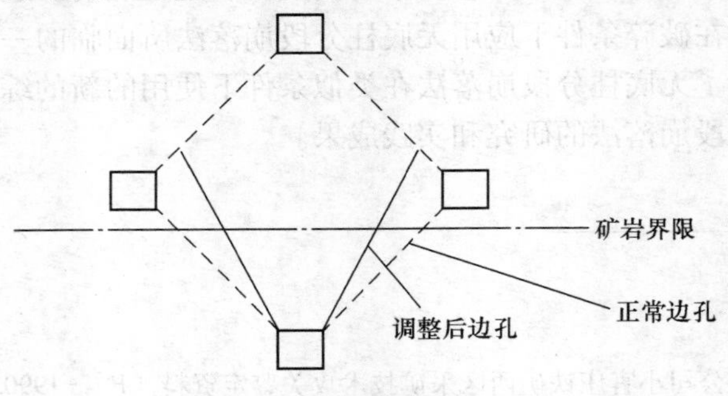

图 7-1 窄槽开采示意图

7.2 大步距开采

大步距开采方式是要求在切岩开采时加大崩矿步距，目的是将正前面的岩石作为放矿时的正面损失丢弃，同样达到降低开采时的贫化（图 7-2）。

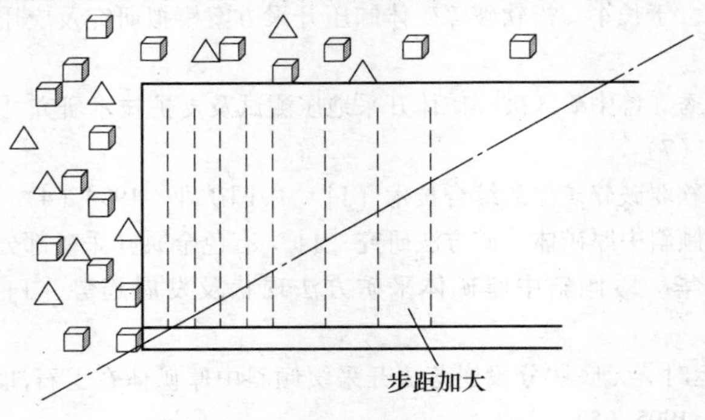

图 7-2 大步距开采示意图

7.3 切岩开采

7.3.1 切岩开采方法

如图 7-2 所示，对于下盘三角矿体的回采，需要在开采的进路布置中将下盘联巷后退布置（远离下盘矿岩接触线），加大进路长度，进路中所布置的扇形中深孔布置到下盘岩石中，并按照正常生产爆破的方法将其崩落，将矿石运搬到溜井出矿。

其中最为关键的是切岩高度的确定，即最后一扇形炮孔布置位置的确定，决定了其回收的效果，但其高度的大小则取决于进路间距、分层高度、矿体的下盘倾角、地质品位、爆破成本、矿石井下运输与提升成本、选矿比、当时的产品价格等，需要通过相应的计算进行确定，保障矿山在回收矿石的同时，具有比较好的经济价值。

7.3.2 切岩开采计算

一般采用两种确定方法确定回采边界：一是取最后一排孔矿岩混合品位等于矿体边界品位来确定回采边界，简称边界品位法；二是取最后一个步距所追加凿岩、落矿、运矿、选矿费用与其选出精矿销售价格之间盈亏平衡来确定回采边界，简称盈亏平衡法。实际上矿体边界品位也是经过经济分析所确定的，但并没有随成本和产品价格的变化加以调整，不能体现企业应追求最大盈利；而盈亏平衡法又因矿石成本、精矿销售价格变化而经常变化，采准设计时难以预计几年后退采时的经济动态。各有不足，为了扬长避短，在采准设计时用边界品位法初步确定回采边界，布置采准巷道做采准设计。在回采设计时根据当时的成本和产品价格用盈亏平衡法确定截止步距，再以此确定退采边界。

两种方法都要计算最大切岩高度，以此做标准圈定回采边界，因而下面介绍最大切岩高度的计算。

7.3.2.1 边界品位法计算最大切岩高度

边界品位法就是认为最后一排孔爆破后崩落下来的矿石和岩石的混合品位低到了矿体的边界品位，为计算开采的边界，需要知道达到这个标准中的矿石和岩石分别是多少，也就是求切岩高度。

图 7-3 为崩矿层面的结构参数，因计算的需要矿石量 V_1 中包括了脊部堆积矿量，以 Q 角体现，它表示将放矿移动角与爆破边孔角所夹的松散量折算成实体量时的角度，用下式计算：

$$Q = \arctan[(\tan Q_1 - \tan Q_2) \div K_s + \tan Q_2]$$

式中 Q_1——放矿移动角，(°)；

Q_2——爆破边孔角，(°)；

K_s——爆破松动系数。

崩矿层面的矿岩量与采场结构参数，切岩高度等的关系用下式表示：

$$V_2 = \begin{cases} CF + C^2 \div \tan Q & C < X \\ XF + X(Y/2) + (C - X)Y & X < C < A \\ XF + X(Y/2) + EY + (C - A)Y - (C - A)^2 \div \tan Q & C > A \end{cases} \tag{7-1a}$$

$$V_1 = V - V_2 \tag{7-1b}$$

$$V = \begin{cases} AB - EF & C < X \\ AB - EF - [XY/2 - (Y/2)^2 \div \tan Q] & C > X \end{cases} \tag{7-1c}$$

式中符号及定义见图 7-3。

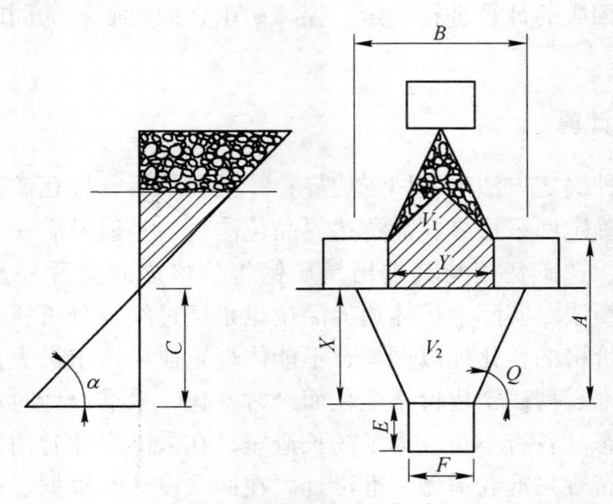

图 7-3 崩矿层面的结构参数

C—切岩高度，m；V—矿岩总量，m³，$V=V_1+V_2$；V_1—矿石量；V_2—岩石量；A—分段高度，m；B—进路间距，m；E—进路高度，m；F—进路宽度，m；$X=A-E$；$Y=B-F$；α—矿体下盘倾角；Q—边界角

对任何一个崩矿层都可以写出其矿石量乘矿石品位加岩石量乘岩石品位等于吨矿混合量乘其矿岩石混合品位的等式，即：

$$V_1\gamma_1\alpha_1 + V_2\gamma_2\alpha_2 = (V_1\gamma_1 + V_2\gamma_2)\alpha_4 \tag{7-2}$$

$$V_2 = \frac{V}{1 + \dfrac{\gamma_2}{\gamma_1}\dfrac{\alpha_4 - \alpha_2}{\alpha_1 - \alpha_4}} = G \tag{7-3}$$

式中 α_1，α_2——分别为矿石品位、下盘岩石品位，%；

γ_2——下盘岩石体重，t/m³；

γ_1——矿石体重，t/m³；

α_4——矿岩混合品位，%。

将式（7-3）代入式（7-1）相应可得：

$$C=\begin{cases}\dfrac{\left(F^2+\dfrac{4}{\tan Q}G-F\right)^{\frac{1}{2}}}{\dfrac{2}{\tan Q}} & C<X\\[2ex] \dfrac{G-F-\dfrac{XY}{2}}{Y}+X & X<C<A\\[2ex] \dfrac{Y-\left[Y^2-\dfrac{4}{\tan Q}\left(G-XF-\dfrac{XY}{2}-YE\right)\right]^{\frac{1}{2}}}{\dfrac{2}{\tan Q}}+A & C>A\end{cases} \tag{7-4}$$

计算举例：按采场结构参数：$A=10.6$；$B=10$；$E=3$；$F=4$；$Q_1=70°$；$Q_2=50°$；$K_s=1.4$；按矿岩性质 $\alpha_2=0$；$\gamma_2=2.7$；为适应矿石品位变化大特点取 $\alpha_1=30\%$，$\alpha_1=35\%$，$\alpha_1=40\%$，$\alpha_1=45\%$，$\alpha_1=50\%$，$\alpha_1=55\%$，$\alpha_1=60\%$，$\alpha_1=65\%$，生产中对入选品位有一定要求，为配矿提供参考取 $\alpha_4=20\%$，$\alpha_4=25\%$，$\alpha_4=30\%$，$\alpha_4=40\%$；γ_1，X，Y，Q 按前面的关系式，计算结果列于表 7-1。

表 7-1　垫层覆盖下进路切岩高度计算结果

项目		矿石品位 α_1								混合品位 α_4/%
		30%	35%	40%	45%	50%	55%	60%	65%	
切岩高度 C/m	最大值	5.6	6.7	7.4	8.4	9.1	9.7	10.2	10.6	20（矿体边界品位）
	一般值	3.4	5.1	6.2	7.0	7.7	8.5	9.1	9.6	25
		0	3.1	4.8	5.9	6.6	7.2	7.9	8.6	30
		0	0	0	2.7	4.2	5.3	6.1	6.7	40

当开采第一分段下盘时，上部无松散垫层，呈平顶。其矿、岩量用式（7-5）计算。

$$\begin{cases}V=V_1+V_2\\ V_1=(H-C)B\\ V_2=\dfrac{F+B}{2}C\end{cases} \tag{7-5}$$

7.3.2.2　盈亏平衡法计算最大切岩高度

盈亏平衡法通过经济分析求出盈亏平衡的出矿品位，再求为达到这个出矿品位，截止步距崩矿层中矿石和岩石各为多少，也是求切岩高度。

为了阐述简便，在此以小官庄铁矿数据进行计算与说明。

(1) 盈亏平衡的出矿品位。最后一个步距可是一排孔，也可是多排孔，但对确定盈亏平衡出矿品位无影响，在此先假设为两排，崩矿步距为 3.2m，计算的矿岩总量为 968.58t。为了后文计算的需要，将该矿 1990 年实际发生的费用加以调整，把 1.86 元/t 的二次破碎及采场出矿费从回采成本中取出与中段运输、粗破碎、提升合并组成运输成本，维检，二级企业管理、辅助生产、探矿成本按比例分摊到各项中去（表 7-2）。1986~1990 年 8 月各年采矿成本、选矿成本及其指标列于表 7-3。

表 7-2 采矿成本

分项	掘支 /元·m^{-1}	凿岩 /元·m^{-1}	回采 /元·t^{-1}	运矿 /元·t^{-1}	维检 /元·t^{-1}	二级企管 /元·t^{-1}	辅助生产 /元·t^{-1}	探矿 /元·t^{-1}	单位成本 /元·t^{-1}
原费用	1079.99	10.47	4.2	3.69	7.28	2.09	2.02	0.23	28.24
调整后费用	1825.18	17.94	3.95（落矿）	9.35					

表 7-3 各年采矿成本、选矿成本、选矿指标

年份	采矿成本		掘支成本 /元·m^{-1}	凿岩成本 /元·t^{-1}	落矿成本 /元·t^{-1}	运矿成本 /元·t^{-1}	选矿成本 /元·t^{-1}	选矿回收率 /%	精矿品位 /%	精矿售价 /元·t^{-1}
	成本/元·t^{-1}	比值								
1990（1~8月）	28.24	1	1825.18	17.94	3.95	9.35	11	78.4	63.63	120
1989	25.79	0.9132	1666.75	16.38	3.61	8.54	11.33	80.0	64.00	92.97
1988	23.11	0.8183	1493.54	14.67	3.23	7.65	10.08			80.63
1987	22.79	0.8071	1473.10	14.48	3.19	7.55	12.27			74.95
1986	29.58	1.0474	1911.78	18.79	4.13	9.79	15.50			76.35

取崩矿步距为 3.2m，以此工程量按表 7-3 中的单位成本，计算 1990 年截止步距追加的凿岩、落矿，运矿、选矿投入费用，列于表 7-4。

表 7-4 截止步距投入费用（1990 年）

分项	工程量	单位成本	费用额/元
凿岩	140m	17.94 元/m	2511.60
落矿	968.6t	3.95 元/t	3825.97
运矿	868.6t	9.35 元/t	9056.41
选矿	968.6t	11.00 元/t	10564.6
合计			26048.58

从表 7-3、表 7-4 取数据，用下式计算盈亏平衡的出矿品位：

$$\alpha_5 = \frac{T_0\alpha_g}{S_0K_eT} \tag{7-6a}$$

式中 α_5——盈亏平衡出矿品位,%;

T_0——截止步距追加投入费用，元;

α_g——精矿粉品位,%;

S_0——精矿销售单价，元/t;

K_e——选矿回收率,%;

T——截止步距矿岩总量，t。

计算结果 $\alpha_5 = 18.19\%$。

根据各年的采矿成本、选矿成本、选矿指标和精矿售价，可计算出各年的盈亏平衡出矿品位 α_5，其结果列入表 7-5。

（2）盈亏平衡混合品位。盈亏平衡混合品位可用下式求得:

$$\alpha_5 = (1 - p_3)\alpha_4 + p_3\alpha_3 \text{ 或 } \alpha_4 = \frac{\alpha_5 - p_3\alpha_3}{1 - p_3} \tag{7-6b}$$

式中 α_4——盈亏平衡的混合品位,%;

p_3——上部垫层采出率,%;

α_3——采出垫层的品位,%。

大量统计证明，在上分段达到截止出矿品位停止出矿的正常情况下，一般损失率和贫化率为 20%，相当垫层采出率为 30%（垫层采出量为 U_3 见图 7-4），崩矿层（U_1+U_2）采出率为 70%，可取 $\alpha_3 = 0.15$。如上分段回采不充分，p_3 和 α_3 的取值要高些。

按上式计算各年的盈亏平衡混合品位也列入表 7-5。

（3）最大切岩高度。崩矿层爆破时向前松动，放矿时在进路前形成一流动带，它的前面又形成 70°角左右的死带（图 7-4），有一定切岩高度时此处为岩石，代替了以往的正面矿石损失，称它为正面剔除岩量（U_{22}）。在计算最大切岩高度时，必须从切岩量 U_2 中减去 U_{22} 再与矿石量 U_1 混合，使其品位等于盈亏平衡混合品位。这个正面剔除岩量可用下式近似计算:

$$U_{22} = (ZK_t - Z_e)EF + F/2(ZK_c - Z_e)^2\tan Q_1 + 1/3(ZK_t - Z_e)^3 \tan Q_1$$

式中 Z——崩矿步距，m;

K_t——爆破松动系数。

取 $K_t = 1.3$；$Q_1 = 70°$；$E = 3$；$F = 4$；$Z = 3.2$。计算结果 $U_{22} = 88.04\text{m}^3$。

为了能使用边界品位法所导出的公式，将 U_{22} 恢复成原岩，折算成平面量，用 K_t 和 Z 除之，结果其平面量 $V_{22} = 21.16\text{m}^2$。如果 $Z = 1.6\text{m}$，$U_{22} = 8.99\text{m}^3$，$V_{22} = 4.32\text{m}^2$。为了计算近似，此时崩矿层面取在崩矿层的中间，如图 7-4 所示位置。

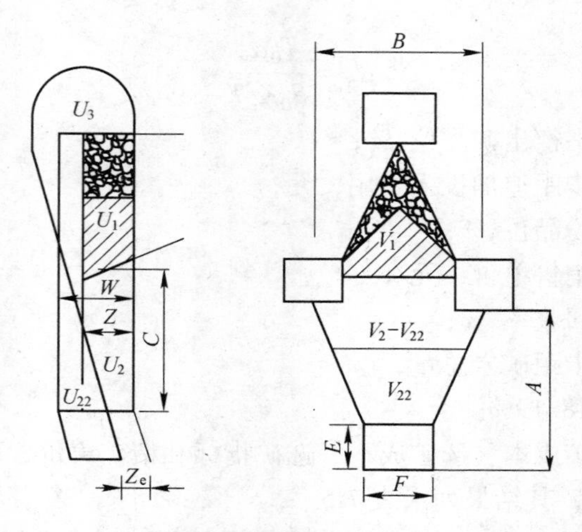

图 7-4 垫层采出量示意图

E，F—进路高度、宽度，m；U_1—崩矿层中矿石实体量，m^3；U_2—崩矿层中岩石实体量，m^3；U_3—混入垫层的松散体量，m^3；U_{22}—正面剔除岩石松散体量，m^3；V_1—崩落层面矿石平面量，m^2；V_2—崩落层面岩石平面量，m^2；V_{22}—U_{22}恢复实体折合成平面量，m^2；Z_e—放矿流动带宽，m；W—放矿步距，m，$W=ZK_t$

用 V_1-V_{22} 替换式（7-2）中的 V_2 便可导出下式：

$$G=\frac{V+V_{22}\dfrac{\gamma_2}{\gamma_1}\dfrac{\alpha_4-\alpha_2}{\alpha_1-\alpha_4}}{1+\dfrac{\gamma_2}{\gamma_1}\dfrac{\alpha_4-\alpha_2}{\alpha_1-\alpha_4}} \tag{7-7}$$

重新编写式（7-4）计算程序，与前不同的是 G 的子程序按式（7-7）写入，当 $C>7$ 时取 $V_{22}=21.16$；当 $C<7$ 时取 $V_{22}=4.32$；混合品位按各年的盈亏平衡品位取值，$\alpha_4=19.56\%$，$\alpha_4=25.33\%$，$\alpha_4=26.28\%$，$\alpha_4=31.84\%$，$\alpha_4=41.68\%$；其他数值同前，计算结果列于表 7-5。

表 7-5 各年截止步距最大切岩高度

年份	地质品位 α_1 切岩高度/m								盈亏平衡的混合品位 α_4/%	盈亏平衡的出矿品位 α_5/%
	$\alpha_1=30\%$	$\alpha_1=35\%$	$\alpha_1=40\%$	$\alpha_1=45\%$	$\alpha_1=50\%$	$\alpha_1=55\%$	$\alpha_1=60\%$	$\alpha_1=65\%$		
1990	7.11	8.23	9.14	9.84	10.39	10.84	11.19	11.56	19.56	18.19
1989	3.76	5.37	7.36	8.37	9.11	9.72	10.21	10.6	25.23	22.23
1988	3.32	5.07	7.15	8.04	8.89	9.53	10.04	10.47	26.28	22.9
1987	0	2.79	4.55	5.7	7.44	8.35	9	9.54	31.84	26.79
1986	0	0	0	2.58	4.16	5.25	6.05	6.67	41.68	33.68

从表7-5中看出盈亏平衡法计算出最大切岩高度受采选成本和精矿销售价格影响很大。

7.4 现场试验

小官庄铁矿为典型的缓倾斜矿体，为了较好地回收矿石资源，该矿针对下盘三角矿柱难以回收的困难，开展了切岩开采的工业性试验与应用。图7-5所示为典型的将下盘联巷向后移并进行三角矿柱的回收。

切岩开采最关键的是切岩高度的确定，该矿山结合自身矿石特点，当时开采成本及产品市场价格等进行了适合的高度确定，成功地回收了三角矿柱矿石。

7.4.1 −250m 分段12号和13号进路下盘切岩回采试验

为指导之后开采，小官庄铁矿研究确定在−250m水平14线下盘12号和13号进路进行了切割下盘岩石回收上部丢矿的试验。

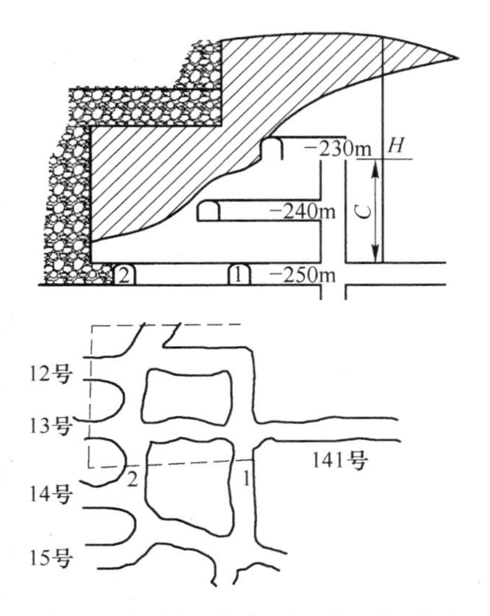

图7-5 切割下盘岩石回收上部丢矿
1—新联巷；2—旧联巷

在该处下盘岩石中补掘一条联巷，延长12号进路，共增掘40.5m平巷。补打1000多米切岩孔。

12号和13号进路控制采宽22m，上部的−230m分段回采不充分，−240m分段巷道垮冒损失和设计损失矿量为13046.8t。−250m本分段只有矿量4759t。上部丢矿太多，此处切岩高度要按开采头一分段计算。进路顶板至矿体上盘界线的垂高 $H=35$m，地质品位 $\alpha_1=49.15\%$，取1987年的盈亏平衡混合品位 $\alpha_4=31.84\%$，取 $V_{22}=21.16$；$B=11$，$F=4$；$\gamma_1=3.83$；$\gamma_2=2.7$；$\alpha_2=0$。按公式计算：$C=19.9$m。

根据中深孔的凿岩能力，取最大切岩高度为17m。

在设计时考虑巷道的稳定性，减少切岩量，加大受矿宽度，取两条进路间距12m。炮孔设计时按切岩高度布置炮孔，边孔角随切岩高度增加而加大，最大边孔角大到60°，在退采时随着切岩高度的增加崩矿步距加大，最大一次放3排（崩矿步距为5.4m）。

试验结果，采出矿量18640t，采出品位为37.22%，−240m与−250m两分段计算回采率为79.3%，贫化率为24.3%，−250m本分段的回采率为96.9%。虽然切岩高度已达17m，但贫化率增加不多，这说明下盘切岩量放出不多，这是加大边孔角，加大崩矿步距，加大进路间距的结果。

本处是1987年采准1988年回采，按年份在表7-3中取数据，做盈亏计算，计算时考虑干选可选出14%的岩石量，其品位为11%，计算过程和结果见表7-6、表7-7。两条进路试验结果总盈利252462.32元。

表7-6 盈亏计算结果

项 目	工程量	成 本	费用/元
掘 支	40.5m	1473.1元/m	59660.55
凿 岩	1000m	14.67元/m	14670.00
落 矿	12179t	3.32元/t	39338.17
运 矿	18640t	7.65元/t	142596.00
选 矿	16030t	10.08元/t	161582.40
合 计			417847.12

表7-7 盈亏计算结果

采出金属量/t	干选带走金属量/t	入选金属量/t	选出金属量/t	精矿粉量/t	精矿粉销售价格/元·t^{-1}	销售总额/元
6937.81	287.06	6650.75	5320.6	8313.4	80.63	670309.44

由于12线的7号进路也采取下盘切岩措施。两处共从-240m分段的已报销损失矿量中挽回约2万吨。并使-250m分段的设计损失量降到24207t，设计损失率降到4.4%。还为-260m分段进一步推广切岩回采试验坚定了信心，提供了经验。

7.4.2 效果

（1）采用切岩回采下盘三角矿带是解决像小官庄铁矿这一类型倾角缓难采的最有效的方法，可以大大地减少下盘矿石损失，西区-260m水平已使下盘设计损失降低到0.3%。仅切岩高度最大的141矿块（5条30m长进路）就盈利70多万元。

（2）实践证明，用边界品位和盈亏平衡联合计算切岩高度圈定回采边界的方法是可行的，用磁化率仪测定切岩高度，按炮排计算矿量的方法可提高计算精度，放矿模拟得到的不同切岩高度的合理放矿步距可供生产中参考。

（3）根据西区-260m分段的具体条件选取最大切岩高度为8.6m是合理的，即以上分段矿体下盘边界做本分段的回采边界，这样进行采准和回采设计既方便又可靠。

（4）加大边孔角，选择合理崩矿步距，前推爆破，设废石溜井等措施，可以多回收矿石，少混入岩石，提高出矿品位，减少配矿量，今后应广泛采用。

（5）下盘切岩回采的巷道要穿过矿岩接触带，岩性很差，有时还处于压力增高区，必须加强维护，否则会造成矿石大量损失。

7.4.3 并段回采上盘及两翼三角矿带

对于缓倾斜矿体的开采，不仅仅需要解决下盘三角矿柱的回采，同时也需要考虑上盘三角矿柱合理有效的回采。

按小官庄铁矿原来的设计规程，在上盘及两翼三角矿带（以下简称三角带）地段，凡本水平底板以上矿厚达7m（巷道顶板以上4m）均布置采准工程。西区攻关组在进行-260m 水平采准设计时，计算发现，如果按此规程设计，需掘进5100m 巷道，才能获得 78 万吨的待采矿量。按西区年掘进能力为 2000m 计算，需掘进 2.5 年。根据西区产量增长计划，-260m 水平的年生产能力应达到35 万~40 万吨。这样-260m 水平的待采矿量在两年内就会采完（视在同收率按 100%计）。很明显，一旦按此设计实施，西区很快就会陷入严重采掘失调的困境。

进一步研究还可以发现，5100m 巷道中有 2200m 均布置在-250m 水平开采界限投影线以外的三角带中，所提供的待采矿量仅 18.9 万吨，采准比高达11.6m/kt。这些巷道顶板以上矿厚大多在 4~6m 之间，比正常回采低得多。很明显，上述问题的产生源于三角带中回采高度太低，采准比过高。因此，对三角带的处理必须打破成规，另辟蹊径。

经过反复的调查论证，决定在西区-260m 水平全面实施攻关初期所拟定的关于处理三角带问题的总方针：充分地利用支撑压力带自然崩落岩石顶板、矿石顶盖，实施无底柱分段崩落法强制崩落和自然崩落相结合，变支撑压力带这个不利因素为有利因素，减少三角带中的工程量，收缩采准范围，并段回采三角带。

7.4.3.1 三角带的特点和难点

西区矿体埋藏深、地压大、矿岩不稳固、支护费用高，尽量降低采准比应是西区攻关和今后进一步发展所必须遵循的重要指导思想之一。由于矿体下盘倾角缓及已形成的开拓采准格局，用增大分段高度和进路间距的方法来降低采准比需要有个过程，而且调整幅度有限。从西区的实际情况看，降低采准比的问题和希望均在三角带。原因是：

（1）上盘及两翼倾角过缓。表 7-8 所列为西区上下盘及两翼的倾角统计，从表 7-8 不难看出，上盘倾角平均为 15°，两翼平均 11°，这就意味着在上盘，开采矿层每增 2m 或减少 1m 的厚度，进路长度则会出入近 4m。在两翼，开采矿层厚每增减 2m，则会出入一条进路，如图 7-6 所示。这表明，三角带中开采厚度的增减对整个水平的采准工程总量影响巨大（表 7-9）。

（2）三角带均处于支撑压力带中。其中的巷道承受的压力大. 巷道极易垮冒，成巷费很高，施工困难。

表 7-8 西区上下盘及两翼矿体倾角统计

勘探线	10 线		12 线		14 线		16 线		18 线		两翼	
上下盘	上盘	下盘	上盘	下盘	上盘	下盘	上盘	下盘	上盘	下盘	南翼	北翼
倾角	14°	25°	18°	29°	17°	32°	13°	22°	13°	27°	12°	10°

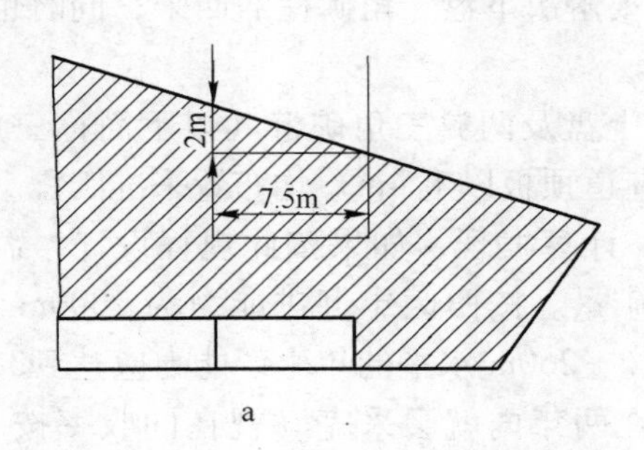

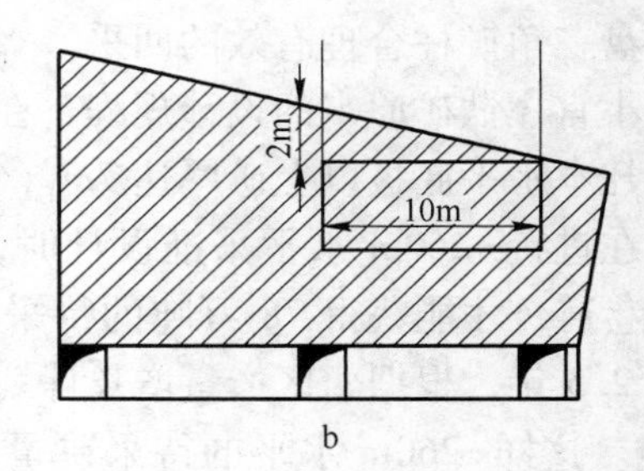

图 7-6 上盘及两翼采高与工程布置的关系

表 7-9 −260~−290m 开采水平上切矿层每增减 1m 所出入的工程量

开采水平/m	−260	−270	−280	−290
出入工程量/m	691	420	271	242

综上所述，在大面积的支撑压力带中投入大量的采准工程，投入高昂的掘支费用，采出为数不多的矿石，这便是三角带开采的特点和难点。

7.4.3.2 实行并段开采的可能性

所谓并段开采三角带就是指将上分段三角带并在下分段开采，本分段三角带不作采准工程。如图 7-7 所示，A、B、C 分别表示 a、b、c 三个水平的上盘三角带。图 7-7a 是上盘进路最低采厚为 10m 时（即等于分段高度），a 水平的三角带 A 并在 b 水平开采，B 并在 c 水平开采，以此类推，这称之为双分段并段开采。

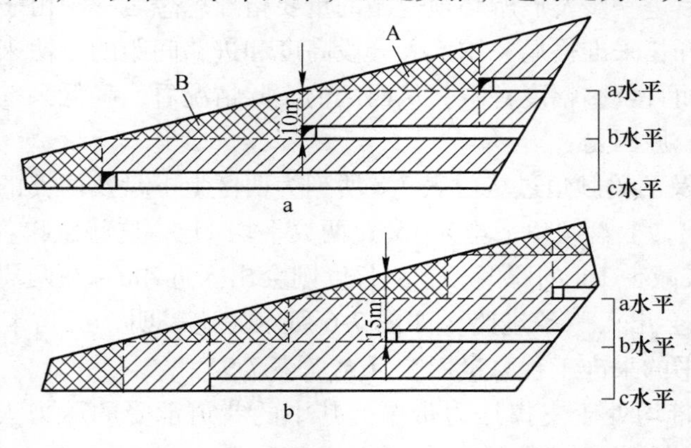

图 7-7 并段开采上盘三角柱示意图

图 7-7b 表示上盘进路最低采厚增至为 15m 时，在 c 水平开采 b 水平三角带 B 的一部分以及 a 水平 A 的一部分，这称之为三分段并段开采。

以往要在本分段三角带中布置采准工程，主要出于两点：一是放顶的需要，二是降低下分段的凿岩深度，避免因凿岩能力不够而留下矿石顶盖。倘如在一定的条件下顶板围岩和矿石顶盖能自然崩落，这些工程就没有必要了，可以实行并段开采三角柱了。

现场观察、生产实践及理论研究的结果都证明了利用矿岩不稳固、支撑压力大的特点实现自然崩落的可能性。

（1）考察西区从 6 线~18 线 17 个钻孔岩芯，其 *RQD* 值均小于 50%，Fe_1，Fe_2，Fe_3的可崩性指数分别为 4.24、4.62 和 4.52，可崩性为中等。需要指出，该岩芯是在已经采动的状态下取得的。

（2）由于结构、裂隙及蚀变等原因，矿体大都松软破碎，整体性差，稳固性差。巷道如支护不及时或支护等级低，会发生破坏性变形或垮冒。根据攻关初期所进行的巷道变形破坏宏观调查，-230~-250m 水平的巷道遭破坏率高达 50.9%，其中处在支撑压力带内的巷道破坏率达 71.2%。

-240m、-250m 水平的生产实践均表明，在支撑压力带形成以后，三角带内原来需强制放顶的红板岩顶盖在小暴露面积下也会及时自然崩落。

（3）有限元计算及实际观察都表明，上水平采空区周围形成的支撑压力带范围在走向方向上约 45~60m，垂直走向方向上约 40~50m，这就是说无论在矿体上盘或侧翼，三角带均处于支撑压力带之内，其峰值可达到正常应力的 2~3 倍（由于埋深很大）以上。这个结论和收敛测量的结果相吻合。

图 7-8a 表示开始在三角带退采时，形成的矿石顶盖的表面的应力状态，此时其表面已由受法向压应力转化为受切向拉应力，在这样的应力状态下，西区这样松软破碎、稳定性差的矿石顶盖是难于承受的，其自然崩落是可以肯定的。

图 7-8b 表示前端的矿石顶盖已经崩落三角带内矿体的应力状态，这时除了一次采动应力外，又形成了二次采动应力，两者叠加，合成压力的峰值可达正常应力的 3~4 倍，继续退采，矿石顶盖加厚，如其不能及时崩落，它则处于至少有两个侧面悬空的悬壁梁状态，其承受的支撑压力则转化为矿石顶盖的受拉状态，在西区这样的矿岩状态下其自然崩落也是肯定的。

（4）当然，有一个崩落的时机问题，如果要求自然崩落的矿石层厚度较大，可能出现矿石顶盖不能按步距及时崩落的情况。这通常有两种处理办法：

1）根据西区的实践，只要能保证有足够数量的同时回采的进路，实行交叉出矿，问题一般即可解决。

2）采取分段自然崩落局部留矿的方案，即从本分段步距中放出一定数量的纯矿石后继续退采，通过扩大拉底面积诱导其崩落（图 7-8b），留下的矿石待下

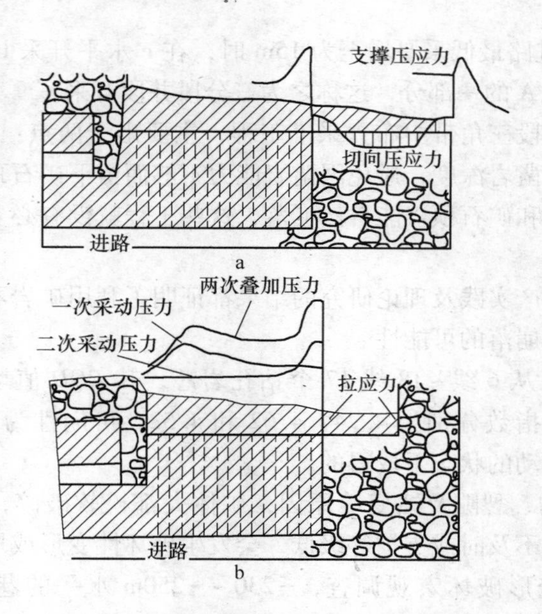

图 7-8 三角带退采时矿石顶盖受力状态示意图

a—矿石顶盖没有崩落时应力状态；b—矿石顶盖前端崩落时应力状态

分段放出。理论和实践证明，从回收矿石的角度看，这不仅无害而且有益。

上述两种解决办法可分别在矿石顶盖厚度不同的情况下应用。

图 7-9 中 a、b 分别表示上分层按步距正常退采和分段留矿两种情况对下分段放矿的影响。很显然，后者可得到更多的纯矿石。

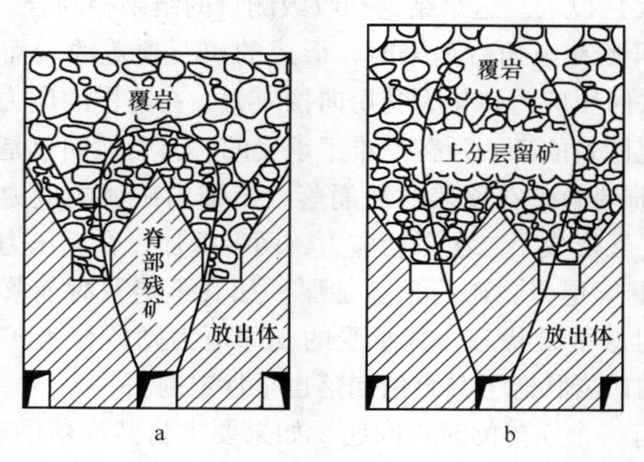

图 7-9 上分层出矿情况对下分层出矿放出体的影响示意图

a—上分层正常退采；b—上分层留矿

根据放矿实验的结果，用这种方法，回收率可提高 4%，贫化率能降低 4%。

7.4.3.3 −260m 水平的采准设计及工程实践

A 采准设计

根据上述分析，攻关组决定彻底改变在三角带地段凡进路底板以上矿厚达7m以上者均布置采准工程的习惯作法，在本分段三角带中不布置采准工程，全部与下分段并段回采，并按并段回采的高度不同制定出两套候选方案；

方案1：三角带内，进路顶板以上最低采高定为10m，两分段并段，如同7-7a所示。

方案2：进路顶板以上最低大于10m，比如15m，三分段并段，如图7-7b所示。

比较方案1、方案2，从节约采准量出发，方案2更具优越性，但其要求自然崩落的高度较大，经过更多的实践后实施更为稳妥。从西区现有的采掘格局及控制自然崩落的经验出发，实施方案1既积极又是万无一失的。这是因为，扣除进路高度以后，方案1在三角带中最大凿岩深度为17~18m，万一自然崩落失控，用现有的凿岩设备也可及时转为强制崩落。因此，决定在−260m、−270m两水平实施方案1。根据实践结果，再考虑在−280m水平实施方案2。

西区攻关组根据方案1作出了−260m水平的采准设计，与原来的设计规程做出采准设计相比（图7-10），采准工程量由原来的5100m收缩到3029m，减少了采切工程量2071m，采场待采矿量59万吨，采准比为5.13m/kt。这是一个有战略意义的决策，它为西区产量连年递增创造了极为有利的条件。

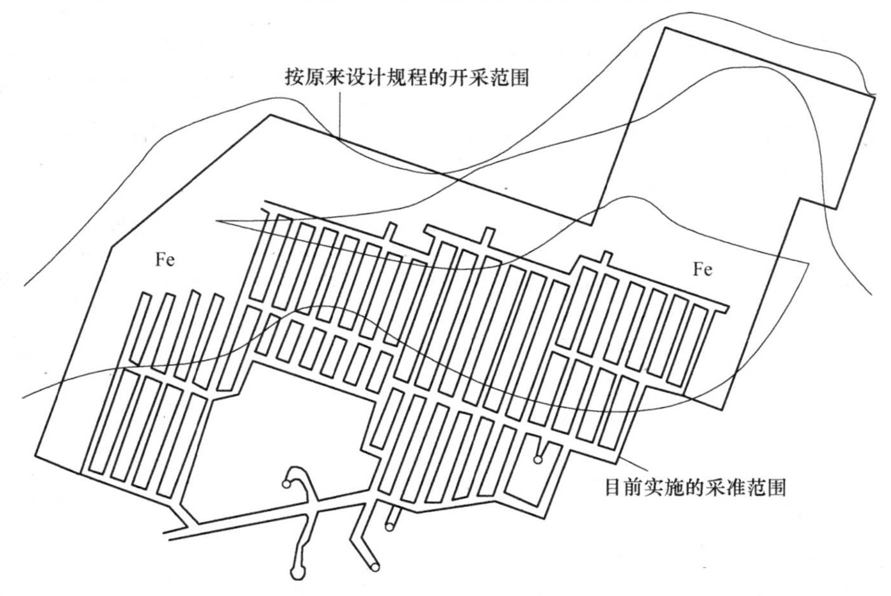

图7-10 −260m水平新旧两方案采准范围对比

B 工程实践

为了验证方案1的可行性并积累经验，以北翼-260m水平2号、3号、4号三条进路作为实验块段进行了现场观察实验。如图7-11所示，该处因矿体变厚而采高变大，进路顶板以上矿体厚度分别为：2号进路15m、3号进路17m，4号进路19.5m，也就是说，这比方案1所确定的三角带中进路顶板以上的矿厚(17m)还要高，其结果具有可比性。

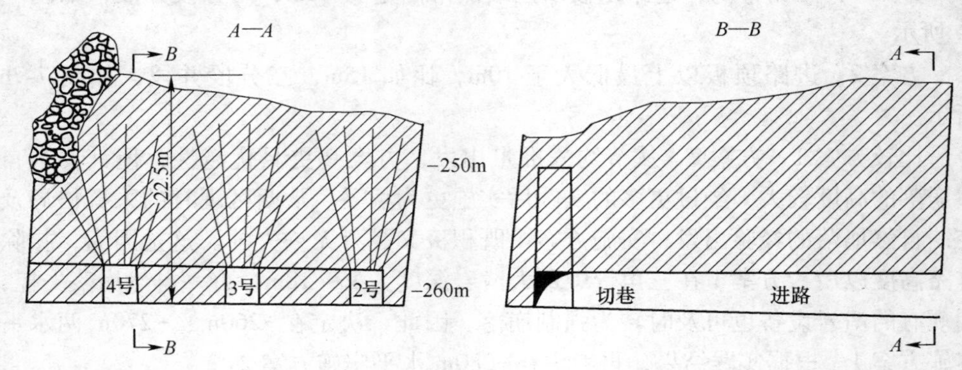

图7-11 -260m水平2号、3号、4号工程布置

各进路的最大凿岩深度为：2号进路14.5m，3号进路15m，4号进15m，可以看出，2号、3号、4号进路分别留下了0.5m、2m、4.5m的矿石顶盖，需靠自然崩落。

三条进路从1988年12月开始退采，经过6个月的时间退采结束。2号进路的红板岩顶板，3号、4号进路的矿石顶盖、红板岩顶板均及时自然崩落，矿石块度适中，大块率仅8%，与强制崩落的大块产出率相同。每排的崩矿情况均作了详细的统计，列于表7-10。

表7-10 -260m水平2号、3号、4号三条进路回采实际指标统计

进路号	采准矿量/t	原矿品位/%	实际出矿量/t	采出品位/%	贫化率/%	回收率/%
2号	12380	50	11482	37.2	26	69
3号	15060	50	15384	37.2	26	76
4号	19081	50	21031	37.2	26	82
合　计	46521	50	47897	37.2	26	77

这三条进路的回采结果表明：

(1) 在-260m、-270m水平的采准设计中，不在本水平三角带中布置采准工程，采用强制崩落和自然崩落相结合，并段回采三角带在技术上是可行的，在第一分层开采条件下取得这样的回收指标是好的。

（2）在一定范围内，第一分层内回采高度大者除了采准比更低外，回收指标更好。它既证明现行设计方案的优越性，也展示了进一步增加采高的前景。

（3）因减少三角带中的采准工程量而减小本水平可采矿量，不用增加任何采准工程可自然转化为下分段的待采矿量。因此所减少的采掘工程量为净节约量。按每米掘支费用1000元计，-260m水平比原设计少掘2071m，节约费用207万元，-270m水平少掘1260m，节约126万元，直接经济效益也是十分可观的。

（4）根据这三条进路的回采结果，以整个-260m水平回采结果，可以预料，-270m水平的回采会因此而进一步提高出矿能力和回收指标。

7.4.3.4 结束语

在-260m、270m水平现行方案成功实践的基础上，在-280m水平进一步提高三角带内的并段回采高度，降低千吨采准比，逐渐探索并最终为在西区这样类型的矿体条件下应用无底柱分段崩落法开拓出一条新路，形成低段回采（下盘部分）与高段回采（上盘部分）相结合，强制崩落与自然崩落相结合的新的无底柱分段崩落法的采场结构，使西区的生产再上一层楼。

参考文献

[1] 高永涛，王辉光．张家洼矿区采矿法回贫指标的实验室研究［C］//第四届全国崩落法采矿会议论文集．

[2] 鲁中冶金矿山公司小管庄铁矿西区采矿技术攻关鉴定资料［R］．1990.

[3] 刘方求，冯壹，郑剑洪．黄金洞金矿厚大破碎矿体开采的研究与实践［J］．现代矿业，2011（11）．

[4] 刘畅，姚端方，朱青凌．安庆铜矿深部破碎矿体开采研究［J］．矿业研究与开发，2012（3）．

[5] 修蕾，等．缓倾斜中厚矿体采矿方法研究［J］．有色金属（采矿部分），2011（3）．

[6] 吴爱祥，尹升华．缓倾斜中厚矿体采矿方法现状及发展趋势［J］．金属矿山，2007（12）．

[7] 任凤玉，马运时．无底柱分段崩落法开采缓倾斜中厚矿体在玉石洼矿的应用［J］．化工矿山技术，1995（5）．

8 空场法转崩落法平稳过渡开采技术

8.1 意义

我国国民经济的全面发展对矿产资源的需求日趋增长，但又面临矿产资源储量不足，品位低，开发利用效益差，开采损失贫化大，回收率低等严重问题。大量由于不规范开采而带来的复杂开采条件下矿柱回采、主矿体开采后残留矿体回采及采矿方法变更后的安全问题，是充分开发矿产资源、节约矿产资源、保障铁矿石需求需要解决的关键问题。

空场法开采以后不仅留下大量的矿柱待回收，同时也留下了大量的采空区待处理。通常空场法矿柱回收和空区处理的主要方法有充填法和崩落法，但充填法由于开采成本高、需要单独建设充填系统且回采工艺复杂等原因，这部分矿体回收和空区处理采用崩落法更为有效，当由空场法开采改用崩落法开采后，既可解决矿柱回收问题，也可同步解决空区处理问题，这不仅充分回收了矿体、节约矿产资源，也解决了采空区存在的安全隐患。

8.2 特点

空场法采矿中矿柱是反映及决定采场稳定状态的重要结构单元，矿柱回采要充分了解不同状态下空区的稳定状况。崩落法采矿首先要有足够厚度的覆盖岩层，因此空场转崩落开采要充分了解两种不同采矿方法的回采工艺及回采特点。

对空场法转崩落法开采的矿山，关联到地下采矿最关键的两个方面（回采工艺和地压管理）和两个指标（矿石贫化率和损失率）。就回采工艺而言，空场法的显著特点是将矿块划分成矿房和矿（间）柱，分两步骤回采，在同一个阶段内从下而上开采；而崩落法则是矿块不再划分矿房和矿柱，而以整个矿块作为一个回采单元，按一定的回采顺序，在同一阶段内从上而下连续进行单步骤回采；就地压管理方式而言，空场法是采用矿柱和围岩体的稳固性来维护采空区，在回采过程中，采场主要依靠暂留的矿柱或永久矿柱（或人工矿柱）进行自然支撑；崩落法则是在崩落矿石的同时强制或自然崩落围岩充填空区，用以实现地压控制和地压管理。就矿石贫化、损失而言，空场法需要留设矿柱（包括顶柱、底柱和间柱），通常矿柱很难全部回收，矿石损失大，回采过程中仅崩落矿石，在空场下出矿，贫化率小；崩落法不留设矿柱，矿石回收率高，在覆岩下放矿，贫化率大。

8.3 平稳过渡开采关键技术

8.3.1 需要解决的关键问题

综合分析空场法和崩落法在回采工艺及地压管理方面的区别及特点，对空场法矿柱回收、空区处理、采矿方法变更（空场转崩落）同步进行，且保持产能不变的矿山而言，空场法转崩落法平稳过渡开采需要解决的关键问题是：

（1）矿柱回收和采矿工艺的转变衔接。

（2）空场法空区处理和崩落法覆盖岩层的形成。

（3）采矿方法变更期矿山产能的平稳衔接。

（4）空场转崩落矿石贫化率的控制（入选矿石品位的平稳）。

8.3.2 总体思路

根据空场法转崩落法开采的特点，充分结合特定的开采技术条件，制订合理的回采步骤及有效的安全过渡措施。而岩体作为一种地质结构体材料，具有非均质、非连续、非线性以及复杂的加卸载条件和边界条件，加之采矿工程的动态特性，影响采空区稳定性的地质环境和工程因素极为复杂，这使得采矿岩石力学问题通常很难准确求解。但矿柱回采及采矿方法变更期间，充分分析判断地压分布规律及可能的发展趋势是安全高效回采的关键。因此本研究基于矿区地质环境、开采技术条件、矿岩力学属性、采矿工程因素及矿山开采规划要求，采用数值模拟、理论分析和工程类比的综合手段，制订科学高效的矿柱回采及空场转崩落平稳过渡技术、开采工艺和装备配套。

其思路流程如图 8-1 所示。

8.3.3 空场转崩落平稳过渡开采关键技术

针对空场转崩落开采的特点及平稳过渡开采需要解决的关键问题，提出了以下几点关键技术：

（1）采用分区-分段的回采方式，实现同时进行矿柱回采、正常出矿、空场转崩落覆盖层形成，确保矿柱回采期间的正常出矿，保证矿山生产的平稳过渡，实现空场法向崩落法的顺利过渡和转变。

（2）采用分区-分次-分段-多步骤的爆破方式，以贯穿孔底的双导爆索组成的双网路技术和装填工艺，实现超长水平深孔的炸药装填及有效爆破，有效降低爆破震动对井下开采及矿区环境的不利影响。

（3）采用超长水平深孔（水平深孔平均长 50m）、大凿岩爆破参数（排距3~

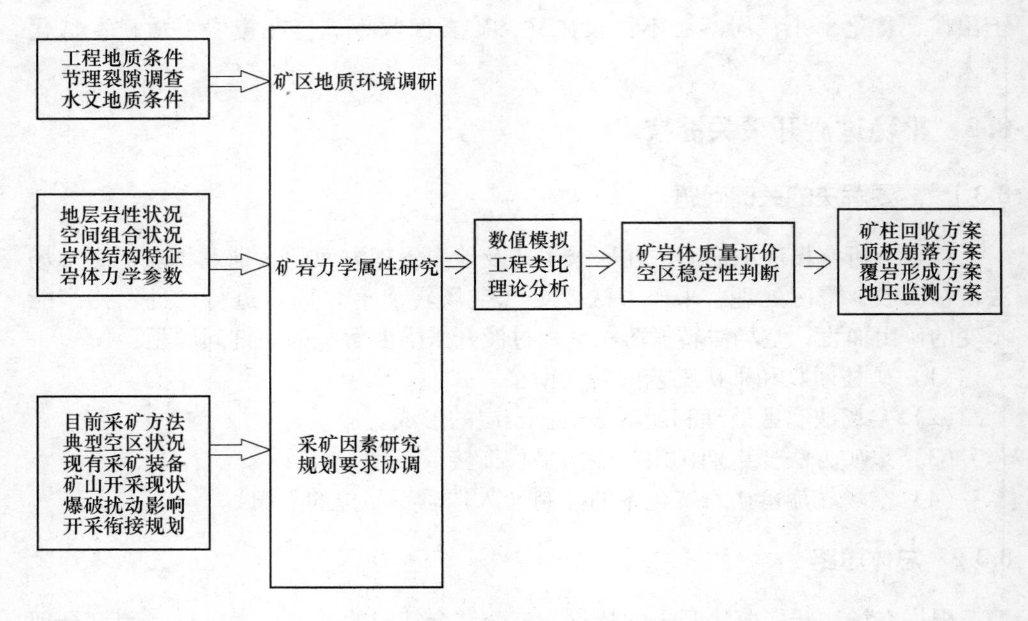

图 8-1 思路流程图

4m，孔底距 4.5~5.5m）及凿岩硐室的交错布置，进行空场顶板矿体及岩体的强制诱导崩落，充分回收原空场法开采设计拟损失的顶柱矿体，这大量减少了新增辅助工程，节省了回采工程费用，同时有效形成了覆盖岩层，同时利用低贫化诱导崩顶技术将过渡期间崩落间柱的一部分和崩落顶柱的全部矿石暂留垫层使用，以有效控制空场转崩落过程和崩落法回采期间贫化率的控制，确保回采安全及采矿方法变更的平稳衔接过渡。

（4）基于空场围岩体稳定性数值模拟分析的基本规律，结合矿区工程地质特点，充分利用顶板围岩体断层等结构弱面，通过少量强制崩落-诱导自然冒落的方式形成覆盖岩层、有效处理空区，这既节省了工程费用，降低了施工难度，有效缩短矿柱回采周期，又达到了顶板岩体自然冒落至预期高度来处理空区的目的。

8.4 工程实践

8.4.1 矿体赋存及开采技术条件

广东下告铁矿矿床由矽卡岩所控制的 16 个矿体组成，主要矿体有 3 个，矿床北东部以 F_5断裂为界，南西以 F_4断裂为界，东部以 F_2断裂为界，西部以 F_4断裂为界。矿体最小埋深 23m，最大埋深 512m，赋存标高 149~−344m，总体分布在 620m×290m×490m 的空间范围内，赋矿处为花岗岩外接触带的凹陷部位，矿体平均厚度40m左右，顶板为大理岩，底板为花岗岩，整体上顶底板岩体均较坚硬完整，但矿体下盘接触带处有一条5~10m不等的破碎带，该破碎带从地表往下延深逐渐消失。

8.4.2 矿山开采现状及特点

该矿山+47m以上采用分段凿岩阶段矿房法开采，阶段高度60m，设计矿房宽度20m，矿柱宽度15m，+47m以下拟采用无底柱分段崩落法开采。+47m为首采中段，该中段矿体走向长190m，沿走向布置有6个矿块，从中间往两翼退采矿房已基本完成，现形成了5个采空区，空区顶最大标高约+107m，单空区最大暴露面积约1200m^2，实际矿柱宽度约6~15m。空区顶板以上+107~+120m之间（首采中段顶柱及以上）矿量约17.8万吨。

由于之前+47m以上开采是从矿体中央向两翼以“采房留柱”的方式回采的，回采工程基本都布置在矿体内，因此造成了当每个矿房每一分层矿体回采后，即截断了该分层前后左右的退路，加之矿房开采也不规范，给两翼残留矿体回收、矿柱回采及空区处理都带来了极大困难，因此下告铁矿+47m以上残矿回收具有以下特点：（1）残留矿量（包括间柱、顶柱及两翼残留矿体）多，回收意义大；（2）深部开采需要变更采矿方法，否则很难充分回收+47m以上矿柱（含边界残留矿体）；（3）采用常规（深孔在25m以内）凿岩方式进行残矿回收时，需要增加的辅助井巷（包括天井）工程量很大，且施工安全性差；（4）残矿回收期间要保证正常出矿量，不能影响选矿厂生产。

8.4.3 采空区稳定性分析

模拟计算得到了所分析计算区域的应力场、位移场、最大及最小主应力场、塑性区分布、设定监测点的位移、应力记录等，图8-2~图8-4为某剖面模拟结果图。

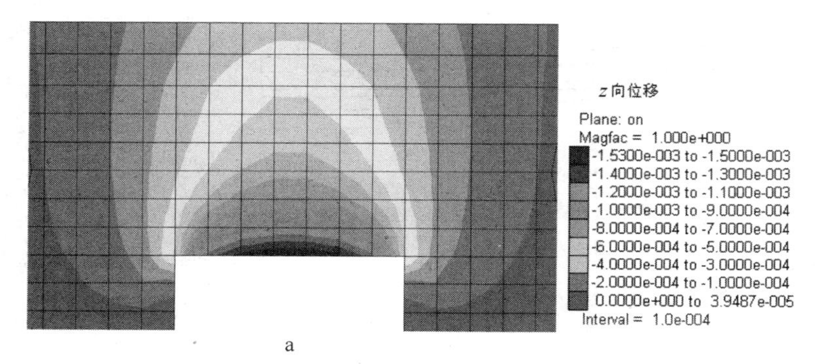

a

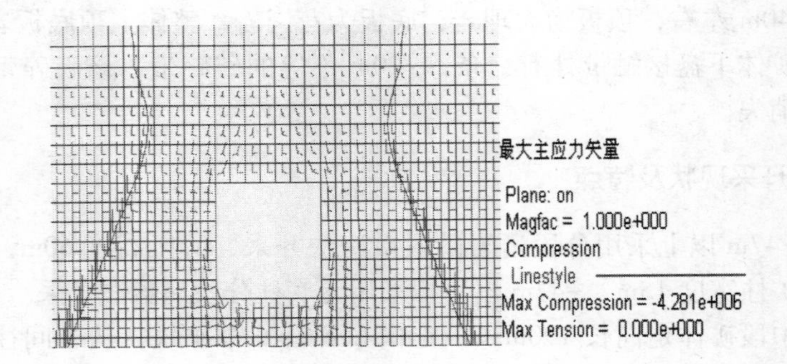

图 8-2 暴露面积 1200m² 时 *z* 向位移云图和最大主应力矢量图

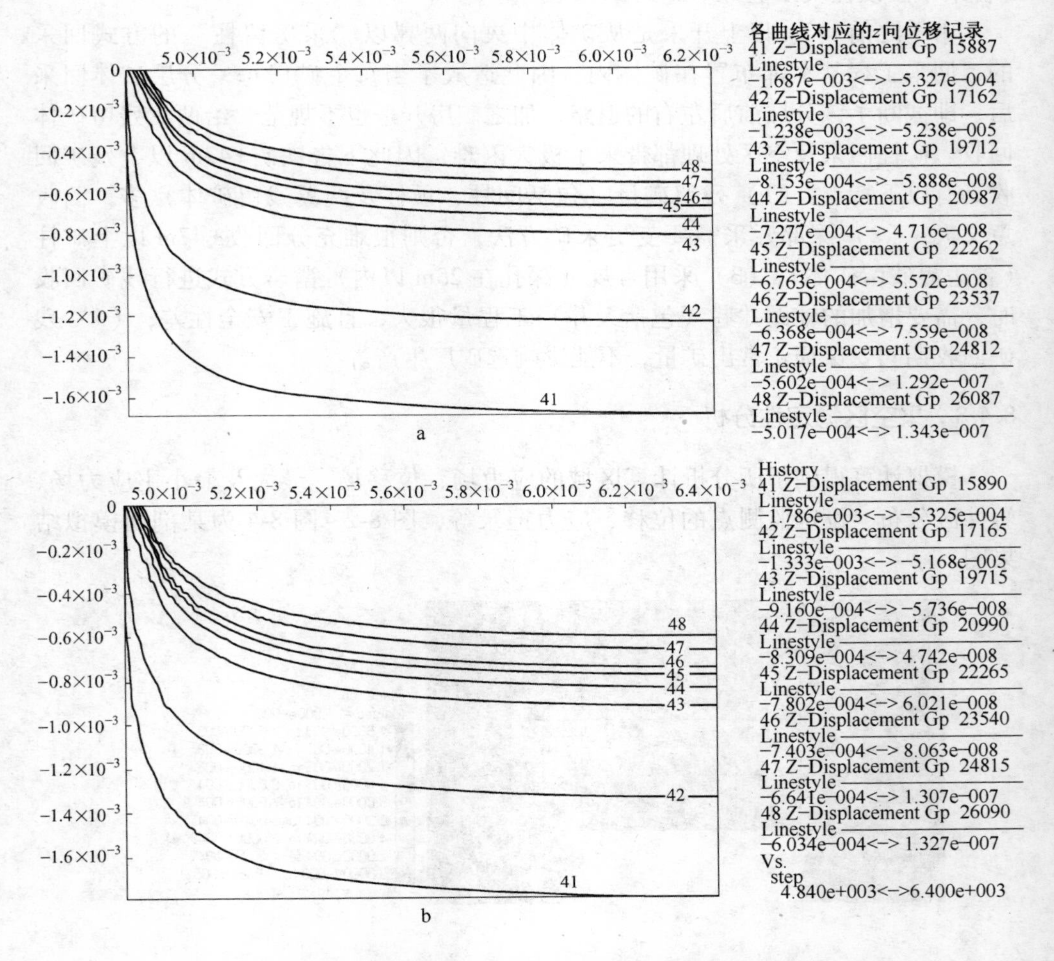

图 8-3 暴露面积为 1500m² 和 2400m² 时部分位移监测点位移记录

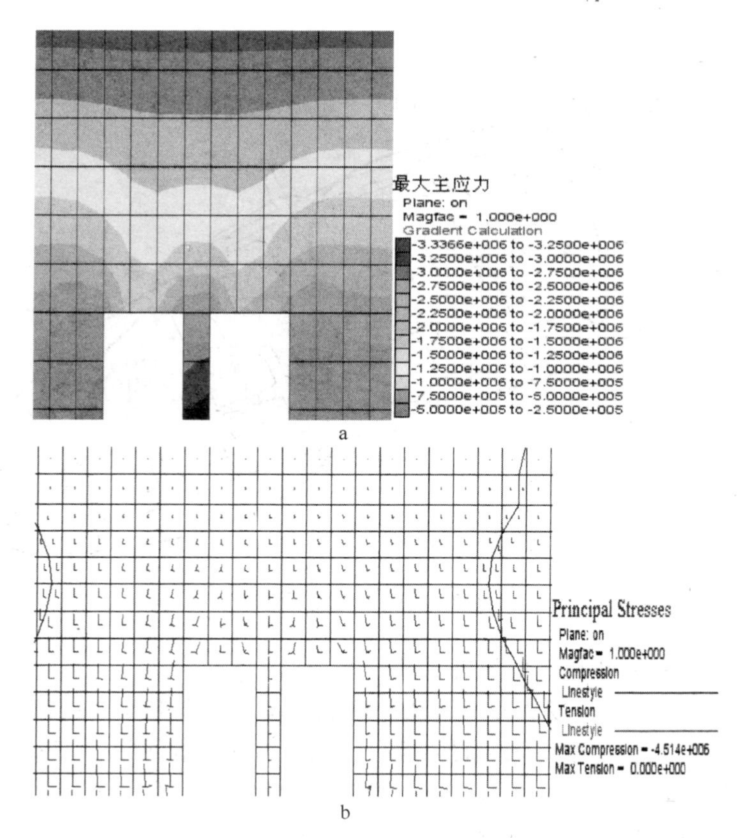

图 8-4 两空区中央剖面最大主应力云图和最大主应力矢量图

数值模拟结果显示，单采场最大安全暴露面积为 1200~1500m^2；矿山现有空区是稳定的，任两个空区之间矿柱的回采都不会引发空区的垮塌；顶板岩层始终呈拱形崩落状态，但在空区顶板 30m（+137m 标高）以上岩体变形及应力变化均很小，说明空区处理期间要考虑强制崩落顶板岩层；随着空区暴露面积和高度的继续增大，应力逐渐向矿柱中部集中，此时矿柱对空区的稳定性起着极为重要的作用，矿柱回采及落顶步骤要按模拟结果体现的应力分布规律有序进行。

8.4.3.1 空场转崩落开采分区段衔接技术

根据前面数值模拟结果，针对矿山采矿方法变更期产能不变、+47m 以上增补工程施工困难、+107m 以上残留矿量较多的具体情况，如图 8-5 将 6 个采空区以 4707 矿柱为界分成两个区段，首先回采矿柱完整性差、回采矿柱时出入巷道受限大，回采辅助工程少的第一崩落区段矿柱，随后进行该区段的强制放顶工程；然后再由西往东回采第二崩落区段矿柱，强制崩落第二区段顶板，整个矿柱回采与强制放顶工程同步作业。这样既满足了矿山产量要求，又实现了空场法向崩落法开采过渡的无缝衔接。

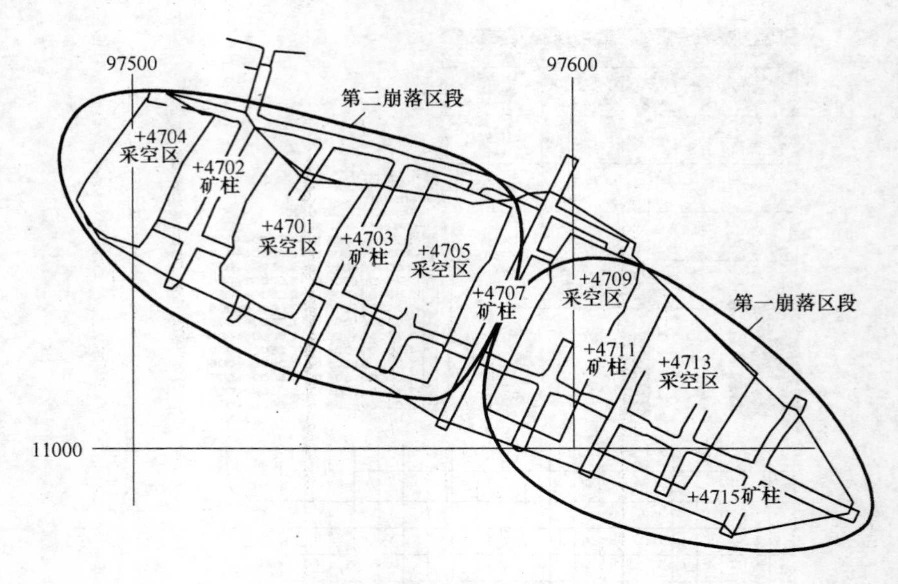

图 8-5 崩落区段划分

8.4.3.2 矿柱回采与覆盖垫层的形成

针对+47m 以下由空场法转崩落法的要求，本着充分利用矿山已有井巷工程和现有设施的原则，根据空区围岩体赋存特点，为了有效回收+107～+120m 之间约 17.8 万吨的残留矿石量，保证采矿方法变更期间矿山产能不降，通过多方案比较，确定本次矿柱回采与覆盖层的形成以多次分段爆破方式同步实施。矿柱回采在各矿柱的分段凿岩巷内按常规回采以中深孔爆破方式实现；强制放顶通过超长水平深孔来实现，即在+90m 水平两个崩落区段的下盘各布置一条盲天井，并将该两条盲天井在+120m 水平通过平巷贯通，这样可为放顶工程实施创造良好的安全和通风环境，放顶炮孔排距 3～4m，孔底距 4.5m，孔深 36～65m，共布置六排放顶水平深孔，炮孔施工通过在盲天井内交错布置凿岩硐室实现，工程布置如图 8-6 所示。

经过工程实践，该方式实现了矿柱的安全回采，避免了上盘岩体垮落而造成+107m 以上矿体的永久损失，每个区段放顶工程实施后，松散矿岩垫层堆积至+105m 标高以上，这不仅完全满足崩落法开采时覆盖垫层厚度的要求，也为深部崩落法开采工程布置及低贫化放矿打下了良好的基础。实现了空场法转崩落法开采的顺利衔接和科学过渡。

8.4.4 现场平稳过渡技术

该铁矿在研究空区围岩稳定性的基础上，充分利用采场围岩体结构弱面等构造特征，采用超长水平深孔以分区段—分步骤—分次分段爆破方式高效实现了空

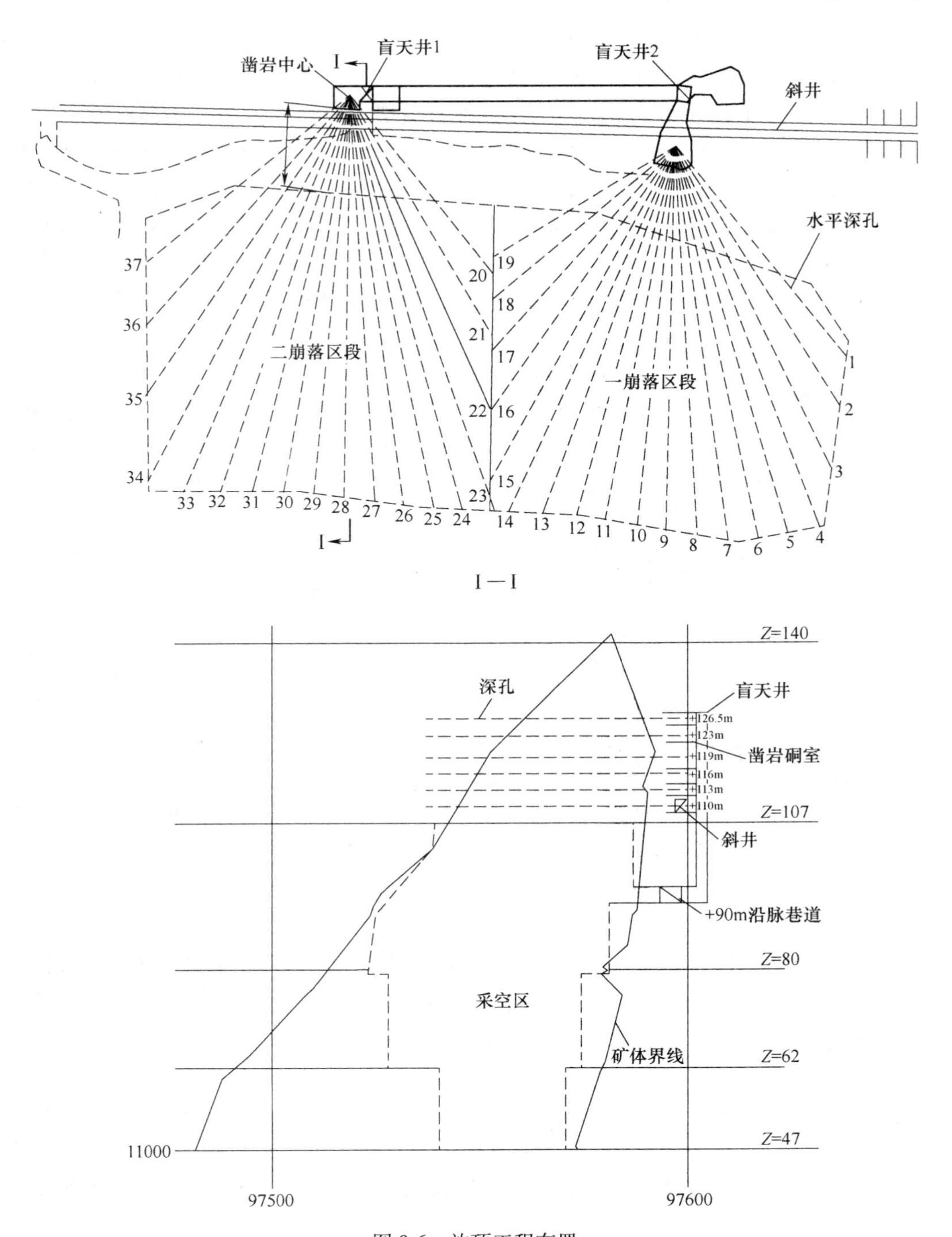

图 8-6　放顶工程布置

场法转崩落法开采的无缝衔接和科学过渡。

通过其开采技术研究和工程现场实践，可得出以下几点结论：

（1）源于矿区开采技术条件，结合岩体质量评价，采用三维矿业软件建立空区及矿柱的真实三维实体模型，通过数值模拟、理论分析和工程类比综合方法，形成的以超长水平深孔（大于 45m）强制崩落的分区段回采—分次分段爆破—多步骤矿柱回采及覆盖岩层形成技术。通过该铁矿的工程实践表明，该研究思路、回采步骤及回采工艺在类似矿柱回采与岩体强制崩落工程中具有较强的借鉴和指导作用。该工艺与技术能大量节省辅助井巷等工程费用，由于超长水平深孔可在移动范围以外作业，安全性较好，其科学性和实用性在工程中已得到了充分的肯定。

（2）分区段—分次—分段多步骤回采矿柱及强制落顶可有效回收空场法顶柱、间柱的矿量，也可充分利用围岩体的结构弱面诱导崩落、利用围岩体稳定性的时空效应崩落岩体形成覆盖岩层，与此同时处理空区，是空场转崩落开采高效、顺利衔接的有效方式。该技术丰富、发展和完善了复杂条件下矿柱回采及空场转崩落法覆盖层形成方式和回采工艺。

（3）在顶柱回采及强制落顶方面，水平深孔具有回采指标好、炮孔利用率高、凿岩及辅助工程量少、间柱及顶柱回收率高、贫化率小等独特优势。

（4）充分结合矿区工程地质特点，强制落顶工程从围岩体结构弱面着手，实现了顶板岩体沿下盘破碎带至地表的滑塌，有效补充了崩落法开采覆盖层的厚度，可见有效利用断层破碎带等构造弱面进行强制诱导放顶具有事半功倍之效。

（5）贯穿孔底的双导爆索组成的双网路工艺，采用普通装药器，适宜超长水平深孔炸药装填的湿度拌和及均匀度控制及装填工艺。突破了超长（大于 45m）水平深孔施工难、炮孔偏斜大、炸药装填难、起爆控制难的缺点，形成了一套完整的超长深孔凿岩、爆破施工工艺及施工技术。

8.5 效果评价

利用本研究提出的从构造弱面着手，基于超长水平深孔，采取分区段—分次—分段回采与爆破技术确保了矿柱回采期间矿山每月的定量出矿，极大提高了该铁矿矿石的回采率，包括原设计拟损失的顶板约 18.8 万吨矿石也得到了回收，顺利完成了空场转崩落开采的衔接过渡，有效形成了足够厚度（约 24m）的覆盖垫层，成功实现了顶板岩体强制崩落一定高度后自然冒落至地表的研究预期，通过地压监测，有效实现了回采期间的地压控制。其实施后的主要效果有：

（1）矿柱回收率达到 90%，原空场法顶板及以上计划永久损失的 18 万吨矿石中 84.2%得到了有效回收。

（2）现在井下无底柱分段崩落法开采规模已达到 100 万吨/a，远远超过 80 万吨/a 的设计规划。

（3）自矿柱回采工程实施以来，已运出矿石110万吨，直接经济效益约2.7亿元。

（4）由于超长水平深孔的实施，减少了井巷工程费约580万元。

（5）未强制崩落的顶板岩体沿下盘断层自然滑塌至地表，极大补充了覆盖岩层的厚度，这对减少压矿及开采安全具有重要的意义，目前地表已形成一个$3500m^2$左右的塌陷坑。

该思路和技术已得到广东紫金天鸥下告铁矿的全面实践，可广泛应用于残矿回收等采矿工程领域，在紫金宝山冶金公司宝山铁矿、马钢桃冲铁矿、和睦山铁矿等一些矿得到了推广应用，取得了显著的经济效益与社会效益。

参考文献

[1] 孙国全，付占宇，等．空场法转崩落法开采时的矿柱回采及覆盖层形成技术［J］．金属矿山，2011（1）．

[2] 胡杏保．空场法转崩落法开采过渡技术［J］．金属矿山，2011（8）．

[3] 朱卫东，原丕业，陶勇．试论实现空场法到崩落法的过渡［J］．金属矿山，1994（1）．

[4] 祝存卫，梅林芳，张秀昌．覆岩下用有底部结构空场法结合崩落法的采矿实践［C］//第五届全国矿山采选技术进展报告会论文集，2006.

[5] 祝存卫，梅林芳，等．覆盖层下用有底部结构空场法组合崩落法的采矿实践［J］．现代矿业，2006（6）．

[6] 邓良，阳雨平，韦业东，等．无间柱连续推进分段空场崩落法在凤凰山银矿的应用［J］．矿业研究与开发，2011（1）．

9 崩落法转充填法开采

崩落法开采的最大特征是利用崩落顶板岩石作为覆盖层，形成覆盖层下出矿并作为地压管理的方法。崩落顶板形成覆盖层的结果是造成地表的塌陷，并且该塌陷区随着开采的进行在不断地变化与扩大，从而持续地影响到地表安全及对地表环境的破坏。如南京梅山铁矿的地表塌陷范围由开采初期几百平方米发展到目前已经形成大于 300000m^2 的塌陷区，此外如马钢桃冲铁矿、昆钢大红山铁矿、武钢金山店铁矿和程潮铁矿、邯邢矿山局北洺河铁矿等，均已经形成了大面积的地表塌陷，危害了地表的生态环境，随着再开采的进行其塌陷范围还将越来越大。由此可见，随着资源的逐步利用，我国将会有更多的矿山在崩落法开采的条件下产生大量的地表塌陷。

由此可见，崩落采矿方法开采最大的问题是造成地表的塌陷，地表的塌陷破坏是其伴生结果。

但随着国家对征地要求的严格控制及对环境保护的要求更加严格，越来越多的崩落法矿山开始有意欲将崩落法开采改变为充填采矿法开采，以避免地下开采对地表的进一步破坏及减少昂贵的征地费用。

崩落法转变为充填开采法是采矿方法的类型大改变，其开采过程的关键技术需要在方法转换中得到平稳解决，并形成与采矿方法转换相适应的过渡技术与方法，不但要求改变过程的安全及平稳，且改变后必须有效解决地表的进一步塌陷及地表环境的再危害。

9.1 关键技术

针对采用崩落法开采的矿山，因崩落顶板岩石而造成地表的塌陷，严重危害到矿山开采时地表的安全及对地表形成环境危害，目前很多矿山面临将崩落法改变为充填采矿法，通过采用充填采矿的工艺技术解决原来采用崩落法开采存在的问题，达到既解决了开采过程的地压问题，又避免了开采对地表的危害；其开采方法的过渡与转换需要保障过渡期间及之后的生产期间安全、有效，改变后的系统配套安全、合理完善。

为了实现上述任务，需要配套采取如下的关键技术：

（1）重新划分开采区域，调整开采顺序。由于开采方法的改变，根据其方法的特点及工艺需要，需将矿体开采范围重新进行规划，分区作业。如分为3个区域（崩落法已经开采区、充填开采区、两种方法过渡开采区）分别并按照一定的顺序进行开采。

（2）采用充填采矿法代替已经采用的崩落法进行接续开采。

其中：

1）改变之前由上向下的开采顺序为由下向上开采。

2）开采后的空区不再崩落顶板岩石进行充填，而是以其他充填材料进行充填，保障顶板在开采过程及之后稳定不冒落。

3）直到充填开采结束到达过渡区域位置时，在充填体的直接上部利用带底部结构的有底柱崩落法将两种方法的过渡段矿石进行回收，从而达到地表不再因为开采而形成塌陷。

（3）为了避免已经形成的塌陷区内的积水对井下开采的安全危害，要求在塌陷区的底部形成相配套的引水设施，将其内的积水（大气降水）导入到井下总排水系统进行并被排出地表。

崩落转充填采矿方法应按以下步骤实施：

（1）确定崩落法停采位置：为保证深部采矿生产的安全，该停止位置一般应在崩落法开采的本阶段运输水平以上2~3个分层高度处。

（2）开展充填采矿设计及充填系统建设，加快井下深部矿体开拓及充填采矿法的采准、切割。

（3）从矿体下部中段开始开采，并将开采顺序改为由下向上进行。

（4）在已经形成的塌陷区周围建设截洪沟，避免塌陷区外降雨等进入塌陷区。

（5）设计并建设井下塌陷区积水导出并引入井下总排水系统的配套工程与设施，将塌陷区积水通过排水系统排出地表。

（6）在矿体的下部利用充填采矿法由下向上进行开采（边开采边充填）。

（7）当开采到距离原崩落法开采停止水平剩余2~3个分层高度时（在垂直方向上），充填法开采完成。

（8）崩落法和充填法开采之间的过渡区域矿体采用带底部结构的有底柱崩落法工艺进行开采，将原来所残留矿石及过渡区域矿体进行回收。

9.2 主要优点

崩落法转充填开采过渡方法，避免了地下矿山继续开采而造成地表的持续塌陷，实现了开采对地表的最小影响及危害，减少了地表塌陷及对环境的破坏，减少了矿山开采的征地面积。

主要优点：在开采地下矿石资源的过程中，避免了地表继续塌陷，避免了开采对地表环境的破坏，同时减少了矿山征地，实现矿山开采与生态环境的和谐。

图 9-1~图 9-4 所示为崩落法转充填法实施简图。

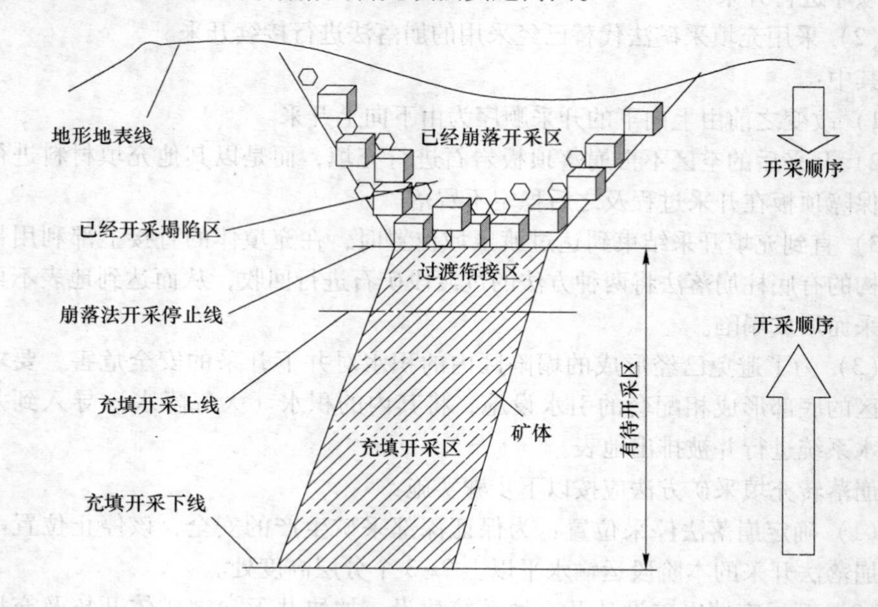

图 9-1 采矿方法过渡示意图

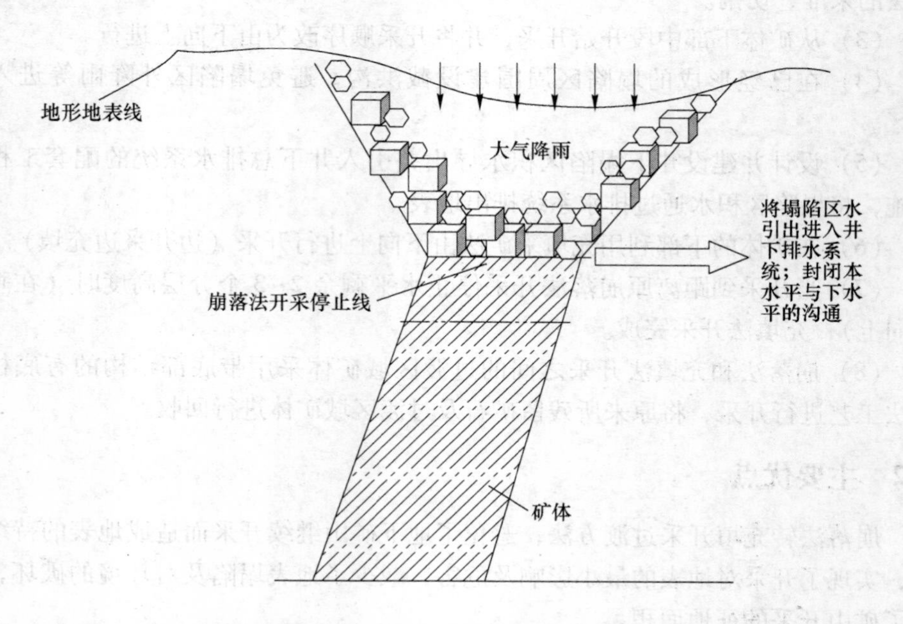

图 9-2 塌陷区水来源及导出引入井下排水系统

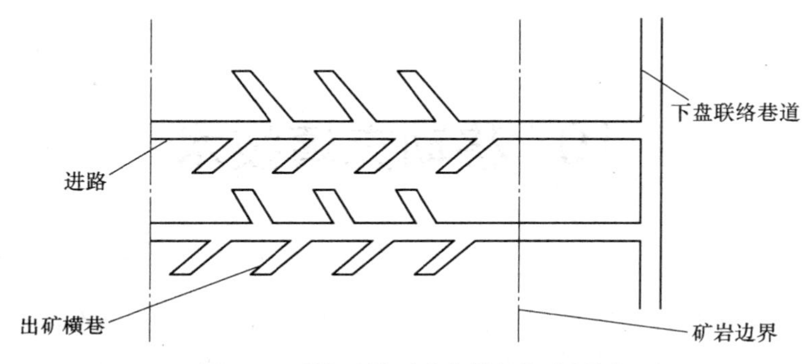

图 9-3　过渡区段开采底部结构布置图

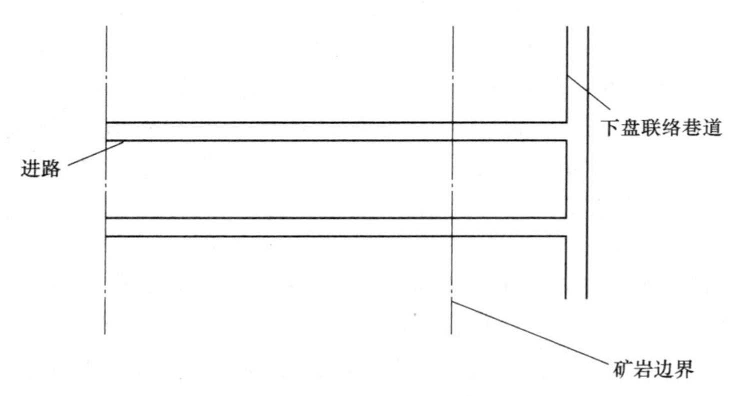

图 9-4　正常无底柱崩落法出矿方式

参考文献

[1] 刘晓云，熊绵国．金属矿崩落法改充填法开采可行性评价指标及权重研究［J］．现代矿业，2011（5）．

[2] 张亚东，蔡嗣经，徐泰松，等．罗河铁矿崩落法改充填法的效益分析［J］．金属矿山，2013（1）．

[3] 江兵，吴姗．大冶铁矿崩落法转充填法过渡区开采技术研究［J］．有色金属（矿山部分），2014（3）．

[4] 梅甫定，等．崩落法和充填法联合开采在金山店铁矿的应用研究［J］．金属矿山，2013（10）．

[5] 段文权．某铁矿改扩建工程中崩落法与充填法的比较［J］．中国矿山工程，2013（4）．

[6] 斯特拉斯克拉贝 V，小阿贝尔 J F，李公照．应用崩落法与充填法时地下矿疏干的差异［J］．矿业工程，1995（3）．

10 移动充填技术

很多矿体开采时同时被周围民采开挖而形成了大量的残留空区，由于占国内产量的60%以上均是中小型矿山企业所采出，而中小型矿山企业开采技术水平低，装备简单，一般均采用空场采矿法进行，由此，造成了大量的地下采空区（群），严重危害了所在地的地表安全。如河北省武安市采空区危害及治理、马钢桃冲铁矿民采空区、河北唐山地区民采空区、昆钢大红山铁矿民采空区等，均已经影响了矿山开采或者地方安全被视为重大的安全隐患。由此可见，随着资源的逐步利用，我国将会有更多的非煤民采空区形成。其产生的地压灾害、岩层控制、采空区探测与处理、地表设施保护等均是有待解决的技术问题。

尽管目前空区治理存在几种治理方法，但空区的处理处置最有效的方法是进行充填密实，完全消除空区的存在，达到完全保护地表的目的。

而矿山建设一个固定充填站一般需要矿山千万元的投资，投资量大，有些矿山尤其是中小型矿山很难承受。同时，移动式充填站的形成，可以一站为多矿山服务，无论是矿山生产期间还是在空区整治时均可及时为矿山进行服务，在降低矿山投资的同时，降低了矿山开采成本。

10.1 具体方案

针对地下空区，尤其是中小型矿山开采后形成的采空区对地表可能产生危害，一般需要进行充填治理，而固定式充填站的建设周期长、固定投入大，因此，提出一种用于矿山的地下采空区治理移动充填方法。该方法采用一种移动式充填站进行空区充填治理，可以随时被运搬并可以通过拆卸和安装、移动进行不同地点的使用，不但可以服务已经形成的不同地点的空区（群）治理，而且可以对中小型矿山生产期间形成的单个空区进行及时的充填，避免空区存在时间过长而造成的相关危害，避免每个小矿山开采均要求建立固定式的充填站。由于空区治理的充填不同于充填采矿法所要求的速度、料体强度，近期也逐步出现了“简易充填站”，以满足小型矿山的空区治理要求。

图 10-1 所示为矿山地下采空区的移动式充填站安装示意图。图 10-2 所示为搅拌池安装示意图。

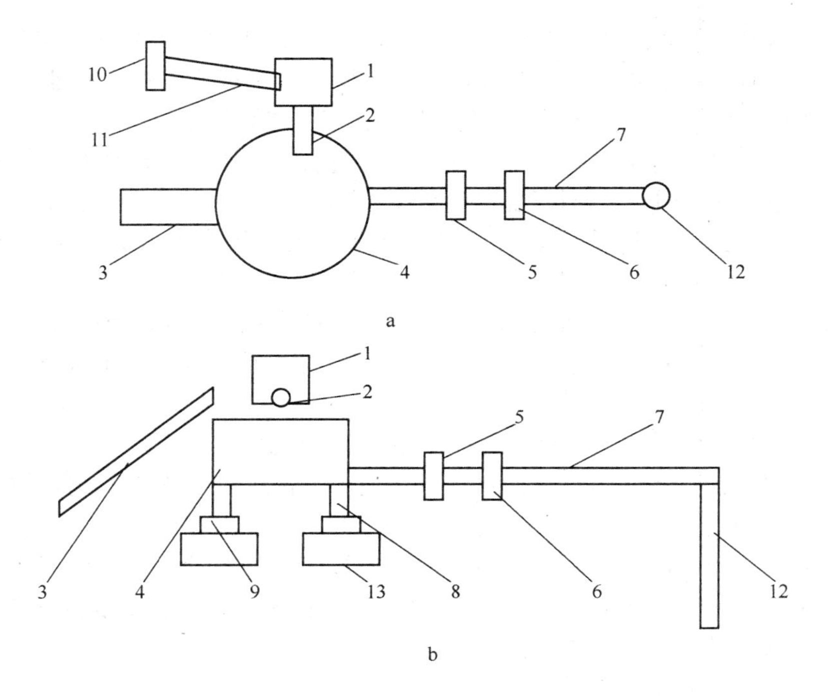

图 10-1 矿山地下采空区的移动式充填站安装示意图

1—供水池；2—出水控制阀；3—供料装置；4—搅拌池；5—浓度监测仪表；6—流量监测仪表；7—出料管路；8—支撑柱；9—可拆卸地脚；10—供水泵；11—供水管；12—充填钻孔；13—固定基础

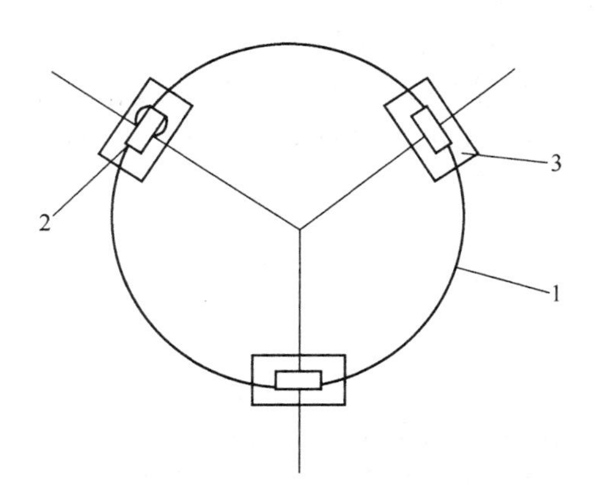

图 10-2 搅拌池安装示意图

1—搅拌池；2—可拆卸地脚；3—固定基础

为了实现上述任务，需要采取如下的技术解决方案：

可移动式充填站的特征是采用移动式充填站对井下采空区进行充填治理。移动式充填站组件包括供水池、供水调节阀、出水控制阀、供料装置、搅拌池、浓度监测仪表、流量监测仪表、出料管路、支撑柱、可拆卸地脚、供水泵、供水管，现场组装而成，对井下采空区充填治理按以下步骤实施：

（1）将移动式充填站组件运至现场进行组装，其中，搅拌池及供水池现场固定采用地脚螺钉固定，搅拌池的出料管路的出口位于井下采空区，上部连接供水管和供料管路；该移动充填站采用可拆卸式工艺组合方案以达到随时移动服务。

（2）为满足 30~50m^3/h 能力要求，搅拌池的容积定为 14~50m^3，在实际应用中，应根据地下采空区的实际情况，在拆卸及运输能力满足的前提下，尽量增大搅拌池的容量。

（3）供料装置采用人工直接给料、皮带运输给料或铲装设备。

（4）搅拌池给水采用水泵抽水到供水池中，再经过供水调节阀对搅拌池进行给水。

（5）将充填用的材料及水在搅拌池内进行充分的搅拌后，其底流通过管道将材料充填到井下，该搅拌池在对井下进行充填的过程中也接受给料及给水的不断补充，以实现对井下采空区连续充填。

10.2 主要优点

地下空区治理的可移动式充填方法，使中小型矿山地下采空区治理时无需花费近千万元建立固定式的充填站进行充填，实现了一站多矿兼用，使矿山空区治理更加容易实现，消除矿山安全隐患。

其主要优点：当中小型矿山开采后存在地下采空区需要治理时，矿山可以不再需要花费巨资建立固定式的充填站进行充填，可以随时租用该充填站进行现场治理，该站可以实现一站多矿山使用的兼顾效应，减少矿山投资及开采成本，实现矿山空区治理简易、可行。

参考文献

[1] 袁梅芳. 地下金属矿井下移动式充填系统的研究与应用 [J]. 金属矿山，2011 (9).

[2] 吴洁葵，袁梅芳. 井下移动式充填站及工程实践 [J]. 现代矿业，2013 (9).

[3] 钟豫，郭忠林，刘迪. 金属地下矿山井下移动式充填系统的应用研究 [J]. 矿冶，2013 (3).

11 非煤矿山上覆岩层塌陷与变形规律

11.1 概述

地下矿山开采的结果多将影响到地表的变形与破坏，危害到地表所附着的设施及人员等安全，也将影响到地表的生态与环境。为了有效地进行控制与管理井下开采对地表的破坏与影响，首先必须知道其开采后的上部岩体的变形及破坏的过程规律。但由于金属矿床岩石体成因复杂，并受到漫长地质活动的侵蚀与影响，致使各个矿山的空区顶板岩石体具有千差万别的变形特征，其破坏或者变形的过程与煤矿沉积岩层不同，具有相当的个性特征，其破坏具有突发性和偶然性，也就是通常所说的“脆性”破坏。因此，至今也尚未形成与煤矿开采类似的“三带”理论及计算。多年来，相关的科研院校、工程技术人员一直致力于其变形过程规律研究与探索。

11.2 非煤矿山围岩体特征

非煤矿床岩体地质结构复杂、岩体赋存状况多变、矿岩力学属性各异、边界条件千差万别，主要表现有：

（1）与大部分煤矿床的“整体层状”岩层赋存特性相比，非煤矿床矿体、岩体地质结构成层状赋存性差。

（2）非煤矿床中矿体形状规则性差，围岩与成矿特征密切相关，地质构造复杂多变。

（3）围岩体具有非均质、非连续、非线性的特征，应力状态千差万别，加卸载条件和边界条件复杂。

（4）不同矿床的共性规律少，定性特征多变，围岩体变形的可预测预报性差。

目前较为成熟的顶板岩层变形理论是煤炭系统总结的“三带”理论，但由于煤矿和非煤矿山岩体属性及赋存特点的不同，金属矿山地质构造比煤矿更为复杂和不规则，致使一些用于煤层开采引起顶板变形和地表移动的规律和预测理论一般难以直接应用于地下金属矿床，但仍有一定的借鉴作用，需要针对不同的矿岩体结构及赋存特征分别对待。

11.3 影响顶板岩层变形崩落的主要因素

地下开采打破了岩体的原始平衡状态，即采空区的形成使其周边一定范围的岩体应力重新分布，导致岩体变形、破坏和移动，如果垮落的岩石不能使空区消除且使围岩体重新平衡，在新的空区边界或未平衡的围岩体周边又会发生再一循环变形、位移和破坏。由此可见，地下开采必然引起顶板岩层的变形与移动，通常开采引发围岩变形破坏的连续和非连续并存，拉、压及剪切破坏机理共在。总结大量的科学研究和工程实践，顶板岩层的稳定性是其完整性、变形特性、强度及受力状态等的综合反映，其变形方式、变形速度、影响范围、发生与发展时间及规模受众多因素的影响。

顶板岩层变形与采场地压显现相关，具有很强的时空性、动态性，影响采场顶板稳定性的因素主要有地质因素和工程因素。地质因素主要包括：围岩岩性和及赋存状态；结构面（包括断层、节理、裂隙等）及组合特性；地应力场；地下水；矿体产状。工程因素主要包括：采场（空场）布局；采场（空场）规模及形态；开采深度；采场（空场）边界条件；采矿工艺及采矿过程的反复扰动；采空场存在时间和处理方法等。

11.4 国内外矿山岩体与地表移动的研究现状

11.4.1 国外矿山岩体与地表移动的研究现状

国内外对岩体与地表移动变形的研究由来已久，按照不同的标准，从不同的角度进行了采后岩体与地表的移动变形规律研究。国外对岩体与地表移动的研究到目前为止已经有一百多年的历史，主要经过了三个发展时期：

（1）岩体与地表移动的认识和初步研究时期（时间是从 1836 年开始直至第二次世界大战前夕）。这一时期有许多理论产生。1938 年，比利时工程师哥诺特在对烈日城下开采引起的岩移问题的调查的基础上提出了第一个岩移理论“垂线理论”；后来，哥诺特和法国工程师陶里兹对这一理论进行了改进，提出了“法线理论”，给出了岩体移动下沉是沿岩层层面，并且沿法线向上传播的直观机理和规律。此后，有许多理论相继提出，如 1876 年德国人依琴提出了的二等分理论，1882 年耳哈西提出了自然斜面理论，1885 年裴约尔提出了拱形理论，1889 年豪斯提出了“分带理论”等，都对岩体移动与地表变形关系建立了相关的几何理论模型。

（2）岩体与地表移动理论的形成时期（自第二次世界大战以后大致到 20 世纪 80 年代初）。这一阶段为岩体与地表移动理论形成时期，形成了一些比较完善，且实用性较高的理论。1903 年，Halbaum 将采空区上方岩层作为悬臂梁的基础上，得出了地表应变与曲率半径成反比的理论。1909 年，Korten 在实测结果的基础上提出了水平移动与变形的分布规律。1913 年，Fckardt 认为岩层移动过程是各岩层逐层弯曲。1919 年，Lehm 把地表沉陷视为一个褶皱的过程。1923~1940 年，坎因霍斯特、间舒密茨、巴尔斯及派茨等人先后提出并且发展了开采影响分布的几何沉陷理论。1940 年左右，苏联学者阿维尔辛出版了《煤矿地下开采的岩层移动》专著。1950 年后，波兰学者布德雷克和哥诺特知在对几何沉陷理论修正的基础上，提出了连续分布影响函数的概念，并选用了高斯曲线作为影函数曲线。1954 年，波兰学者李特威尼申（J. Litwiniszyn）提出了随机介质理论和模型。1960 年，南非的沙拉蒙（Salamon）通过弹性理论提出了面元原理，为边界元法奠定了基础。1961 年，克拉茨出版了专著《采动损害及其防护》。勃劳纳在提出水平移动的影响函数的基础上，发表了圆形积分网格法计算出地表移动。

（3）岩体与地表移动理论的快速发展时期。20 世纪 80 年代后，科学技术史的发展和研究手段的提高，将岩体与地表移动的研究带入到第三次高潮。人们开始把新的理论和方法如分形理论、损伤理论等引入到矿山岩体与地表移动的研究中。伴随着计算机科学的发展，数值计算模拟方法也越来越多的用于岩体与地表移动研究当中。

11.4.2 国内矿山岩体与地表移动的研究现状

在我国，地下开采引起岩层移动及地表沉陷的理论是建国以后发展起来的，国内许多学者在采空区引起上覆岩层下沉和地表沉陷方面进行了大量的研究，并建立了一系列的相关理论。何国清、杨伦等从随机观点出发，通过对岩石块体的移动规律进行研究，提出了岩石块体理论-地表沉陷的威布尔分布形式。刘天泉等对水平、缓倾斜和急倾斜各种不同产状的煤层的开采所引起的采空区上覆岩层破坏和地表移动规律进行了大量研究，为最大限度的开采煤层，减少煤炭资源损失提供了理论上的支撑。李增琪将采空区上覆岩层移动引起的地表变形和移动看成是弹性力学平面问题，采用富氏积分变换方法计算岩层和地表移动。

近年来，我国对金属矿山开采沉陷规律的研究，主要是建立了各类有限元数值模型和地表观测站。长沙矿冶研究院采用岩移随机介质理论解决金属矿山开采沉陷问题，先后进行了“抚顺型下沉盆地”、“金属矿山三下开采与岩移随机理论应用”、“急倾斜无底柱分段崩落法开采的岩体移动规律”、“黄金矿山岩移随机理论应用”等研究，为金属矿山开采地表移动规律的研究进行了大量有益的尝试。北京科技大学的王艳辉等采用人工神经网络方法进行金属矿山地下开采岩石移动预测，结合模糊数学对所选取的 10 个影响地表移动的因素进行了处理，计算结果表明，所选取的各个因素之间及其与岩层的移动角之间存在着较强的非线性关系，移动角大小与选取的因素有着密切的关系，进而从理论上证明了可以预测由地下开挖所引起的岩层或地表移动的范围问题，其准确程度关键在于参数选取的合理性。同时，通过实际调查表明，由于地下金属矿床地质、采矿条件复杂多变，使得矿山开采岩层移动规律预测存在着很大的不确定性，矿山所设计的岩层移动角与实际开采的岩层移动角存在不同程度的差异。中国矿业大学的孙连英、彭苏萍等将结构控制理论、工程地质分析和数值模拟分析相结合，提出了地表变形机理的综合分析方法，对地下开采引起的岩层移动机理进行了研究，并在某矿山的实际工程中加以实践，证明这种综合分析方法是研究岩层移动和地表塌陷机理的有效途径。赣州有色冶金研究所的张树标结合下垄钨矿大平矿区地质条件，分析矿区地质弱面结构和塌陷的原因，确定断裂角、移动角数值，圈定出地表移动带。东北大学的苑靖、王维纲等针对通化板石沟铁矿的具体情况分析了采矿设计中陷落角的计算问题。

通过以上资料可以看出，经过几十年的发展和完善，国内外对地下开采引起地表沉陷理论进行研究的学者较多，这就使得该理论的发展比较成熟。但是，所研究的内容的不同之处，由于各种原因，各种地表变形研究工作大都集中在煤矿上面，金属矿山所做工作相对较少，基本上还停留在经验预测阶段上，其地下开采地表移动范围一般是依照工程类比法，选择类似矿山岩层移动角来确定。一部分学者在金属矿山地表变形研究过程引入了较为成熟的煤矿研究思路和方法，做了一些有益的尝试，但未能达到满意的效果。正是由于煤矿和金属矿地质赋存条件的差别，以及开采方法的不同，照搬煤矿变形分析模式，必然会带来较大的误差。此外，在数量不多的金属矿山地表变形研究文献中都未能很好地阐述复杂地质因素对地表变形的影响规律，更未见关于矿区重要生产设施结构变形研究方面的文献报道，以至于分析成果可借鉴性不大。因此开展复杂地质条件下地表及重要构筑物变形规律的研究具有重要的理论和现实意义。

11.5 金属矿山三带分布研究

地下矿山开采过程中，会形成大小不等的采空区，在研究采空区覆岩的移动破坏规律时，在采空区竖直方向把岩层的移动自上而下划分为三带，即弯曲下沉带、裂隙带、冒落带，"三带"分布在煤矿系统是比较成熟并得到普遍认同的，在非煤矿山尽管该特征不很明显，但总体上也存在该三带特征（煤矿三带高度的计算不适用非煤矿山）。

（1）冒落带。采空区直接顶板在自重力作用下，其上覆岩层发生法向弯曲，当岩层内部的拉应力超过其抗拉强度时，产生破碎成块、断裂垮落，冒落岩块大小不一，没有规则地堆积于采空区内，称直接位于采空区上方的破碎断裂层为冒落带。冒落后的岩石具有一定的碎胀性，冒落后的体积大于冒落前的原岩体积，冒落岩块间空隙随着采动程度的加大和时间的推移，在一定程度上可压实、挤密，使得冒落能够停止。

（2）裂隙带。裂隙带位于冒落带和弯曲下沉带之间，裂隙带内岩层发生较大的弯曲、变形及破坏。裂隙带破坏特征是，裂隙带内岩层产生垂直于层理面的离层裂缝。根据垂直层理面连通性好坏及裂缝的大小，裂隙带内的岩层断裂可分为严重、一般和微小断裂。冒落带和裂隙带合称为“两带”。“两带”之间没有明显的分界面，都属于破坏影响区，上覆岩层离采空区越远，破坏程度越小。当采空区顶板岩层厚度较小时，裂隙带可发展到地表，引发塌陷或崩落。

（3）弯曲下沉带。弯曲下沉带位于裂隙带之上直至地表，在金属矿山中不一定存在或者高度比较小。此带的移动特点是：弯曲下沉带内岩层在自重力的作用下发生层面法向弯曲，在缓倾斜方向呈双向受压状态。弯曲下沉带的高度受采空区深度的影响最大，当采空区深度较大时，弯曲下沉带的高度可超过“两带”之和，开采形成的弯曲下沉带不会到达地表，地表的移动和变形比较平缓，但有时也可能产生一些地表裂缝。

与煤矿相比，金属矿山的围岩一般比较坚硬，不易破坏和垮落，存在层状围岩也存在非层状围岩，节理裂隙发育，矿体形态千差万别，采空区及采场布置复杂多样且连续延展性不明显，以致难以达到充分开采的条件。由于金属矿山开采特性，使得岩层移动过程较长，而且连续性差，三带的监测也不如煤矿那样能够取得明显的结果。

金属矿山矿体形状不规则，地质构造复杂。实际上，无论是在地质赋存条件还是开采方法上都和煤矿存在着较明显的区别。

从成矿条件上讲，煤矿为沉积成矿，地表一般有较厚的土质覆盖层，地层分布呈层状规律分布。金属矿一般是岩浆入侵交代变质成矿，多赋存于构造活动发育的山区，地层结构复杂，地表土质覆盖层较薄，岩体节理发育加上断层等因素的影响，地质体无论是力学性质还是变形特征都呈现出极大的各向异性特点。

从采矿工艺讲，由于煤层相对较为狭长，一般采用长壁开采工艺。而金属矿床，特别是铁矿考虑到矿石品位、开采成本等原因，一般采用崩落法开采。金属矿山采矿引起的地表沉降塌陷主要是由于采空区塌陷（崩落采矿法崩落顶板岩石形成覆盖岩层）造成的，与煤矿相比较，金属矿山矿体开采多属于非充分开采（当采空区尺寸（长度和宽度）相当大时，地表最大下沉值达到该地质条件下应有的最大值，此时的采动称为充分采动，充分采动后地表最大下沉值不再增加），地质条件复杂多变，地表沉降、塌陷多具有局部性、突然性、随机性，规律性较差。

由于以上条件限制，金属矿山地下采空区上覆岩层破坏规律及发育高度的实用理论尚未建立，也没有给出比较符合实际的三带高度经验公式。目前，对于金属矿山特别是崩落法开采引起的地表塌陷问题，国内外开展的研究工作都较少。因此，开展无底柱崩落法开采条件下地表变形规律分析及应用研究，是解决矿山地下开采与保障矿区安全生产、地表居民生命财产安全矛盾的一项紧迫任务，对科学合理地规划采矿进度，准确划定征地和拆迁范围等具有重要的指导意义和经济价值。

11.6 弯曲下沉带的认识

由以上分析可以知道，金属矿山开采后很明显地存在了崩落带和裂隙带，但是否也类似于煤矿沉积岩层存在“弯曲下沉带”尚未得到证明，因为金属矿山在地表开裂前需要开展地表沉降的监测（缺乏相关证明资料）。但从岩体的破坏机理及过程分析，裂隙带的存在必然由沉降所引起，但允许沉降多少就可以形成开裂则与各受力物有关，受力物柔性越好，连续变形量越大，则其沉降带就越大；相反，脆性物体允许的弯曲变形就小（图 11-1）。对于金属矿山，其破坏性能属于脆性变形，因此，其允许的弯曲变形量很小，即金属矿山崩落法上部岩层破坏的弯曲下沉带较小。但总体上其岩层变形的过程仍具有“三带破坏”特征。

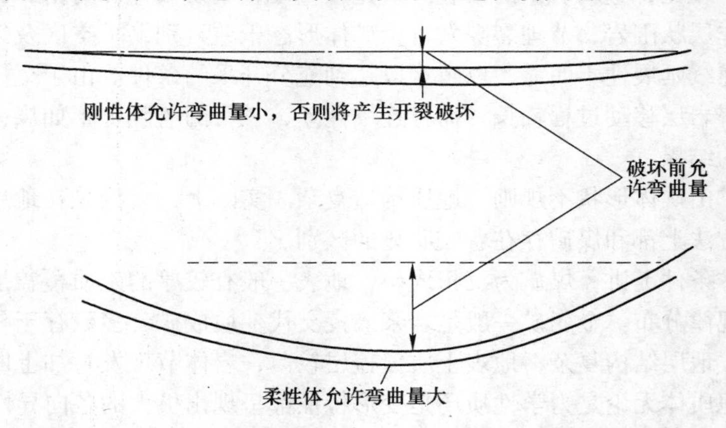

图 11-1 不同刚性岩体连续变形程度对比

11.7 开采塌陷时地表破坏形式

11.7.1 地表破坏形式

金属矿山地下开采地面塌陷是由于矿山地下开采形成采空区，采空区上覆岩体在自重和上覆岩土体的压力作用下，产生向下的弯曲与移动，当顶板岩层内部形成的张拉应力超过岩层的抗拉强度极限时，直接顶板发生断裂、垮塌、冒落，接着上覆岩层相继向下弯曲、移动，随着采空范围的扩大，受移动的岩层也不断扩大，从而在地表形成塌陷。在塌陷发生的沉陷盆地中心部位以垂向下沉为主，水平位移、倾斜位移量较少，形成沉陷盆地；在盆地边缘及外缘裂隙拉伸带则以倾斜位移和水平位移变形为主，可能出现地表裂缝、漏斗状塌陷坑，进而在斜坡区域引发边坡失稳，产生崩塌、滑坡等。

11.7.1.1 采空区上覆岩层移动的基本形式

地下矿体被采出后，在岩体内部形成一个空区，其周围原有应力的平衡状态受到破坏，引起应力的重新分布，直到达到新的平衡，这是十分复杂的物理、力学变化过程，也是岩层产生移动和破坏的过程，这一过程和现象称为岩层移动。

采空区直接顶板暴露以后，在上覆岩层及其自重应力共同作用下，采空区直接顶板岩层产生向下的移动和弯曲，当其内部拉应力超过岩层的抗拉强度时，直接顶板就发生移动，满足失稳的力学和几何条件的岩块就会首先断裂、弯曲，相继冒落，并将这种过程传递给相邻的岩块体，冒落继续发生，顶板上覆岩层的移动逐渐发展，岩层的移动范围逐渐扩大。随工作面的推进，受采空区影响的岩层范围不断扩大，当开采范围足够大时，岩层移动发展至地表，在地表形成一个下沉盆地。

采空区上覆岩层的移动形式十分复杂，经过长期的观测和研究结果分析，整个移动过程开采空间周围岩层的移动形式可归纳为以下几种：

（1）弯曲。地下矿体采出后，上覆岩层中的各个分层，从直接顶板开始沿层理面的法线方向，依次向采空区方向弯曲，整个弯曲范围内，岩层中可能出现一些微小裂缝，但整体基本保持岩层的连续性和层状结构。

（2）岩层的冒落。矿体采出后，直接顶板岩层弯曲而产生拉伸变形。当其内部拉应力超过岩石的抗拉强度时，直接顶板及其上部的岩层就会产生离层，与整体分开，破碎成体积更小的岩块，充填在采空区中，这种破坏通常只发生在采空区直接顶板岩层中。岩石由于破碎而体积增大，故对上部的岩层移动有减弱作用。

（3）岩石沿层面滑移。倾斜矿体条件下，岩石的自重应力方向与岩层的层理面部垂直。于是，岩石在自重应力作用下会发生沿层理方向的移动。岩层倾角越大，岩石沿层理面滑移越明显。于是，采空区上山方向岩层受拉伸，甚至被剪断，下山方向部分岩石受压缩。

（4）冒落岩石的下滑。当矿物被开采出去之后，在岩体内部形成一个空区，岩层内部被破坏，原有的应力平衡被打破。在岩体重力等的影响下，离采空区较近的岩层发生移动，随着开采的程度不断扩大，顶板的上方会出现弯曲、裂缝，甚至出现岩体的掉落，岩层移动会慢慢波及地表，最后在地表形成比采空区范围更大的下沉盆地。若矿层倾角较大，开采继续进行，当下山部分形成新的采空区时，采空区上部冒落的岩石在重力作用下可能产生下滑充填新的采空区，从而使上部采空区增大，使采空区上山部分的岩层移动加剧。

11.7.1.2 采空区上覆岩层破坏及移动的力学解释

矿体开采形成采空区—采空区直接顶板冒落—覆岩沉降和破坏发展到地表，地表沉陷变形，这是一个开挖引起应力重分布、变形和位移的过程。以近水平矿体开采为例，当地下矿体被采出形成后，采空区直接顶板岩层在自重力及其上覆岩层的作用下，产生向下的移动和弯曲，而老顶岩层则以梁或悬臂梁弯曲的形式沿层理面法线方向移动、弯曲，进而产生断裂、离层。

由于岩层沉降移动的结果，致使顶板岩层悬空及其部分重量传递到周围未直接采动的岩体上，从而引起采场周围岩体内的应力重新分布，形成增压区（支承压力区）和减压区（卸载压力区）。在采场边界矿体及其上、下方的岩层内形成支承压力区，在这个区域内，矿体和岩层被压缩，有时被压碎，挤向采场的采空区内，由于增压的结果，使矿体部分被压碎、承受载荷的能力降低，于是支承压力区向远离采空区方向转移，在采场的顶、底板岩层内形成减压区，其压力小于开采前的正常压力，由于减压的结果，使岩层像弹性恢复那样发生膨胀。因此，在顶板岩层内可能形成离层，而底板岩层除受减压影响外，还要受水平方向的压缩，有可能出现采空区底板地鼓现象。

11.7.2 地表塌陷过程

崩落法开采引起的围岩崩落是一个复杂的空间-时间问题，覆岩崩落规律的研究在煤矿较为成熟，针对覆岩崩落机理国内外学者提出了多种理论，具有良好分层性的采场覆岩破断规律已被基本掌握，其中具有代表性的有压力拱假说、预成裂隙梁假说、铰接岩块假说、砌体梁理论、传递岩梁理论和关键层理论等。钱鸣高等创立的关键层理论已在煤矿开采实践中得到广泛的应用。

采用崩落法进行回采，当地下开采形成采空区后，上覆岩体随即自然崩落（形成充填体）并充填采空区。崩落法顶板崩落的目的是为了形成覆盖岩层，覆盖岩层不仅起到缓冲围岩冒落时冲击气浪的危害作用，也为回采时挤压爆破提供条件。因此，顶板强制崩落方案是否正确、效果好坏对后续爆破回采影响严重。同时，顶板围岩何时可以崩落到地表，对地表建筑物的影响范围和影响程度如何，是直接关系到生命与财产安全的重大问题。

其破坏过程大体为：

在崩落围岩覆盖层进行端部挤压爆破和放矿是无底柱分段崩落法的主要特点。根据观测资料分析，从顶板围岩的冒落开始，到地表出现塌陷并向外发展过程可大致分为六个阶段：

（1）相对稳定阶段。此阶段属于地下采矿的初始阶段，采出矿石所形成的空区从无到有，由于初始采空区跨度和高度均不大，空场上方岩体受重力作用出现少量垮落后，会形成较强的一个压力拱，整个顶板处于稳定状态。由于无底柱分段崩落法的开采面积较大，空区跨度和暴露面积也大，所以，顶板相对稳定阶段持续的时间都不长。

（2）间断崩落阶段。随着回采工作的进行，顶板跨度和暴露面积逐渐扩大，其暴露时间延长，围岩在重力作用下变形逐渐增大，下沉速度由慢变快，当顶板中央的拉应力超过岩石的抗拉强度时，岩石即遭破坏，顶板随即开始崩落，采空区被部分崩落废石所充填。

（3）连续崩落阶段。矿石回采后形成一定的开采空间，采场上方的覆岩压力被空区隔绝后，便向四周转移，在回采空区周围形成应力高度集中的固定支撑压力带。当崩落未传递到地表之前，采场上方的覆岩是以自然冒落的形式逐渐向上发展的，拱内充填有崩落矿岩，但松散矿岩不能有效支撑顶板和传递顶板压力，使得上覆实体岩层的压力由自然拱桥传向四周。

（4）地表塌陷阶段。顶板大量崩落后不断向上发展，随着不停的回采出矿，崩落持续发展逐渐波及至地表，地表首先出现下沉，产生裂缝并不断扩大最后导致地表陷落。若采空区上方岩体存在一个或多个主控结构面，则可能成为产生整体滑动的低抗剪强度面，在重力作用下，岩体出现刚体运动类型的位移，形成柱塞状下沉，在地表表现为突发性的垂直状塌坑。

（5）塌坑围岩卸荷变形阶段。在塌陷区形成后，水平构造应力被释放，塌坑周围岩体出现朝向塌陷区的卸荷拉伸张裂变形。张裂岩体在自身重力作用下，发生倾倒破坏，卸荷范围不断向外扩展，直至塌陷变形趋于稳定。构造应力的大小和岩体结构面的产状、物性特征决定了张裂范围的大小、扩展速度及扩展的优势方向。

（6）地表变形渐进式发展阶段。随着采矿活动的向下继续延伸，受顶板冒落滞后性影响，又产生了新的采空区。但此时，采空区上部岩体及围岩部分岩体结构面已经基本破坏，采动影响一般很快就能传播到地表，地表变形量值和范围随开采深度和面积的增大而继续扩大，但总体速率趋稳，地表变形呈现出漏斗状渐进变形特征，在优势结构面作用下变形扩展方向和量级仍存在一定的方向性。

11.8 上部岩层移动过程

通过对几个金属矿山的塌陷过程监测，结合矿山不同时期岩层冒落位置及根据相似模拟试验结果，在空区顶板冒落初期（冒落未到地表）井下开采形成足够大采空区后，其直接上部顶板发生了崩落，并逐步向上进行发展，岩层存在冒落带、开裂带、弯曲带；其逐步向上为拱形发育。

而当冒落发育到地表后，地表形成塌陷区，此时，再冒落则不再是拱形，而为先从上部开始的敞开式向外扩张的塌陷，如图 11-2 及图 11-3 所示。

在这种塌陷过程中，仅上部为漏斗状，但下部（中间）位置并未塌陷完成（“瘦腰”状），这种情况在塌陷不充分的情况下应该是存在的。即在采空区的上部侧部的某部位并未塌落，即其腰部可能未出现明显塌陷，但其已经破坏或者开裂，如图 11-4 所示。

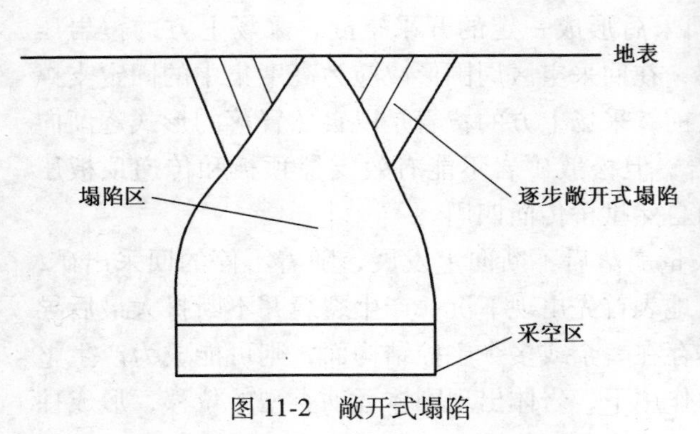

图 11-2　敞开式塌陷

图 11-3　相似模拟冒落到地表后为敞开式再发育状况

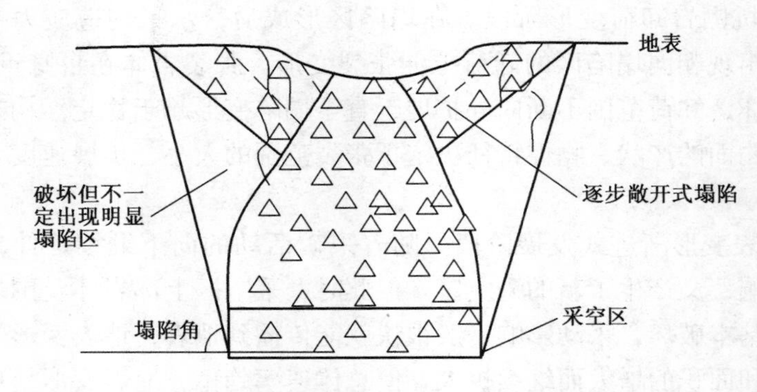

图 11-4　塌陷角及开裂区域示意图

由此可见，金属矿山的上部岩体的塌陷存在三个阶段，即在未塌陷到地表前，其塌陷变形存在明显的三带发育模式，但冒落与地表沟通后，则发展为敞开式破坏，并存在“瘦腰”状发展，并当开采深度足够深时，其“瘦腰”情况将被逐渐消解为正漏斗状冒落。

11.9　金属矿山上部岩层移动主要共性规律

经对几个典型金属矿山的研究总结，基本可以得出以下几个主要结论：

（1）金属矿山采区上部岩层变形中明显存在冒落区和裂隙区两带。

（2）金属矿山开采后的顶板变形符合“三带”理论发展，但变形弯曲带可能不明显（硬岩）。

（3）开采后地表破坏至发展到开采的移动范围，需要数年的滞后时间才能发育完成。

（4）塌陷区充填可以控制塌陷范围的扩张，根据相关矿山的对比研究，可以提高塌陷角数度。

11.10 典型矿山上覆岩层塌陷及变形状况

11.10.1 梅山铁矿

11.10.1.1 矿山开采现状与顶板冒落规律

A 矿山开采现状

梅山铁矿床属于中生代陆相火山岩型，其地层为晚侏罗系到白垩世，矿山构造为一平缓梅山短轴背斜，矿区断层不发育，裂隙宽度为 1~4m，最大为 8m。

梅山铁矿是一个大型盲矿体，产于辉长闪长玢岩和安山岩的接触带中，呈大透镜状，平面投影为似椭圆形，面积为 0.8km^2，长 1370m，宽 824m，平均厚度 134m，属于缓倾斜极厚矿体。矿区为丘陵地带，地表标高 10~60m；矿体上部覆盖层厚度 100~340m，平均为 220m，其上盘岩石为蚀变安山岩，以高岭土为主，硬度低，f=3~7，中等稳固；下盘为辉长闪长玢岩，f=8，中等稳固。矿体水平面积大，-198m 以下矿体长度一般为 400~700m，水平宽度在 300m 以上，分层矿量 980~1760t，矿石主要成分为磁铁矿、赤铁矿、菱铁矿，矿体稳固性较好，围岩易冒落，具有较好的开采技术条件。

该矿从 1970 年开始，在-70m 水平开始向下开采，先后在-80~-186m 水平进行开采，采矿方法为无底柱分段崩落法，2000 年开采水平为-198m、-213m 和-228m 水平，当前主运输巷道在-330m 水平。

梅山铁矿自一期无底柱分段崩落法攻关以来，一直采用小结构参数，虽然取得了较好的采矿技术经济指标，但采矿强度低，制约了矿山生产能力的提高，为此，从 1991 年起梅山铁矿与马鞍山矿山研究院、青岛建筑工程学院和鞍山冶金设计研究院联合攻关，开展了《梅山铁矿无底柱分段崩落法加大结构参数的研究》，到 1998 年完成新旧参数的过渡，-198m 水平以下全面采用 15m×15m 及 15m×20m 的大结构参数，当年生产原矿 251 万吨达生产指标。

随着矿山开采强度增大和开采面积的逐渐增加，由于矿体顶板主要为安山岩或蚀变安山岩，顶板岩石不稳固，在开采初期，由于采空区周围应力不大，加上采空区被崩落的矿石和岩石充填，如果不达到一定的暴露面积也是不易垮落的，因此，顶板放顶工作开展的较正常。随后经过长期观测认为，顶板一般随采矿下延而逐渐冒落，并达到预期目的，所以顶板放顶工作没有按时进行，主要靠自然崩落方式，由于采场上覆岩层块度较大，造成黄泥涌入采场的现象，特别是雨季，情况更加严重，影响了矿山的正常生产。

B 顶板冒落过程分析

为了掌握梅山铁矿顶板冒落规律，根据梅山铁矿提供的有关资料和马鞍山矿山研究院1970~1980年在梅山铁矿开展的无底柱分段崩落法所获得的相关数据，综合分析后认为顶板冒落过程大致分为以下四个阶段，并最终冒落到地表，形成目前的地表塌陷区：

（1）顶板处于稳定阶段。在矿山开采初期，从-70m水平开始向下开采，由于开采范围小，采空区跨度和高度均不大，而采空区随着采矿崩入大量的矿石和岩石，对顶板有一定的支撑作用，安山岩顶板不随回采而冒落，在顶板与垫层之间经常出现2~3m的采空区，人可以进入崩落区，出现这种现象主要是由于顶板的跨度和暴露面积小，此时暴露的顶板跨度一般为35~40m，暴露面积约4500m^2，不能导致顶板失稳。此阶段顶板处于相对稳定状态。

（2）顶板初始冒落阶段。随着开采范围不断扩大，顶板跨度和暴露面积不断增大，按照无底柱分段崩落法的设计回采要求，开始在顶板位置按设计要求进行有计划地集中崩落顶板，采场顶板也开始随放顶工作的步骤开始冒落，经现场观测和宏观观察分析认为，当顶板跨度达到60m左右，暴露面积超过5500m^{2}时，顶板地压开始增加，促使顶板岩石开始冒落，但由于补偿空间不足，也不能使顶板大量冒落。

（3）顶板大量冒落阶段。为了及时掌握顶板的冒落状况，在采空区上方地表布置了12个观测钻孔，根据钻孔观测资料分析表明，当-90m或-80m水平回采工作接近观测钻孔时，顶板岩石的下沉或自然冒落就明显增大，当冒落发展到一定程度后，崩落区被充满；出矿点远离观测钻孔时，顶板的下沉和冒落就变小，甚至停止。由此说明，崩落区内无大的空区存在，顶板岩石能够随着回采而自行冒落。

（4）地表塌陷阶段。在1978年，当回采水平下降到-100m时，随着工作面的退采，顶板岩再次大量冒落，并逐渐向地表发展。1978年3月8日，首先在4号观测孔处发现地表断裂；3月9日测得地表塌陷范围400m^2，地表移动范围600m^2，而且地表移动范围和塌陷范围不断扩大；1978年9月4日地表形成20~25m直径的塌陷漏斗，塌陷坑深度达15m左右，地表塌陷范围不断扩大，塌陷范围约为100m×150m，移动范围约为120m×160m。计算的塌陷角和移动角见表11-1。

表11-1 梅山铁矿岩移动参数（初期）

剖面方向	O-S	O-E
塌陷角/（°）	82	72
移动角/（°）	71	63

梅山铁矿顶板岩石冒落和破坏的发展趋势如图11-5所示。

当1978年首次冒落到地表后，随着矿山的开采活动的不断增大，塌陷区的

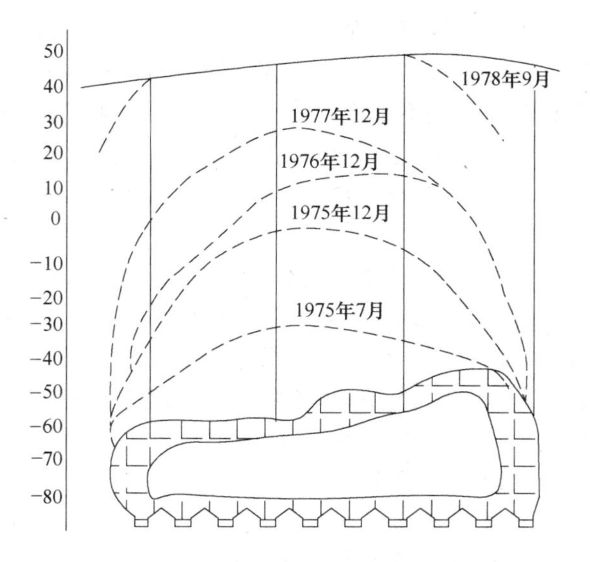

图 11-5 梅山铁矿顶板岩石冒落和破坏的发展趋势

范围和移动范围也逐渐地加大，到 1997 年底止，塌陷区的面积已达 286538m²，移动区面积大于 300000m²。历年井下回采矿量与地表塌陷区和移动区面积见表 11-2。

表 11-2 梅山铁矿历年井下回采矿量与地表塌陷区和移动区面积

年 份	井下累计回采矿量/万吨	地表塌陷情况		备 注
		塌陷面积/m²	移动面积/m²	
1970	0.1			在-70m 水平开始回采
1978	40	73	1615	顶板首次与地表连通
1986	644.2	96200	137200	
1992	1565.2	220800	272600	
1993	1753.9	244200	>300000	
1994	1943.9	259252		
1995	2134.2	267920		
1996	2330.6	279095		
1997	2539.2	286538		

11.10.1.2 顶板冒落的基本规律小结

通过上述对梅山铁矿顶板冒落的几个阶段分析表明，梅山铁矿顶板冒落的基本规律为：

（1）梅山铁矿顶板岩石主要为安山岩类型，除靠近矿体部分局部有破碎现象，且有角砾岩及角砾岩状矿石存在，其顶板岩石的稳定性较差，但是在开采初期，由于采空区周围应力不大，加上采空区被崩落的矿石和岩石充填，如果达不到一定的暴露面积和跨度也是不会垮落的。从多年的观测资料分析表明，当采空区暴露面积超过 5500m^2，跨度达到 60m 左右时，顶板就会随着地下开采而不断地自行垮落，而顶板冒落过程分稳定、局部冒落、大量冒落三个阶段，最终冒落地表形成塌陷区。

（2）根据对梅山铁矿地表观测资料分析表明，地表沉降，顶板岩层冒落与井下采矿活动有密切的关系，其一般规律为：如果某处出矿越多，形成的空区越大，顶板岩石就被破坏而冒落；反之，如果停止出矿，空区很快被上覆岩石或矿石充满。说明顶板岩石能够随着退采而不断地自行垮落，而不会产生大面积突然冒落，引起冲击波的危险。但对某些有“铁帽”存在的顶板，仍应采用有选择放顶的方式进行放顶促使顶板冒落。

（3）梅山铁矿顶板冒落过程的规律表明，安山岩类型的顶板岩层大部分能随着开采暴露面积的增大而自行冒落，但冒落时间和冒落范围难以控制。因此，在编制顶板放顶设计时，可根据顶板的形态和覆盖层的厚度状况确定放顶方式，一般情况可考虑在崩落顶板下部 1/3 以下应力集中的部位布置放顶炮孔进行放顶，若顶板起伏变化较大，且覆盖层厚度满足回采要求时，可考虑两个分段放顶一次，布置位置应在应力集中部位，进行诱导性放顶工作。

（4）梅山铁矿地表岩层移动参数期初的塌陷角 82°（NS）和 72°（EW）、移动角 71°（NS）和 63°（EW），经过近三十年的变化，到 1999 年地表岩层移动参数为塌陷角 45°/56° 和 50°/69°（300），移动角 42°/60°（407）和 50°/69°（300），塌陷区面积也达到 286538m^2（1997 年），移动区面积大于 300000m^2，均呈不断增加趋势。

11.10.1.3 结果分析

由于地下采矿，引起周边围岩变形。对于厚大矿体部分，水平位移最大值位于各横剖面的空区两端上方，铅垂位移最大值位于空区直接顶板内；对于南采区倾斜矿体内部分，水平位移和铅垂位移最大值均位于空区上盘。最大位移发生部位与空区形状、空区规模和采深有着密切的关系。厚大矿体部分水平位移的跃变发生在采至-243m 水平之前，铅垂位移变化幅度不大；倾斜矿体部分，水平位移和铅垂位移均在-198m 水平开采时发生跃变。位移的跃变意味着围岩大变形的发生或局部自然崩落的出现。厚大矿体水平位移的跃变，对应着横剖面方向崩落区的骤然加大。倾斜矿体位移跃变，对应于南采区围岩崩落状态的急剧变化。

采矿活动改变了区域地应力场的分布，必将导致次生应力场的重新分布和应力集中与松弛，引起矿体围岩的破坏。梅山铁矿大范围的地下开采，使得空区周围的应力场重新分布，在暴露面上，应力得到充分释放，所以随着采深的增加，围岩的整体应力水平不断下降，呈现应力松弛。在空区顶板内，第一应力升高，第三主应力表现为拉应力，空区顶板中心的破坏方式为拉伸破坏；在空区横剖面的两端，第一主应力和第三主应力的差值增大，破坏方式为剪切破坏。

406 剖面采至-198m 水平时，上盘顶板达到拉伸极限状态。此时，空区垂直高度为 98m，空区水平长度约为 140m。

塑性区主要分布在各剖面的采空区两端、采空区顶部和底部，塑性区的大小由采空区形状、顶板暴露面积和采深共同决定。随着采深的不断增大，塑性区不断扩大，对应于围岩崩落高度的不断增加和崩落范围的不断扩大。由于采空区横剖面两端的围岩产生剪切屈服和顶板中部围岩的拉伸破坏，围岩自然冒落，导致采空区顶板冒落范围不断向上发展，直至连通地表。

在采至-198m 水平时，南北采区的塑性区还没有互相连通。在采至-243m 水平（计算中的南北采区采矿情况与实际一致）时，南采区刚刚冒落至地表。可见，理论计算与工程实践在一定程度上是吻合的。

11.10.2 大红山铁矿

11.10.2.1 概述

大红山铁矿属于火山喷发熔浆及火山气液富化成矿的大型铁矿床。矿区查明 5 个主要含矿带，共计 71 个矿体，其中大型矿体 3 个，中型矿体 7 个，小型矿体 61 个，矿体倾角 15°~68°不等。该铁矿主要产于红山组变钠质熔岩及石榴角闪绿泥片岩中，矿岩石属于坚硬、半坚硬岩石，稳固性较好。

A 矿山生产状况

a 矿山生产规模

大红山铁矿隶属于玉溪大红山矿业有限公司，20 世纪 90 年代中后期开始开发，2006 年 12 月底建成地下一期 400 万吨/a 采、选、管工程，目前已达到并超过了设计生产能力。

大红山铁矿集露天开采和井下开采两种开采方式（图 11-6、图 11-7），是国内露天地下协同开采的典型矿山之一，是目前国内最大的地下矿山，矿山综合生产能力约 1110 万吨/a，包括露天采场 380 万吨/a，井下Ⅰ号铜矿带 150 万吨/a，井下主采区（包括中Ⅰ、中Ⅱ及主采区）崩落法 450 万吨/a，井下$Ⅱ_1$头部采区崩落法 50 万吨/a，井下$Ⅲ_1$、$Ⅳ_1$矿带空场嗣后充填法 80 万吨/a。

b 采区划分

（1）$Ⅱ_1$矿组。按标高和勘探线可以分为 4 个区段，分别为：1）720m 标高以上称为头部区段（720m 标高以上 F_2断层以北为浅部铁矿，主要为 730~850m 之间）。2）500~720m 标高称为中部区段。中部区段按矿体特点可划分为两个采

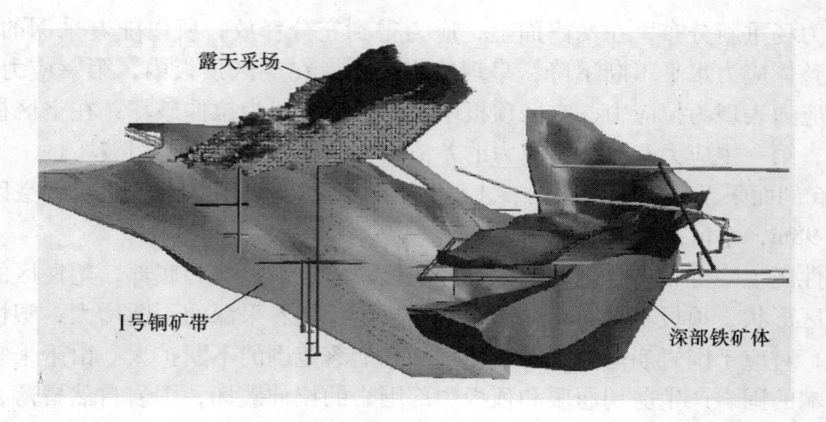

图 11-6 露天与坑内的关系

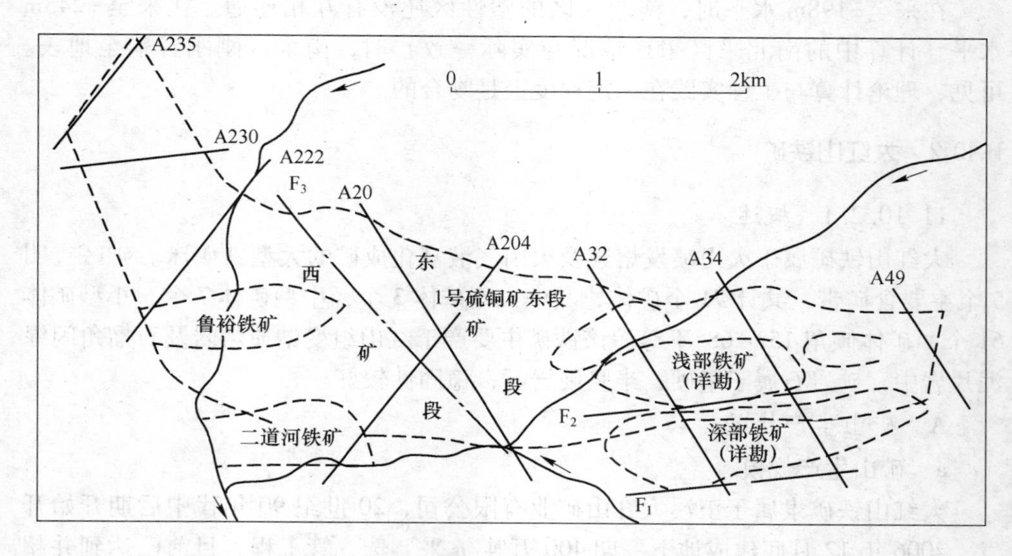

图 11-7 矿段划分及矿体投影平面图

区，大致以 A40 线划分，A40 线以东称为中Ⅰ采区，A40 线以西称为中Ⅱ采区。中Ⅰ采区实际开采范围在 500~705m 标高之间，705~730m 间矿体作为头部区段与中部区段的隔离及过渡段。3）400~500m 标高称为下部区段。下部区段按矿体特点可划分为三个采区，A36 线以东，不受中部区段矿体压矿的部分称为主采区；A36 线以东，受中部区段矿体压矿的部分称为南翼采区；A36 线以西部分称为西翼采区。4）400m 以下为深部区段。

（2）$Ⅲ_1$、$Ⅳ_1$矿组。A26~A42 线、标高 240~895m 之间，主要分布于 320~520m 标高范围，A29~A36 线间。

（3）露天采场。开采范围 A28~A39 剖面间，场底标高 730m，顶部标高

1165m，最大采深 435m。

c 露天生产现状

露天采场标高 730~1165m，位于拟建三选矿厂厂址的北东部，距选矿厂公路里程约 3.5km，距哈姆白祖废石场公路里程 0.8km、硝水菁废石场公路里程 1.2km、南部废石场公路里程 2.47km、小庙沟废石场公路里程 4.5km。开采范围 A28~A39 剖面间，场底标高 730m，顶部标高 1165m，最大采深 435m。采场顶部尺寸 1130m×724m，台阶高度 15m。露天采场最终边坡角：北帮 46°36′06″，东帮 46°27′44″，南帮 46°40′21″，西帮 46°35′16″。

浅部熔岩铁矿的开发利用是从保护和充分利用资源的角度出发，对品位较低的熔岩铁矿进行抢救性开采。截至 2013 年年底，浅部熔岩铁矿剩余可采出矿量 4795 万吨，剩余剥离量 27580000m^3。

B 井下生产现状

400 万吨/a 一期采矿工程主采区已下降至 400m 分段，南翼采区下降至 460m、440m 分段。400 万吨/a 一期采矿工程将于 2015 年底基本结束，2016 年 400 万吨/a 二期采矿工程 340m、370m 将接替一期工程，承担主要供矿任务。

由于露天采场的压矿限制，主采区于 400m 分段已有 311 万吨矿石受压矿限制，无法于近期回收，这种情况下降至 400 万吨/a 二期采矿工程更为明显，370m、340m 分段压矿量已达 50%，加之为保障露天采场地表稳定的保安矿柱，压矿量进一步提升，按照井下 670 万吨/a 的产量组织生产，两个分段仅能支撑 2.5 年的供矿任务，加上可以回采的 320m、300m、280m 分段，400 万吨/a 二期工程在露天压矿解除前最大限度能稳产 4 年的供矿任务。

地表裂缝及井下空区形态现状如图 11-8 所示。

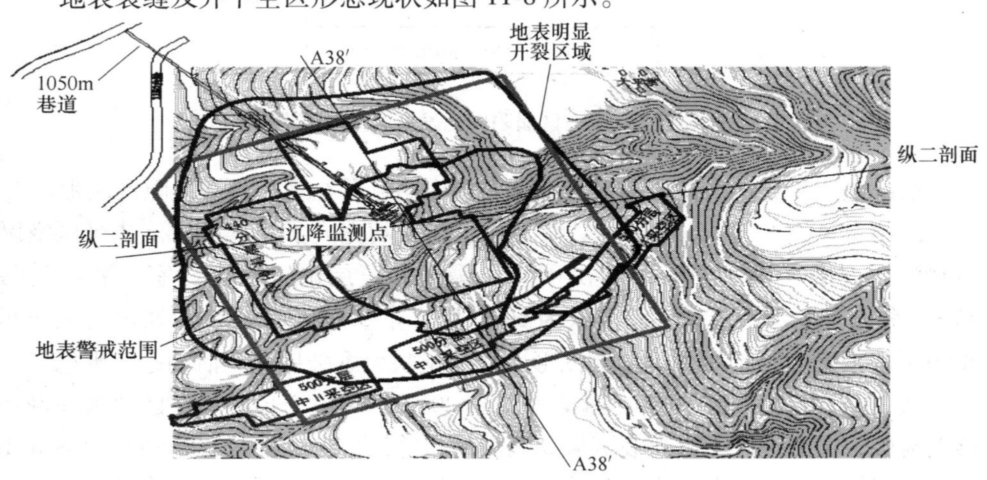

图 11-8 地表裂缝及井下空区形态现状

11.10.2.2 大红山铁矿井下开采岩移情况

大红山铁矿地压活动较为复杂，目前大红山主采空区高度和面积迅速扩大，为准确掌握主采空区的发展情况，必须对主采空区顶板冒落高度进行动态监测，为预防冲击地压以及采取卸压技术提供关键技术参数，目前采用导电法（地质钻孔中埋设导电回路）监测大红山主采空区顶板冒落高度。

根据监测记录，最早在2009年1月24日在距主采区正上方340m高的850m运输平巷斜井与环形车场岔口处出现裂缝，随后巷道出现片帮现象。2009年10月底920m回风平巷垮塌，冒落高度从2月的850m增加到920m，上升了70m。在2010年年初施工的导电回路监测钻孔在952m标高与空区贯通，孔口出现较大风流，在2011年年底施工的地质钻孔（150m深）到达岩层塑性变形区。在2010年8月通过各种监测手段，采空区垮塌高度达到1060m标高附近；同时地表出现了开裂的裂缝（即大红山铁矿主采区上部岩层中明显存在冒落区和裂隙区两带）；2011年8月地表出现明显沉降。

采空区塌陷向上发展时空示意图如图11-9所示。

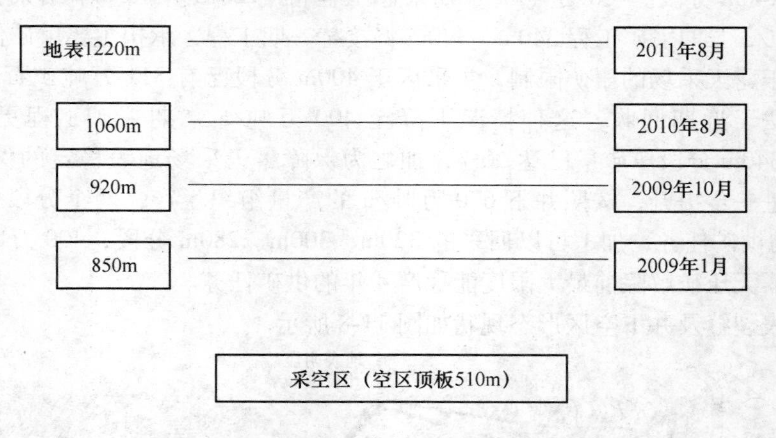

图11-9 采空区塌陷向上发展时空示意图

结论之一：大红山铁矿主采区上部岩层中明显存在冒落区和裂隙区两带。

2012年4月9日15时18分，大红山铁矿成功完成了井下400t/a主采区空区强制落顶爆破（图11-10）。本次硐室大爆破共三层硐室十个药室，装药量为238t，分六个段别，最大一段药量为60t，爆岩量330000m^3，设计处理空区面积4000m^2。通过井下地压微震监测图形、数据反映大爆破后地压活动趋于平稳。

从2011年8月首次观测到地表开裂到2012年4月9日主采空区顶板强制崩落大爆破，主采空区上方地表区域观测到的裂缝经历了从少数几条到裂缝形成闭合圈、裂缝宽度从只有几毫米到几十厘米这样一个过程（即裂隙逐步扩张，并出现明显的塌陷下沉）。

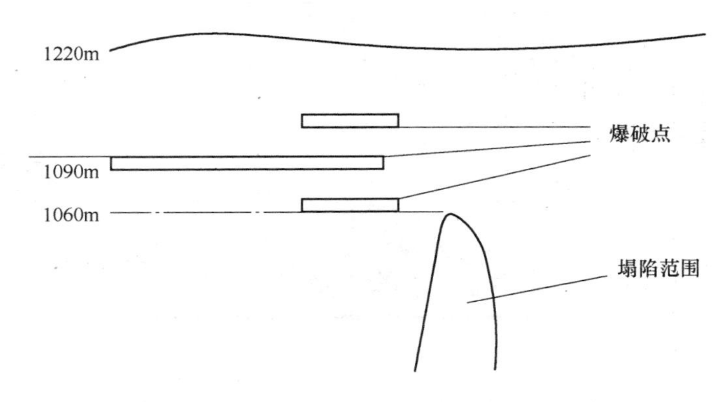

图 11-10 强制爆破相对关系图

目前大红山铁矿地表开裂的产生很大程度上是由于主采区上部的硐室诱导爆破后地表陷落至地下主采区的空区所形成的，将地下空区与地表开裂缝现状叠加。从地表开裂情况与地下开采所形成的采空区对比可以看出，目前地表的开裂范围已经基本上达到了地下各分段采空区的正上方。但未来随着主采区 400m 水平的开采，采空区的水平面积可能进一步增大，地表开裂的范围也可能会随之进一步增大。

此外，从地表裂缝发育的过程可以看出，该地表裂缝的形态是向已经开采的 400m 上部的采矿区中心方向弯曲，而未发现向中Ⅰ、中Ⅱ已经开采的空区中心弯曲的裂缝。

结论之二：当前现场地表破坏主要是由主采空区引起的，不是由中Ⅰ采区、中Ⅱ采区的采空区引起，即目前已经开采多年的中Ⅰ、中Ⅱ采矿区尚未影响到地表。

11.10.2.3 岩移发展过程分析

目前，大红山铁矿地表已出现不同程度的地表下沉及裂缝区域，根据裂缝产生的时间判断，其产生和发展很大程度上是由于主采区上部的硐室诱导爆破后上覆岩体及地表陷落至地下空区所形成的。根据各采区空间地理位置关系及开采情况推断，对目前地表的开裂下沉造成主要影响的是地下主采区；而南翼采区、中Ⅰ采区、中Ⅱ采区尚未影响地表，其他Ⅲ、Ⅳ号矿体与头部等采区因地理位置距离塌陷区较远，采空区规模较小，其中Ⅲ、Ⅳ号矿体采用充填法开采等原因，对目前地表的塌陷及开裂造成的影响较小。

综合分析主采区、南翼采区、中Ⅰ、中Ⅱ采区开采现状及其采空区分布状况并对比地表开裂现状，得到各横纵剖面上采空区形态，如图 11-11 和图 11-12 所示，便于从空间形态上更直观地了解这种地表开裂及岩层移动的发展规律。

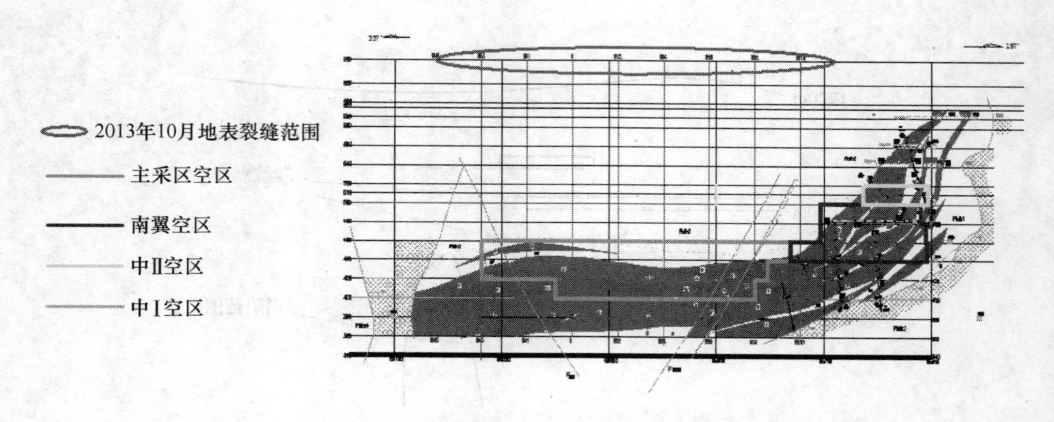

图 11-11 大红山铁矿 A37W 横剖面切割空区剖面图

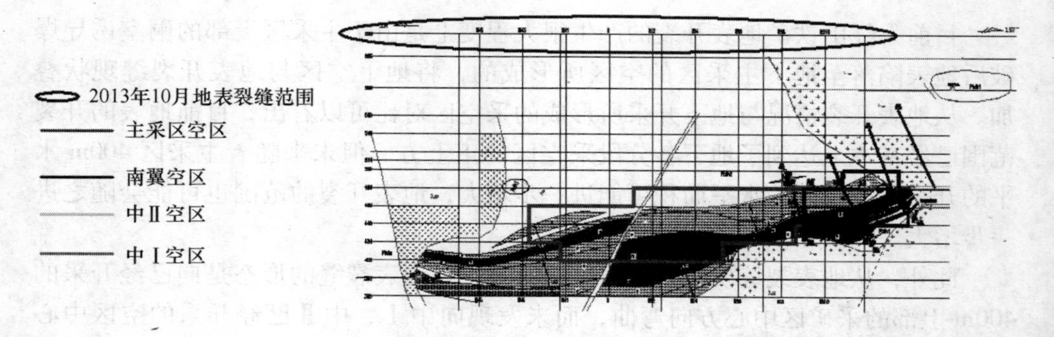

图 11-12 A37′横剖面切割空区剖面图

综合分析对比各分段地下空区分布及地表开裂状况，研究地下开采造成地表塌陷开裂的规律。从图 11-13 和图 11-14 的纵剖面及地表裂缝变化中可以看出，从地表首次出现裂缝至 2013 年底的观测情况中，地表裂缝一直在扩大。根据采空区的剖面及地表最近的数据记录，推导出地下主采区空区影响到地表出现裂缝该区域的角度，其上盘裂缝角度为 76°，下盘裂缝角度为 80°。总结规律，发现各纵剖面中地下空区至裂缝的角度都在 76°以上，并且可以看出，随着主采区开采沿着纵向西南发展的趋势，其地下采空区的发展也逐渐向西南发展，地表裂缝也明显向西南方向移动。

对图 11-14 A38′剖面及地表裂缝变化进行分析，统计地表首次出现裂缝至 2013 年底的监测记录，这 3 年多的时间里，其上下盘的最终裂缝角度在 80°左右，其他各纵剖面中地下空区至裂缝的角度也都在 80°以上且地表裂缝的发展较为缓慢，未出现突然下陷的情况。

为解除采空区地压隐患，大红山铁矿在主采空区上部进行了强制落顶爆破。爆破后，地表出现了下沉及开裂。为掌握地表开裂及下沉规律，于 2011 年地表

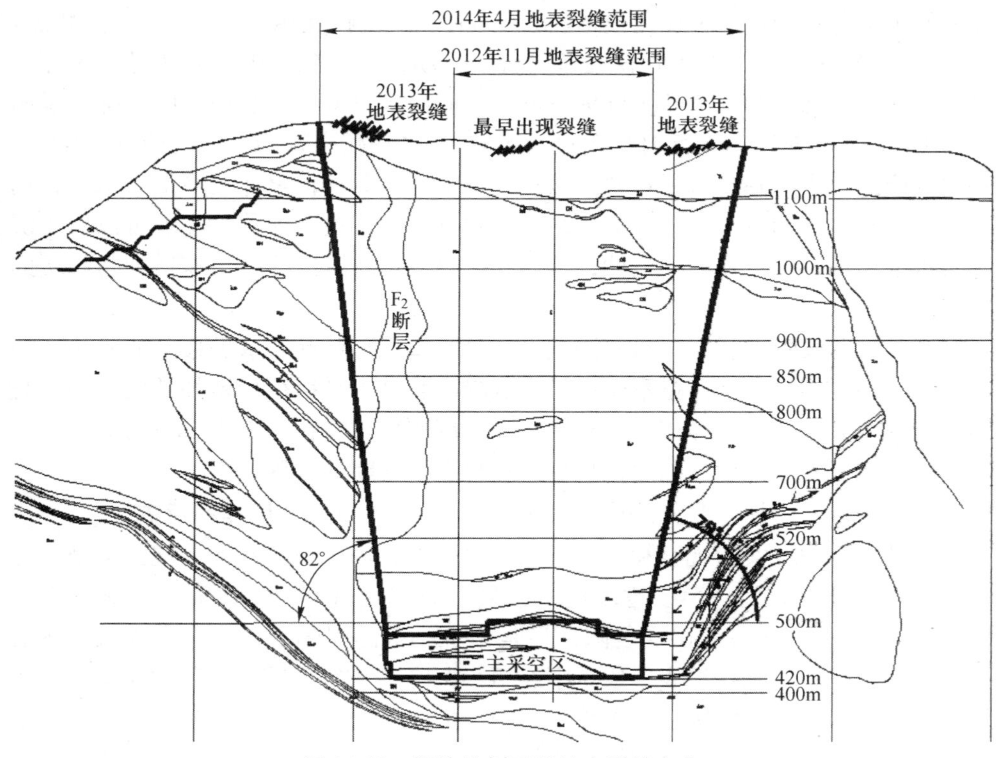

图 11-13 塌陷坑剖面及地表裂缝变化

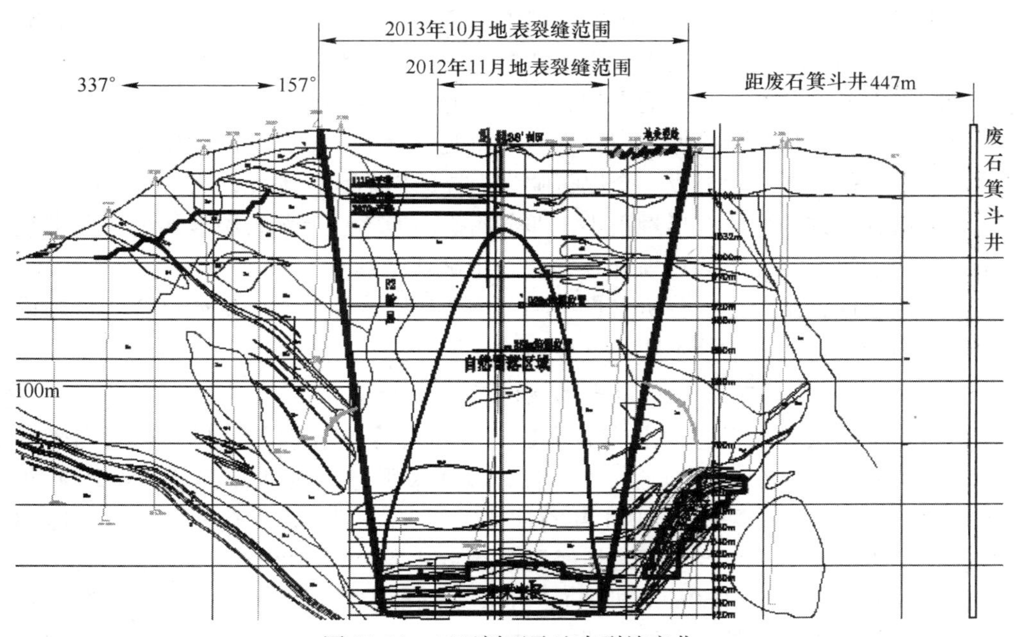

图 11-14 A38′剖面及地表裂缝变化

建成两个沉降观测点，平面测量精度为1mm，高程测量精度为2mm。地表测点1于2011年8月首次观测到地表沉降与水平移动，截止到2013年12月，累计沉降量与水平移动量为1779mm与948mm。期间出现过两次突然加大的沉降，说明在2012年1月和2012年5月出现过两次较大规模的沉降。测点2于2012年6月首次观测到地表沉降与水平移动，截止到2013年12月，累计沉降量与水平移动量为823mm与311mm，在2012年9月出现过一次规模较大的沉降。可以看出沉降与水平移动具有较强的一致性，整体变化趋势具有阶段性的快速增加与趋缓的特点。

由观测曲线特性看出，目前测点1和测点2，两测点的水平移动非常小，在过去一年多时间里几乎保持不变；只有沉降一直处于平稳缓慢增加的状态中，且增加的速率大致相等，即测点1和测点2下沉速率相等，约为25mm/月。

结论之三：在开始塌陷后，顶板岩石存在不间断的冒落过程。

11.10.2.4 地下开采引起地表破坏塌陷规律（三带规律的存在）

总结以上现场实际观测和监测结果可以看出，该矿山的井下采空区上部岩体经历了逐步开裂后的冒落，逐步向上发展（逐步由850m向920m、1060m等扩展），并表现到地表首先出现裂隙而后是出现小范围塌陷，再逐步向空区为中心的外围发展，即首先在地表形成一个经历小沉降、开裂、下沉过程的塌陷区，该地表塌陷区域与井下空区总体上先形成一个倒漏斗形塌陷，再逐步扩张形成正漏斗形的塌陷区，并逐步以开裂缝为先导而扩大成区域性的塌陷区。

由上分析可以知道，大红山铁矿崩落法开采后很明显地存在了崩落带和裂隙带，从岩体的破坏机理及过程分析，裂隙带的存在必然由沉降引起，但允许沉降多少就可以形成开裂则与各受力物有关，受力物柔性愈好，连续变形量大，则其沉降带就愈大；相反，脆性物体允许的弯曲变形就小。金属矿山的破坏性能属于脆性变形，由于在地表形成一个以裂隙为引导的塌陷区，因此，大红山铁矿崩落法开采后其允许的弯曲变形量很小，即金属矿山崩落法上部岩层破坏的弯曲带较小。总体上其岩层变形的过程仍具有“三带破坏”特征。

结论之四：结合之前分析（图11-1），矿山开采后的顶板变形符合三带理论发展，但变形弯曲带可能不明显（硬岩）。

11.10.2.5 地下开采对地表影响滞后性分析

由于崩落法开采引起的围岩崩落是一个复杂的空间-时间问题，矿石回采后顶板冒落到地表具有一定的延时性。各分段回采服务年限见表11-3。从2006年年底开始进行地下回采，到2011年首次观测到地表裂缝，在这四年左右的时间里，该矿山的井下采空区上部岩体经历了逐步开裂后的冒落，逐步向上发展（逐步由850m向920m、1060m等扩展），并表现到地表首先是出现小范围塌陷，再逐步向空区为中心的外围发展，即首先在地表形成一个小的塌陷区，该地表塌陷区域与井下空区总体上先形成一个倒喇叭形塌陷，统计 2011 年 8 月地表首次出现裂缝至 2013 年底的检测记录，这 2 年多的时间里，其发育的裂缝角度在 80°左右（侧翼），其他各纵剖面中地下空区至裂缝边界的角度也都在 80°以上，且地表裂缝的发展较为缓慢，未出现突然下陷的情况。可得出大红山铁矿地下开采形成采空区后，大约需要 5 年（按照 420m 空区边界时间应该达到 4~5 年——由于期间 400m 水平继续出矿而形成空间）发展到地表。按照 400m 坑采崩落线圈定崩落范围时，基本对露天开采不形成影响，但按照 70°移动角圈定范围时，边坡将会受到威胁破坏。开采到 400m 时按照可采崩落线范围将到达露天开采的边界位置，但实际目前尚有 180m 的距离，从地表开始塌陷的倒漏斗形发育到正漏斗形的塌陷，并裂缝扩张至地表的角度 76°大约经历了 3 年时间（2012~2014 年底），可以推断为实际滞后了 3 年左右时间——尤其是 F_2 断层作为露天与地下采矿的天然界面，存在一定的隔断作用。从开始进行地下回采到地表裂缝扩张至地表 76°大约经历了 8 年时间。

表 11-3 各分段回采服务年限

年 份	2006	2007	2008	2009	2010	2011	2012 至今	备 注
480m 分段	—	—	—					
460m 分段			—	—				
440m 分段				—	—			“—”表示正在回采
420m 分段					—	—		
400m 分段						—	—	

结论之五：本矿开采后按照地表的角度 76°移动带分析，需要 3 年左右的滞后时间才能发育完成。

11.10.2.6 小结

（1）从地表裂缝发育的过程可以看出，该地表裂缝的形态是向已经开采的 400m 上部的采矿区中心方向弯曲，而未发现向中Ⅰ、中Ⅱ已经开采的空区中心弯曲的裂缝，由此可以推测：当前现场地表破坏主要是由主采空区引起的，不是由于中Ⅰ采区、中Ⅱ采区的采空区引起，即目前已经开采多年的中Ⅰ、中Ⅱ采矿区尚未影响到地表。

（2）从地表首次出现裂缝至 2014 年初的观测中，地表裂缝一直在扩大。根据采空区的剖面及地表最近的数据记录，推导出地下主采区空区影响到地表出现裂缝该区域的角度，其上盘裂缝角度为 76°，下盘裂缝角度为 80°。

（3）综合井下各监测数据（钻孔应力计、1090m 平巷围岩变形监测、微震监测）分析，目前主采区上部空区已不同程度上被密实，岩层冒落事件趋于消失，位移趋于稳定，预测未来岩层将继续缓慢下沉压实，但发生冲击地压、不可控大规模崩落、垮塌等地压灾害的概率很低。

（4）综合地表沉降监测（早期两个测点及新建监测网数据）、开裂现状及井下开采分析，未来塌陷坑地表仍将保持一个缓慢下沉的趋势，且该趋势较为稳定。

（5）目前井下主采区已下降至400m水平，随着未来400m水平及二期大参数崩落法开采主要向西南方向发展，地表裂缝及塌陷范围也将主要向西南方向发展。

（6）井下采空区上部岩体经历了逐步开裂后的冒落，逐步向上发展（逐步由850m向920m、1060m等扩展），并表现到地表首先出现裂隙而后是出现小范围塌陷，再逐步向空区为中心的外围发展，即首先在地表形成一个经历小沉降、开裂、下沉过程的塌陷区，该地表塌陷区域与井下空区总体上先形成一个倒漏斗形塌陷，再逐步扩张形成正漏斗形的塌陷区，并逐步在开裂缝为先导而扩大成区域性的塌陷区。

（7）大红山铁矿地下开采成采空区后，大约需要5年（按照420m空区边界时间应该达到4~5年——由于期间400m水平继续出矿而形成空间）发展到地表；而从地表开始塌陷的倒漏斗发育到正漏斗的塌陷，并裂缝扩张至地表的角度76°大约经历了3年时间（2011年8月~2014年底）。而从开始进行地下回采到地表裂缝扩张至地表76°大约经历了8年时间。

（8）下覆采空区的存在对露天边坡的安全稳定产生了影响，露天边坡与下覆采空区的水平和垂直距离不同所受的影响也不同。当一期矿体开采时，在地下采场与露天采场之间的F_2断层可以起到割断作用，在一定程度上影响地采的裂隙发展，减缓对边坡的影响。

参考文献

[1] 北京科技大学，上海梅山冶金公司铁矿．梅山铁矿深部地压显现趋势及控制（专题研究报告文集）[R]．1995.

[2] 江苏冶金地质勘探总队第一地质勘探队．江苏省南京市梅山铁矿床地质勘探总结报告书[R]．1964.

[3] 梅山铁矿，马鞍山矿山研究院．梅山铁矿顶板处理鉴定资料[R]．1980.

[4] 梅山铁矿，马鞍山矿山研究院．梅山铁矿顶板观测方法鉴定资料[R]．1980.

[5] 南斗魁．梅山铁矿顶板岩石冒落规律[C]//冶金部马鞍山矿山研究院首届学术会议论文摘要汇编，1982.

[6] 南斗魁．小官庄铁矿地表沉降与井下开采的关系[R]．1994.

[7] 郭玉．对梅山铁矿安山岩顶板冒落规律的初步认识[R]．

[8] 郭玉．向山硫铁矿采矿工作面涌泥预测预报的初步实践［J］．劳动保护科学技术，1989（5）．

[9] 刘峰．梅山铁矿井下巷道泥石流的形成机制及防止对策的探讨［R］．

[10] 上海梅山集团（南京）矿业有限公司，等．梅山铁矿无底柱分段崩落法加大结构参数的研究鉴定资料［R］．1999.

[11] 鲁中冶金矿山公司小官庄铁矿西区采矿技术攻关鉴定资料［R］．1990.

[12] 王艳辉，宋卫东，蔡嗣经．地下金属矿山崩落采矿法岩层移动规律分析［J］．金属矿山，2002（3）．

[13] 袁义．地下金属矿山岩层移动角与移动范围的确定方法研究［D］．长沙：中南大学，2008.

[14] 陈清运，杨从兵，王水平，等．金山店铁矿东区崩落法开采岩层移动变形规律研究［J］．金属矿山，2010（7）．

[15] 赵康，赵奎．金属矿山开采过程上覆岩层应力与变形特征［J］．矿冶工程，2014（4）．

12 低贫化放矿技术

无底柱分段崩落采矿法自20世纪70年代由国外引进以来，因具有机械化程度高、生产强度大，开采成本低等突出优点，其采出的矿石量已占到黑色冶金地下矿山采出总量的82%左右，并且该采矿方法在化工、有色及其他行业矿山也得到了较普遍应用，为我国的地下矿山的技术进步起到了积极的推动作用。与空场法和充填法相比，该采矿方法却存在废石混入面大、混入概率大、矿石贫化率高（20%左右及以上）的缺陷，而贫化率高的结果造成矿山企业一级产品（采出原矿）质量下降，二级产品（精矿）处理费用增加（表12-1），严重削弱了其产品的市场竞争能力。

表12-1　全国相关地下矿山（无底柱）主要指标（2011年1月）

矿山名称	贫化率/%	回收率/%	采矿成本/元 · t^{-1}
符山	26.19	77.40	31.36
玉石洼	19.79	83.13	54.12
西直门	20.82	79.20	42.55
弓长岭	18.23	8.10	73.99
小官庄	32.24	81.39	76.98
张家洼	32.24	81.39	71.72
桃冲	15.74	84.49	47.93
金山店	25.21	77.21	60.82
程潮	30.76	89.91	75.43
镜铁山	—	73.12	48.51
漓渚	19.72	70.97	47.00

12.1 概述

12.1.1 低贫化放矿工艺的引出

无底柱分段崩落采矿法在具有很多优点的同时也存在着矿石损失、贫化大的缺点，根据资料显示（表12-1），该方法的矿石损失率一般为20%～30%，甚至有的矿山高达50%～60%，贫化率一般为20%～30%，这样一个指标与空场法、充填法比较起来显然偏高。为此，冶金工业部在“七五”期间对该采矿法矿石的损失贫化进行了攻关，并取得了比较明显的效果，矿石损失贫化指标得到了有效控制。

为有效地控制矿石贫化，在此简要说明一个该方法矿石贫化产生的机理。

无底柱分段崩落法自被引进到我国之后，一直采用的是截止品位放矿方式，截止品位放矿工艺的特征是以每个步距为损失、贫化指标的考核单元，每崩落一个步距出矿初期能放出40%~50%的纯矿石，继后再放出的是掺有废石的矿石，而且随着放矿的进行，废石掺放量越来越多，直至认为废石掺入太多，采出来不经济为止，而此时的控制出矿指标是放矿截止品位。

从这样一个步距循环可以看出废石产生的过程大致如下（图12-1）：随着放矿的进行，矿岩接触线B逐渐下降，且该接触线由放矿之前的清晰线逐渐模糊（放矿过程中，矿岩相互穿插、相互混合，放出矿量越大，该混合程度也越大），且该接触线逐渐由“线”变成具有一定厚度的“带”，当该步距纯矿石放完时，该接触带正好下降到放矿口，此时，放出矿量占总崩落矿量的40%~50%，即当废石达放矿口时仍有大量的矿石（见图中A部分）残留在采场中，由于该矿工艺是以每个步距为矿石损失、贫化的考核单元，因此，必须对该残留矿石进行回收，在回收A部分的同时，则废石C同时被放出，而且接触带B的厚度愈加增大，B部分所占有的矿石比重也相应增加，最后造成既要回收A，又要回收B。所要付出的代价越来越大，直至认为掺入的废石量过大以至于再回收矿石认为不经济时为止，停止本步距的放矿。由此可以看出，由于该工艺是以步距这样小的单元对矿石损失、贫化进行考核、评价，寻求减少矿石损失的结果是多采出大量的废石，因此不可避免地造成矿石的大贫化，且作为几个分段中存在几个开采水平，每个开采水平又有数量相当多的步距，每个步距的矿岩又形成了充分的混合，形成了整体上的矿岩充分混合，因此，矿石贫化大是该工艺不可避免的，其外，由于每个步距都放到截止品位才停止放矿，降低了其脊部纯矿石的残留高度，以致在下分层放矿时的纯矿石量得不到提高（仍只能维持在40%~50%）。

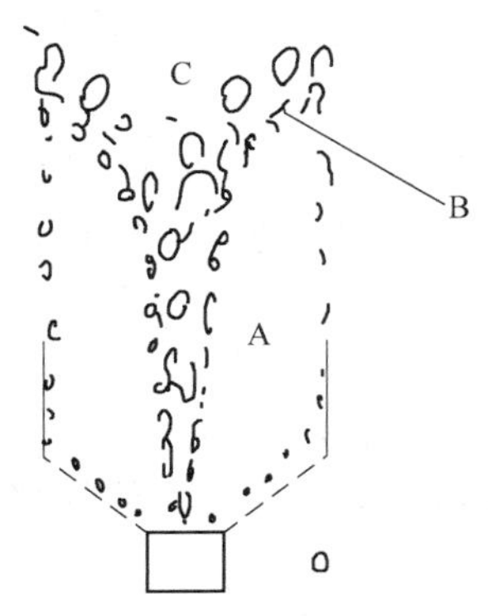

图12-1 崩落法放矿废石的混入

针对上述工艺本身造成的贫化大缺点，在充分考虑贫化的产生过程后，冶金工业部降低损失贫化研究组（该研究组由马鞍山矿山研究院、东北大学、北京科技大学、青岛矿山大学等组成）在实验室针对弓长岭铁矿、梅山铁矿具体条件进行了相关放矿模拟试验。试验表明，在打破以步距为考核单元的基础上，采用多种组合放矿方案，其效果都不同程度地优于截止品位放矿方案，因此，研究组于

1987年首次提出了低（无）贫化放矿工艺，并在弓长岭铁矿等矿山开展了工业试验，经近些年来的探索，逐步形成了低贫化放矿体系，该体系的形成是对现有采矿工艺的一个补充与完善。

12.1.2 截止品位与截止品位放矿

截止品位是每个步距停止放矿时当次放出矿石品位；现行无底柱放矿方式以步距为单元，要求每个步距内的矿石都必须被充分地回收，在步距内以最大赢利法所决定的截止品位而停止放矿的一种放矿方式称为截止品位放矿。

12.1.2.1 截止品位放矿分析

（1）无底柱分段崩落采矿法由于其崩落的矿石在崩落时，其上、左、右、正面都被覆盖岩石所包围，在放矿过程中，随着矿石的被放出必然同时也将其周边的岩石放出，在进入贫化阶段放矿时，随着放矿的进行，铲斗内的矿石量会逐渐减少，周边进入的岩石会逐渐增加，每铲斗内的矿石品位会逐步降低，这是形成该方法贫化的主要方面。

（2）现行截止品位放矿的着眼点为单个步距，把每个步距视为最后一次的矿石回收，所以按边际收支平衡原则确定放矿界限（截止品位），按此边界品位放矿可以将有回收价值的都要求回收出来，此必然造成每个放矿步距单元内的矿岩进行充分的混合；然而，在矿体厚度适当时，崩落法回收矿石具有“上丢下捡”特点。在这种条件时，根据一个步距的矿石回收情况确定截止放矿条件在矿石总体回收指标上可能不一定是最佳效果。

（3）截止品位放矿就一个步距而言，矿石损失与矿石贫化的两者之间存在着此起彼伏的关系，而放眼考察多分段放矿时，分段的矿石贫化率大，矿石总体回采率不一定大；相反，分段的矿石贫化率小，其总体的矿石回收率不一定就小；分段矿石贫化率主要取决于截止品位，当截止品位不变时，各分段矿石贫化率变化范围不大，基本稳定。这已被试验室放矿模拟及一些矿山的生产实践所证明。表12-2为桃冲铁矿的几种放矿方式结果对比。

表12-2 放矿模拟试验指标 （%）

放矿方式	截止品位放矿		逐步降低贫化放矿		无贫化放矿	
	贫化率	回收率	贫化率	回收率	贫化率	回收率
第一层	20.5	84.68	16.46	80.19	4.87	56.21
第二层	20.3	82.83	13.68	80.97	4.9	57.99
第三层	16.6	88.55	11.68	90.87	4.01	94.9
第四层	17.2	84.98	15.95	102.73	14.7	147.3
合　计	18.5	87.6	13.8	88.7	8.99	89.1

从表 12-2 可以看出，在几种放矿方式中，在矿石回收率大体相当的情况下，截止品位方式所得到的贫化率最大。也就是说，无底柱采矿法所采用的截止品位放矿方式是最差的方式。表 12-3 为矿山实际使用效果也证明其效果比较差。

表 12-3 桃冲铁矿低贫化现场应用（试验前后对比）**指标**

放矿方式	截止品位放矿（1996 年度）	低贫化放矿（1999 年度）
回收率/%	80.32	81.40
贫化率/%	23.83	11.27

总之，无底柱分段崩落法矿石贫化大是由于以崩矿步距为考核矿石回收指标和经济效益的单元而采用的截止品位放矿方式造成的，其特点是截止放矿的当次品位越低，每个步距放矿中混入的岩石量就越大，总体的矿岩混合程度越高。

12.1.2.2 截止品位放矿存在的问题

截止品位放矿存在的问题主要有：

（1）截止品位放矿的考核单元。截止品位放矿的形成基础是以单个步距为其考核单元，要求其放矿是在每个步距内都要取得最好的放矿效果，但每个步距取得最好效果后其总效果却不是最好，其造成的结果是使得采场内的矿岩进行了充分混合，没有很好地利用无底柱分段崩落法的“上丢下捡”的特点，致使其在放矿过程中从上到下的各个分层的矿石贫化率都比较大。

由前面的介绍可知，任何一种不以步距为考核单元而实施的大区域组合放矿效果都要比截止品位放矿要好，由此可见，当利用组合放矿模式时可以减少上部分层放矿过程中的废石混入，同时在下部也可以将暂时残留在采场内的矿石得以回收（甚至部分可以以纯矿石的方式被回收——最起码增加了纯矿石的出矿量）。

（2）该工艺放矿过程中矿岩的混入程度大。由于截止品位放矿采用的是小单元考核，要求在小的考核单元内取得最好的放矿结果，其结果是要求在小的步距内充分回收所爆落下的矿石，这种结果使得每个步距在出矿过程中的矿岩石得以充分的混合，从而必然致使其总体的矿岩充分混合（见前所述）。

（3）废石混入量大是截止品位放矿方式本身所具有的特征。通过上面的分析可知，由于该放矿工艺本身的特点及要求，造成总体上的矿岩混合严重，其贫化率高是其必然的结果。

（4）截止品位放矿时的当次品位难以控制。截止品位放矿是以每个放矿步距单元内的矿石被充分回收为核心，因此要求在放矿过程中必须随时掌握采场的品位变化，以此来指导采场的出矿，但由于目前国内尚未有一种高效、及时并能适合井下特殊条件的品位分析仪表能满足该要求，因此造成矿山在生产控制时无法进行有效的相关控制。

综上所述，由于截止品位放矿本身的工艺特点要求，其放矿过程中的矿岩混合程度高，总体矿石贫化率大，且在采场生产时受到检测仪表的限制而较难控制。

12.2 无贫化放矿工艺

12.2.1 无贫化放矿工艺

低贫化放矿工艺是在无贫化放矿工艺的基础上发展而来，1988 年由马鞍山矿山研究院等四个单位组成的降低损失贫化研究组在研究降低截止品位放矿时矿石贫化大的过程中，首先提出的是无贫化放矿概念，所谓无贫化放矿即是在上部分层各个步距的放矿过程中，要求其见到废石就停止放矿的一种工艺，该工艺是以上部分层每个步距放矿的矿石贫化率为零（或接近于零）为标志，在放矿过程中残留大量的矿石在采场内，直到最后一个分层再进行回收。其代表性的现场试验是鞍钢弓长岭铁矿西区及酒钢桦树沟 2 号矿体无贫化工业试验。

12.2.2 无贫化放矿存在的问题

应该说无贫化放矿工艺具有很高的理论价值，可以在很大程度上指导矿山的生产组织，但由于该工艺的本身要求，给矿山在生产组织时带来了很大的实践难度，其在实施过程中要求：

（1）矿山在应用的初期必须有较大的三级矿量储备，从而使矿山在应用该工艺之前必须进行大量的资金投入，严重地限制了该工艺的推广应用。

（2）由于其要求矿山在应用的初期有较大的三级矿量储备，矿山可能因资金的限制而不能在全矿全面推广应用，最后可能使矿山在应用中只进行矿块性的应用试验，这又使矿山在应用过程中存在着两种管理方式、两套管理系统，这两种应用方式的存在使矿山在具体操作过程中很难保持平衡，其考核指标的不平衡及不合理最终又反过来影响其试验的成功，致使该采矿工艺在矿山难以得到推广应用。

12.2.3 无贫化与低贫化放矿的区别

无贫化与低贫化放矿的区别包括：

（1）低贫化放矿改变了无贫化放矿在上部分层出矿时见到废石就停的要求，其在见到废石时允许再放出适量矿石。

（2）低贫化放矿工艺在实际应用中可以形成多种变形方案，以适应不同矿山条件，即使用的区间大。

低贫化放矿工艺在生产应用中可以依据矿山的具体实际情况而采取不同的“贫化率降低程度”应用方案；当矿山资金允许时可以采用大幅度降低贫化而提高采出品位的应用方案，当矿山资金比较紧张则可以采取适当降低贫化而稳步提高采出品位的实施方案，以避免矿山在应用初期需要投入大量的资金进行三级矿量储备。各放矿方式使用区间形象图如图 12-2 所示。

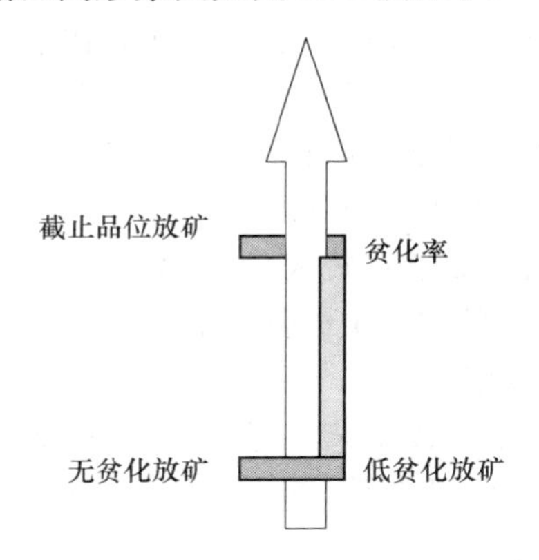

图 12-2 各放矿方式使用区间形象图

（3）基于低贫化放矿工艺便于矿山区域性地推广应用，避免了由于局部应用造成矿山管理上（包括采场控制、矿山考核制度等）的复杂性。

12.3 低贫化放矿工艺

12.3.1 低贫化放矿

无底柱分段崩落法采场低贫化放矿工艺出矿时，以数个分层作为矿石回收的考核单元，在上部各分层放矿过程中，每个步距放出纯矿石后基本上不再放矿，将该部分矿石残留在采场内及时进行下一步距放矿，如此进行几个分层后，在最下一个分层采取截止品位放矿，将上部残留矿石一次性回收的一种工艺。在具体实施时有多种变形方案，其变形在于上部各分层的步距放矿放出纯矿石后可以再放一部分矿石，但其停止放矿品位应超前目前使用的放矿截止品位。

低贫化放矿各个步距所爆落的矿石不被完全采出而进行适当残留，该残留的目的是减少每个步距出矿时矿岩石的混合程度，从而获得较高品位的采出矿石，当每个步距均按此方式进行出矿时，可以使整个上部分层的矿岩混合程度降低，并获得数量很大的高品位矿石。到最后一个分层出矿时，虽然按照截止品位方式进行该分层出矿，该分层的贫化率不是很低，但该分层所放出的岩石量毕竟有限（与各分层均以截止品位放矿相比）。因此，从整体上来讲，这种方法所获得的矿石回收指标比截止品位放矿方式要好。

12.3.2 低贫化放矿与截止品位放矿的区别

低贫化放矿与截止品位放矿的主要区别在于：

（1）打破了截止品位放矿时以步距为考核矿石损失贫化的单元，以几个分层统筹考虑，充分发挥了无底柱“上丢下捡”的特点。

（2）有意识、有计划地在上分层残留部分矿石在采场内作为“隔离层”。

（3）减弱矿石、岩石的混合程度，减少矿石混合层厚度，减少矿岩混合量。

（4）减少矿岩混合的结果是可以在下分层放矿时增加纯矿石的放出量，使上部残留矿石在下部以纯矿石形式被放出。

（5）在矿山管理方面避免了花费大量人力、物力去研究、控制放矿截止品位，该工艺在上部分层步距的放矿中给管理留有了一定的空间，可以采用放出量单量进行管理，简化了采场管理。

（6）在最终采出指标上，该工艺在保持回收率基本相当的情况下，大幅度地降低了矿石贫化率，提高了产品质量，减少了无效费用，提高了矿山经营效果。

12.3.3 低贫化放矿工艺在生产应用中的可能方案

从理论上讲，无贫化放矿方式的放矿指标最优，而任何低贫化放矿方案的放矿指标都比截止品位放矿要好，但在矿山具体实施低贫化放矿工艺时其应用方式选择则取决于各自矿山的具体应用条件，具体低贫化放矿应用方式取决于矿体开采技术条件、矿山目前三级矿量储备及应用期间三级矿量的动态平衡状况、近期增加投入生产费用的承受能力、矿山生产管理方法的复杂程度、矿井运输、提升能力以及给矿山带来的经济效益评估等因素。综合矿山情况，低贫化在矿山实施时可能应用的方案大致有：

（1）当矿山的三级矿量余量很多且能在近几年内确保矿山三级矿量动态平衡（具有充足的资金保障）时，矿山应优先考虑采用全矿全面应用（避免两种放矿工艺并存，简化矿山管理）的低贫化放矿工艺，该工艺在可能使用的区域可以为矿山带来很大的经济效益。

（2）当矿山三级矿量余量不是很多（且矿山资金不是很充足）时，矿山可以根据其情况采用逐步降低贫化率的低贫化放矿应用方案，其降低幅度的大小各矿山可以经分析以后灵活确定，但在应用中必须注意三级矿量的动态平衡，由于该工艺在应用中随着所开采的分层不同其需要降低的贫化率值不同，其在采场内残留的矿石量也就不同，因此，其各年度所消耗的三级矿量也不相同。

（3）当矿山的提升、运输能力有一定的余地时，可以采用采出原矿量不变的低贫化放矿方式，原矿量不变但其所采出的金属量得到了提高。

（4）当矿山的提升、运输能力较为紧张时，可以采用采出金属量不变的低贫化放矿方式，减少每年的提升、运输矿石量，以达到提高矿山经济效益的目的。

（5）根据国内矿山低贫化应用的实践，采用逐步降低贫化率且在全矿全面应用的低贫化放矿方式比较适合目前我国矿山的现状。

12.3.4 低贫化放矿工艺在国内矿山应用前景

12.3.4.1 低贫化放矿工艺应用的必要性

低贫化放矿工艺由于其本身具有的优点，在应用过程中，在保持矿石回收率相当的基础上，使矿石贫化率得到大幅度的降低，降低矿石开采成本，提高采出矿石品位是矿山挖潜增效的有效途径，该工艺的推广应用必然为矿山企业创造极大的经济效益；同时，该放矿工艺的应用可以使无底柱分段崩落采矿法的开采指标得到很大的改善，对进一步扩大无底柱分段崩落法的应用范围具有积极的推动作用，有力地推动了该采矿方法的技术进步。

12.3.4.2 低贫化放矿工艺的实施的可能性

低贫化放矿工艺在实施过程中具有采场可控制性强、操作简单、在矿山应用初期对矿山三级矿量要求少等优点，在冶金矿山极易推广应用，其中：

（1）在采场管理方面，可以通过采出矿量的单量对采场进行管理。

（2）在全面推广的基础上，简化了矿山管理，避免了矿山在应用两种工艺时的矿山管理复杂化。

（3）低贫化放矿由于在矿山应用中具有很多的变形应用方案，可以依据各个矿山的具体条件而采取不同的降低贫化率的应用方式，当矿山的三级矿量余量较大时，矿山在应用降低贫化率方案时可以采用较大的贫化降低率。在应用该工艺时矿山可以依据自己的条件而灵活应用。

（4）在应用低贫化放矿工艺时，在取得较小贫化率的前提下，其矿石回收率可以基本保持不变（不以降低矿石回收率为代价）。

因此，该采矿工艺对矿山的应用条件要求简单（只要有两个及其以上的分层重叠的区域），具有极广泛的适用性。

12.3.4.3 低贫化放矿在国内的应用范围

低贫化放矿工艺的适用条件是所有适合无底柱分段崩落法开采的矿体，在现场放矿过程中具有两个以上的分层重叠。

前面已经说明，在国内冶金地下矿山有80%以上的矿石是以无底柱分段崩落法开采出来的，另外，在有色、化工、非金属等矿山也有不少应用；就冶金矿山而言，大部分矿山是应用该采矿方法进行开采的，具体其在矿体应用条件方面：

（1）所有已经适合无底柱分段崩落法开采的矿山。

（2）以前一些因为无底柱采矿法贫化率高而不能应用的矿山（贵重金属矿山），可以改用低贫化放矿工艺的无底柱分段崩落法，从而降低矿石开采成本，扩大生产规模，提高矿山经济效益。

（3）当矿山的三级矿量储备不是很充足的情况下，矿山可以经过方案比较而采用适当降低贫化率的低贫化放矿工艺，以减缓矿山的经济困难，挖掘矿山的生产潜力。

由上可知，该采矿应用工艺在矿山具有极其广泛的应用前景，可以在很多类似矿山进行推广应用。

12.3.5 低贫化放矿工艺在生产应用中应注意的几个问题

矿山在开展低贫化放矿试验及工业应用时应注意以下几个问题：

（1）开展矿山开采技术条件及生产现状调查，进行相关资料的收集。

（2）进行相关放矿模拟试验。

（3）开展适合本矿山情况的可能实施方案优化研究，确定各年度降低贫化率的幅度，并进行相关经济效益分析。

（4）编制各年度三级矿量动态平衡表，掌握各年度三级矿量动态变化情况。

（5）进行采场内矿岩移动规律标定研究，制订采场放矿控制模式。

（6）改进并完善凿岩爆破工艺。

（7）制订相关的采场管理及考核办法，调整相应的采场考核指标。

（8）进行低贫化放矿工艺预运作，完善相关制度。

（9）确定适合低贫化放矿工艺的使用范围。

12.4 国内低（无）贫化放矿工艺应用状况

无贫化放矿工艺是在1988年由冶金工业部降低损失贫化及其测试技术研究组首次提出，其后，各有关院校为此曾进行了大量的实验室试验研究工作。

在现场应用方面，无贫化放矿工艺首先是在鞍钢弓长岭铁矿井下矿西区四区间进行了矿块试验；此后，于1993~1996年在酒泉钢铁公司镜铁山铁矿二采区进行了矿块试验；该两个矿山均采用了无贫化放矿方式，即在生产控制时均采用见到废石就停止出矿的应用方式，并进行的是矿块试验。从试验结果来看均取得了较好的试验指标。

由于无贫化放矿工艺的特点所限定，在矿山生产应用该工艺时要求见到废石就停，其结果是在采场内残留了大量的已崩落矿石，致使矿山在应用该工艺时必须具备较多的三级矿量储备，给矿山在应用初期带来了较大困难（因此而使该两个矿山未能在全矿进行全面推广应用）；针对此种情况，1996~1999年，马钢桃冲铁矿与马鞍山矿山研究院合作，在进行方案比较的基础上，在国内首次试验并工业性地全矿全面应用了逐步降低贫化率（平均每年降低3%~5%）的低贫化放矿方式，其主要试验指标见表12-4。

表 12-4 桃冲铁矿低贫化放矿主要指标 (%)

项目	地质品位	采出品位	贫化率	回收率	备注
试验前	42.34	32.25	22.87	80.32	
1997 年	41.74	33.12	20.65	78.43	
1998 年	42.32	35.71	15.62	78.69	
1999 年	41.09	36.46	11.27	81.40	第三分层

从国内几个应用低（无）贫化放矿工艺的矿山使用结果来看，低贫化放矿工艺无疑是矿山降低矿石贫化率的有效途径，随着该放矿方式的逐步改进，从初期提出的无贫化放矿到目前应用较好的低贫化放矿工艺，逐步从理论走向了实践，并成功地解决了长期困扰矿山贫化率大的难题。低贫化放矿工艺的形成与应用研究成功，是该类采矿方法降低矿石贫化的有效途径。

12.5 应用实例

12.5.1 应用基本情况

桃冲铁矿为满足马钢公司对矿石量的要求，同时也为降低生产成本，提高经济效益，决定在桃冲铁矿进行低贫化放矿的试验研究。

经过两年多左右试验研究，得出的结论是：矿石贫化大主要是由于截止品位放矿方式造成的。

生产单位施行低贫化放矿，由于上面两个分段的矿石回采率略有下降，加快了初期的年下降速度，消耗了部分三级矿量，故一步到位的实施低贫化放矿存在一定的困难，因此需要经过多种使用方案对比，如逐渐提高原矿品位与逐渐增大低贫化放矿的矿石量；利用低贫化放矿原理，确定新的截止品位控制方法；且使该方法具有较好的现实性和可控性，满足了低贫化放矿原理的要求，是提高经济效益的有效途径，应加以推广应用。

为此，矿山首先开展相关的实验室试验，在 10m×10m 结构参数下，不同放矿步距的低贫化与截止品位放矿各项指标对比，试验结果见表 12-5。

表 12-5 低贫化与截止品位放矿指标对比

放矿层	截止品位放矿						低贫化放矿					
	放出矿量/kg		放出岩量/kg		体积贫化率/%		放出矿量/kg		放出岩量/kg		体积贫化率/%	
	本层	累计	本层	累计	本层	累计	本层	累计	本层	累计	本层	累计
第二层	146.12	295.5	20.3	42.9	20.3	20.4	142.86	284.31	13.59	30.32	13.68	15.1
第三层	156.2	451.7	19.41	62.31	16.6	19.1	160.3	444.6	12.71	43.03	11.68	13.89
第四层	149.75	601.45	23.08	85.39	17.2	18.5	181.22	625.83	20.18	63.21	15.95	13.8

试验结果表明，低贫化放矿时总矿石回收率（88.7%）与截止品位放矿时总矿石回收率（87.6%）差别不大，但贫化率降低幅度很大。就各分层而言，低贫化放矿时第一、二分层矿石回收率较截止品位要低，待放到第三分层低贫化放矿的矿石回收率开始超出截止品位放矿。

12.5.2 低贫化放矿工艺现场实施的可能性

现场实施低贫化放矿工艺比较理想的前提有以下几点：

（1）矿体倾角大（一般大于60°）、重叠分层多。

（2）矿体厚度大，整体性好，内部夹层少。

（3）试验应用初期，矿山应具有一定的采准、切割余量。

而从桃冲矿矿体开采条件来看，矿体倾角达到了80°且矿体厚度较大（平均为50m左右）。矿体内基本无废石夹层：同时从桃冲铁矿1997年初的三级矿量统计：

（1）开拓已形成四、五中段矿量54.8万吨，保有期10.3年。

（2）采准已形成四、五中段矿量92.4万吨，保有期23.1个月。

（3）备采已形成四中段矿量52.6万吨，保有期13.1个月。

由统计结果可以看出，桃冲铁矿的三级矿量保有期具有足够的余量（注：近年的三级矿量提前消耗并不是单纯的消耗，近年消耗快一点，后几年消耗则慢，这也为后几年保有矿量创造了途径）。

另外，由前面叙述可见，该工艺的放矿管理相对于截止品位放矿更加容易。

因此，本矿试验应用低贫化放矿工艺的各方面条件都较为理想，完全具备有可能性。

12.5.3 桃冲铁矿实施低贫化放矿工艺方案选择

为了能寻求适用桃冲铁矿的低贫化放矿方案，试图既能使矿山取得较好的经济效益，又不致使矿山在近期内受到较大的压力，共考虑了五种可能实施的方案进行了比较，五种方案简述如下：

方案1：矿山年产50万吨不变，试验五条标准进路低贫化放矿。

方案2：矿山年产50万吨不变，试验五条标准进路低贫化放矿，其余进路放矿贫化率由22.87%降到19.87%。

方案3：全矿年产金属不变，试验五条标准进路低贫化放矿。

方案4：矿山年产50万吨不变，全矿进路放矿贫化率由22.87%降到18.87%。

方案5：矿山年产50万吨不变，全矿进路放矿贫化率由22.87%降到12.87%。

技术经济比较主要内容：

（1）计算各方案金矿全年比截止品位放矿少采出废石量 R。

（2）少采出废石 R 后可节约的提运费 A，选矿加工费 B。

（3）产量 50 万吨/a 不变时可多采出的金属量，可获得效益值 C。

（4）少采出废石 R 后减少尾矿量所带走的金属量损失 D。

（5）残留矿石形成的利息损失 E。

（6）由于残留矿石后，在其他地方补充采矿后形成的备采矿量提前消耗利息损失 F。

（7）因爆破后残留矿石放不出增加的费用 G。

（8）各方案形成的效益 M：$M=A+B+C+D-E-F-G$。

各方案主要技术经济指标对比见表 12-6。各方案优缺点对比见表 12-7。

表 12-6　各方案主要技术经济指标对比

项　目	截止品位放矿	方案 1	方案 2	方案 3	方案 4	方案 5
年生产能力/万吨	50	50	50	50	50	50
采出矿品位/%	31.97	33	34.15	33.06	31.07	36.6
压矿量/万吨	—	4	5.38	4	2	7.5
需补充矿量/万吨	—	4	5.38	3	2	7.5
采矿车间当年增加费用/万元	—	7.2	9.7	5.4	3.6	13.5
第一年收益	—	134.6	428.00	127.4	423.4	1024

表 12-7　各方案优缺点对比

方案 1	方案 2	方案 3	方案 4	方案 5
（1）该方案所获经济效益不是最大； （2）需两套管理系统管理工作较复杂； （3）矿石量积压较多，初期压力较大； （4）采矿车间初期要超前投入 7.2 万元	（1）该方案所获效益较大； （2）需两套管理系统，管理工作较复杂； （3）积压矿量较多，初期压力较大； （4）采矿车间初期要超前投入 9.7 万元	（1）该方案所获效益最小； （2）两套生产管理办法管理工作较复杂； （3）初期积压矿量也较大	（1）所获效益较大； （2）只需一套管理系统，管理简单； （3）矿石量积压较少； （4）采矿车间需超前投入费用少	（1）所获效益最大； （2）积压矿多，矿山初期投入大，难以承受； （3）采矿车间超前投入最多； （4）管理较易

经上述在桃冲铁矿适用性及应用效果的评估、分析，建议矿山采用全矿全面

推广应用逐步降低贫化率的低贫化放矿工艺。

12.5.4 全面应用逐步降低贫化率的低贫化放矿工艺简介

该方案要求在使用过程中，除部分放顶区及夹层位置之外，在全矿全面试验并应用，并依据第一分层降低贫化率4%的约束，根据本矿矿岩移动规律，计算出与之相对应的不同步距时，第一分层控制出矿量值，由此控制采场出矿，第二、三分层出矿时分别按照每层降低4%贫化率的要求，依据计算出各分层不同步距的控制出矿量，控制放矿到第四分层（即本中段最后一个分层53m水平时）按照截止品位放矿方式，对上部残留矿石进行全面回收。依据低贫化放矿理论，该放矿方式除第一二分层存在有部分矿石积压外，尽管第三分层继续降低贫化率，但其采出矿量已超过正常无底柱截止品位放矿方式采出矿量。

12.5.5 桃冲矿业公司低贫化放矿工艺的应用与实践

12.5.5.1 采场开采技术条件和矿山开采现状

A 采场开采技术条件

桃冲铁矿床是规模为中型，产于黄龙岩和栖霞组灰岩之间的（中、高温热液交代的）矽卡岩型矿床。主要矿物为镜铁矿和穆磁铁矿，次为假象赤铁矿，少量菱铁矿。矿体地表延长380m，地质品位41%~43%，近矿围岩品位1%~20%，矿体厚度30~200m。在标高100m以上，矿体南倾，倾角较陡；在标高100m以下，矿体倒转为北倾，倾角较缓，一般为20°~30°。矿体北盘为栖霞灰岩（f=10~12），岩性致密；矿体南盘：东翼为栖霞灰岩和少量黄龙灰岩（f=4~8），基本稳定；西翼为石榴子石（f=14~18），节理较发育；矿体除南部交接带稳定性较差外，其他均较稳固（f=8~10）。

B 矿山开采现状

100m水平以上矿体已全部回采完，试验开始时主回采水平在93m水平以下（含部分93m水平）。阶段运输巷道和分层沿脉采准巷道均布置在北盘，采场参数10m×（10~12）m，崩矿步距1.5m、2.0m、3.0m。因矿体倒转向北，且为缓倾斜，自93m（含93m）水平以下，每分层均有较大量的放顶，该矿放顶以矿石放顶为主，另有少量岩石夹层及岩体包裹体，对低贫化放矿试验品位影响不大，但对综合回采率有较大影响。

12.5.5.2 工业试验方案确定

A 试验方案选择确定

为保证矿山生产能力，结合该矿现有三级保有矿量情况，并考虑试验的超前投入占用资金等综合因素，试验方案经选择采用逐分层降低矿石贫化率的低贫化放矿方式。

B 试验区域确定

试验开始时，整个采场的3/4放矿量分布在93m水平，且已接近北盘矿岩接触带；1/4放矿量在83m水平，处于矿体厚大、凸出的中部。因93m水平剩余矿量较小，试验选择在83m水平20号~28号穿脉（见图12-3的试1区）率先进行低贫化放矿控制，并随着开采工作面的拓展试验区逐渐向两翼推广；73m水平及其以下，全面推广低贫化控制。

北部有较大量的放顶区，放顶区放矿控制是以形成安全的覆岩为前提，未纳入低贫化试验中。

以83m水平为例，进行试验的矿块（以出矿溜井划分）顺序如图12-3所示。

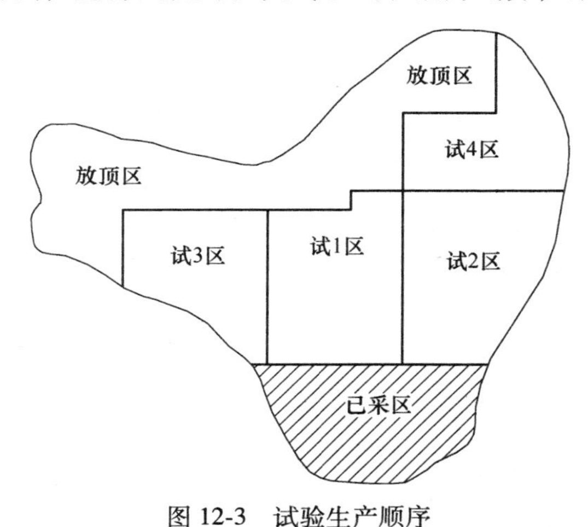

图12-3 试验生产顺序

12.5.5.3 低贫化放矿工业试验

A 试验概况

低贫化放矿试验前期工作始于1997年，在进行应用方案论证选择的基础上，经过四个月的定量取样，于1997年底完成采场矿石回采率-贫化率曲线标定工作，并同时进行了低贫化工业试验的预运作，于1998年1月正式实施低贫化工业试验。由于选择的是逐步降低贫化率的试验方式，采场放矿采用了组合的放矿工艺，要求阶段总体矿石回采率不变，但第一、二试验分层适当降低，第三、四分层适当提高的情况下，各分层及总体贫化率逐步降低。由试验统计结果可以看到，1996年试验前贫化率为23.83%，1997年预运作后贫化率为20.65%，1998年下降到15.62%，1999年下降到11.27%，2000年即在试验的第三分层已达到小于12%目标。

B 矿岩移动标定

1997年9~12月，试验组在93m、83m水平选择有代表性的5条进路，共计30个剖面爆破后定量放矿取样调查，经过对29组数据的统计分析，标定出该矿采场矿岩移动的特征曲线，即回采率-贫化率曲线如图 12-4~图 12-6 所示。

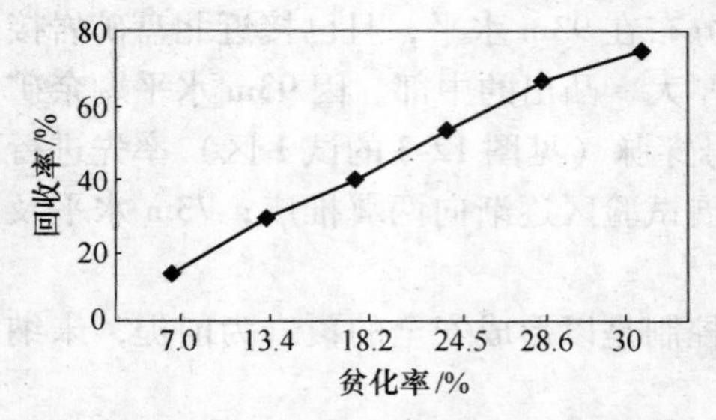

图 12-4 现场 1.5m 步距损贫变化标定图

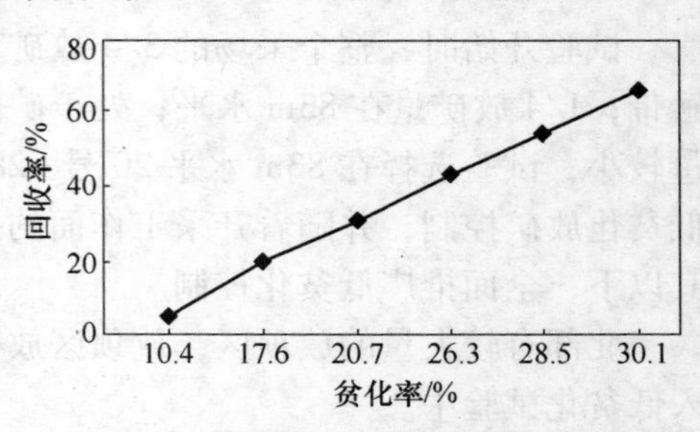

图 12-5 现场 2m 步距损贫变化标定图

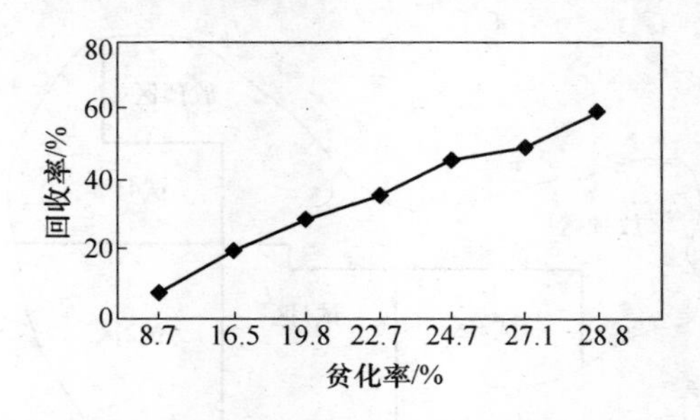

图 12-6 现场 3m 步距损贫变化标定图

C 控制放矿量的确定

根据试验要求，为达到贫化率显著降低的总目标，按照回-贫特征曲线，计算出每排矿步距（1.5m）理论放矿量为 460t：考虑到逐分层降低贫化率，阶段目标第一分层 $P\leqslant20\%$，第二分层 $P\leqslant17\%$，第三分层 $P\leqslant15\%$，各试验分层每排崩矿步距的建议放矿量见表 12-8。

表 12-8 每步距控制出矿量

试验分层	综合贫化率/%	理论放矿量/t	采场实际分层/m
第一分层	$P\leqslant20$	460	83
第二分层	$P\leqslant17$	465	73
第三分层以下	$P\leqslant15$	485	63 及以下

D 采场放矿控制方式

由于该矿矿体地质品位分布极不均匀，TFe 品位波动为 34%~50%，且矿体边界又不平整，为减少矿石损失，易于放矿控制，试验要求各层采用分层统一控制铲出矿量控制放矿，即采用单步距定量放矿控制。

分层统一控制铲出矿量控制的放矿管理采用放矿及爆破指令法兼经验值法。采场放矿及爆破指令均由车间管理技术人员在班前发放到各班组，并要求下班之前将完成情况进行交接，严格控制了各点出矿量及采场爆破；另外，该矿矿石和岩石在密度、颜色和爆后形状上有较明显差异，具有良好的可辨性，有利于经验法控制，即穆磁铁矿型废石体积比占30%、镜铁矿型废石体积比占20%时，基本上可保证单放矿点截止品位在33%~34%以上。此值可以根据矿石地质品位、可选性等进行适当调整。

同时，严格采用进路间循环出矿、进路内定量出矿的均衡定量控制方式，单位放矿量50~55t（在现场，以铲运机铲斗为计量单位，每斗约2.5~2.75t,）每步距放矿量按表12-8执行。

为尽可能使覆岩中矿岩混合体均匀下降，在采场爆破工序上，坚持平行后退、各进路（同一矿块内）循环落矿；在溜井放矿工序上，严格按照各种供矿比例小批量配比制放矿；在铲运机出矿操作上，坚持沿进路全宽均衡出矿。

为确保各工序间相互配合，自觉遵守低贫化放矿的工艺要求，对各相关工序岗位制订了经济技术指标考核与管理办法细则，将回采率、贫化率、采出矿石品位等经济技术指标纳入“经济责任制考核办法”。

E 低贫化放矿试验结果

低贫化放矿工业试验于1997年第三季度实施，经过两年多的试验，到1999年为止，开采水平自开始的83m水平推进到63m水平，重点考查的3个水平回采工作已基本结束，各项主要指标均已达到或超过预期目标，工业试验取得了良好的效果（图12-7、图12-8）。

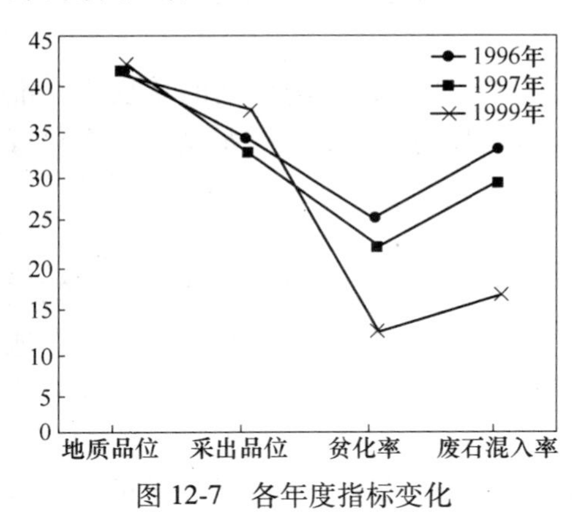

图12-7 各年度指标变化

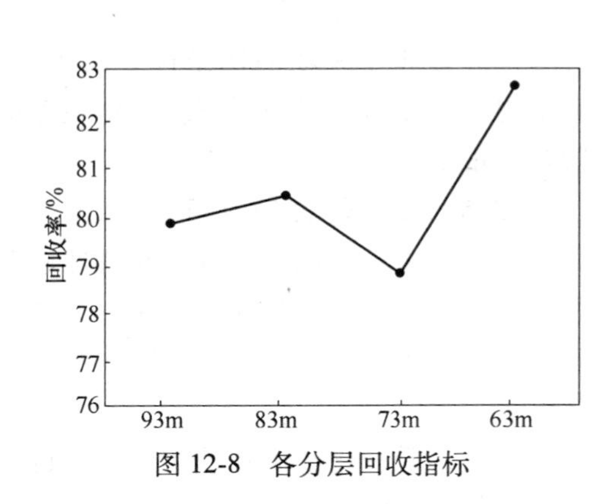

图12-8 各分层回收指标

（1）低贫化放矿的累计矿石回采率达79%左右，与原截止品位放矿相比相接近。

（2）低贫化放矿的采场岩石混入率一直保持在15%~24%左右，累计采场岩石混入率为约17%；贫化率在10%~15%左右，其中第一分层即83m水平贫化率为20.65%，第二分层即73m水平贫化率为15.6%，第三分层即63m水平贫化率为 11.27%。需要指出的是第三分层的贫化率具有持久性，中段贫化率为 12%~13%。

(3) 采场出矿品位与 1998 年以前相比，提高了 4.2 个百分点。由于低贫化放矿在该矿除放顶区外全面应用，在降低贫化率、提高采出品位等指标改善上产生了巨大的影响，全矿采场贫化率由试验前 1996 年的 23.83%下降至 1999 年的 11.27%，在地质品位基本不变的情况下，采出品位逐年大幅上升，1996 年为 32.25%，1997 年为 33.12%，1998 年 35.71%，1999 年为 36.46%；由于降低了废石混入率，特别是减少了含铁石榴子石的混入，显著改善了矿石的选别指标。

12.5.5.4 低贫化放矿的采场应用情况分析

低贫化放矿在降低贫化，减少岩石混入以及提高输出品位等方面的效果是显而易见的；在效益上，除超前投入的部分工程占用部分资金外（第一年需超前投入 116m 采准巷道），两年多的矿石综合回采率还有所提高。同时还具有以下优点：

(1) 降低了采场大块产出率，节省二次爆破消耗。采场大块有两大来源，一是崩矿步距内矿石产出，二是周边覆岩移动介入，低贫化放矿减少了覆岩的移动。

(2) 加强了采场质量的科学有序管理。由于该试验方案采用定量出矿控制的采场管理方法，使采场管理简单化，确是科学的量化管理，回避了传统放矿方式下采场质量管理的复杂性。

(3) 改善了采场出矿条件。由于实行了量化管理，采场计划的兑现率、准确率均大大提高，对顶板管理，地表保护、地压预测及季节性的水文地质变化有较好的帮助。

12.5.5.5 评价和应用

就总体来看，低贫化放矿在桃冲矿业公司的试验和应用是十分成功的。第三分层矿石回采率已达到 82%，采场岩石混入率从 31.2%降到 14.89%以下。在地质品位基本不变的情况下稳步提高矿石的输出品位，创造了显著的技术经济效果。

但是，低贫化放矿在该矿应用中也出现一些棘手的问题：一是该矿第四纪覆盖层风化层深厚，大量的泥土随雨水逐渐渗入矿房中，与矿岩混合体融为一体，影响了低贫化放矿的效果。二是该矿矿体不平整，尤其是倾角较缓，不断出现的放顶工程，影响了低贫化放矿的全面推广。另外，试验中仍存在着与生产的矛盾，造成采准局部失调，迫使 63m 水平超量出矿，对低贫化放矿的贫化率再降低产生不利影响。

现场操作附表见表 12-9 和表 12-10。

表 12-9 低贫化放矿试验爆破指令表

指令下达人： 年 月 日 班

项目 参数 地点	剖面号	排距/m	炮孔数（大、小）	炮孔深度设计/实图	炮孔质量	装药量/kg	爆破矿量/t	爆破效果	备 注

值班长： 施工人： 填表人：

表 12-10 低贫化放矿试验出矿指令及统计表

指令下达人： 年 月 日 班

参数 地点 项目							
指令内容	排距						
	本排崩矿量						
	计划出矿车数						
	已出车数						
	本班要求出矿车数						
班组统计内容	卸矿溜井号						
	本班应取样数						
	本班实出车数						
	卸矿溜井号						
	本班实取样数						
	大块情况						

值班长： 填表人： 操作人：

12.5.6 桃冲矿业公司采场矿岩移动规律现场标定及截止矿量的确定

为了在桃冲铁矿实施低贫化放矿，试验在第一分层即 83m 水平 17 号、18 号、19 号、22 号、23 号五条进路进行了放矿标定试验。试验总共标定了 30 排 17 个步距。

12.5.6.1 取样方法和计量方法

试验采用人工跟班计数铲取计数的方法。对于崩矿步距为 3m 者，先 50 斗取一个样，以后每隔 35 斗取一个样；对于崩矿步距为 2m 和 1.5m 者，均先 30 斗取一个样，以后每隔 20 斗取一个样。每个样重不少于 1.5kg。取出的矿样采用化验法测出其品位。每铲斗的矿量按 3t 计算。地质矿量按炮孔圈定的计量计。矿石体重按 3.8 计。地质品位由地测科提供。

12.5.6.2 所采用的损失贫化计算公式

$$K=\frac{A_{出}\ C_{出}}{A_{地}\ C_{地}}$$

$$C=\frac{A_1C_1+A_2C_2+A_3C_3+\cdots+A_nC_n}{A_1+A_2+A_3+\cdots+A_n}$$

$$P_{平}=\frac{C_{地}-C_{平}}{C_{平}}$$

式中 K——矿石回收率（实际为金属回收率），%；

$A_{出}$——采出矿量，t；

$A_{地}$——地质矿量，t；

$C_{出}$——采出矿石的平均品位，%；

$C_{地}$——地质品位，%；

A_1，A_2，…，A_n——分别为与每个矿样所对应的当次矿量，t；

C_1，C_2，…，C_n——分别为计数矿量所对应的当次矿量的品位，即当次品位，%；

$P_{平}$——采出矿石的平均贫化率，%。

12.5.6.3 标定结果及分析

表 12-11 是在停止出矿时所得的各崩矿步距的矿石回收率、贫化率、出矿品位等的指标。19 号进路 41 排出现了悬顶。

表 12-11 各崩矿步距在停止出矿时所获的矿石回收率、贫化率指标

进路号与排号	崩矿步距/m	崩矿量/t	地质品位/%	停止出矿时		
				贫化率/%	回收率/%	出矿品位/%
22-46/47	3.0	858	45.13	22.46	51.50	34.99
22-48/49	3.0	681	45.13	39.03	107.45	27.52
22-20/21	3.0	1070	33.45	15.92	69.56	28.13
23-22	1.5	540	33.42	20.06	119.93	26.72
28-40	1.5	584	45.19	29.06	83.82	32.06
17-68	2.0	681	45.80	36.16	70.31	29.24

由表 12-11 可以看出，贫化率由 15.92%变化到 39.03%，其变化区间是很大的。矿山以往的贫化率大致在 23%左右，其相应的回收率约为 80%~85%。若将

贫化率降至20%，由表12-11可知，其相应的回收率大约为50%~75%（最高可23-22排达91%）；若将贫化率降至17%，则回收率大约为40%~65%，过低。由此可知，对于第一分层而言，若贫化率控制在20%左右，即和原来的相比贫化率下降3%~4%来进行过渡期低贫化放矿还是可行的。

根据表12-11再附带指出两点：

（1）在同一崩矿步距条件下，其回收率、贫化率变化较大，此说明放矿具有较大的随机性（如非菱形、爆破效果等影响因素）。

（2）从回贫指标上看，1.5m的崩矿步距较好，2.0m的次之，3.0m的崩矿步距最差。

12.5.6.4 停止出矿点的推荐

A 崩矿步距为1.5m

图12-9是根据23号进路22排和18号进路40排取其平均值绘制而成的。该两排的崩矿步距都是1.5m。由图12-9可以看出，将出矿量510t作为出矿停止点比较合适。此点的出矿斗数为170斗，回收率为72%以上，贫化率约为23%。推荐的理由：

（1）标准菱形结构1.5m崩矿步距的崩矿量约500t，标定的两个1.5m崩矿步距的矿量分别为584t、549t，平均562t。其矿是比标准菱形的大。这样，对标准菱形结构的而言，不允许停止点后移。

（2）由图12-9可以看出，整个放矿过程贫化率曲线变化幅度不大，可以作为依据。

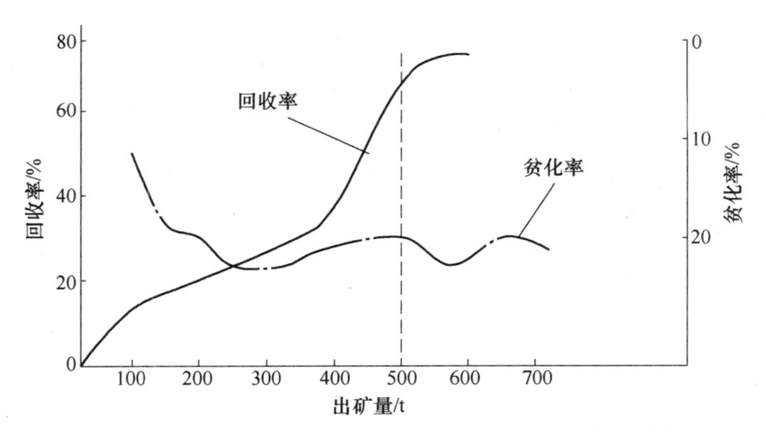

图12-9 83m水平23-22和18-40两1.5m崩矿步距回贫图

B 崩矿步距为2m

此步距仅标定到一个，如图12-10所示。由图12-10和表12-12可以看出，将出矿量630t作为出矿停止点是比较合适的。此点的出矿斗数为210斗，回收率约为63%，贫化率为32%。推荐的理由：

（1）若停止点再往后移，贫化率太大。

（2）在标准菱形结构时，2m崩矿步距的崩矿量为771t，若停止点的出矿量630t全是未贫化矿石，其回收率可达82%，此已满足了低贫化放矿的要求。

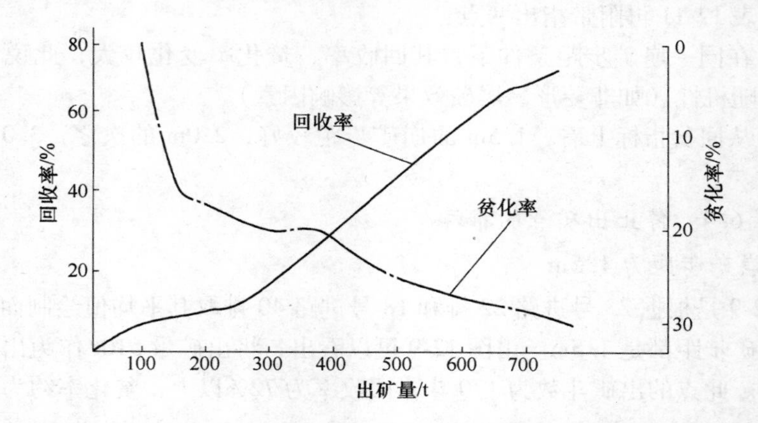

图 12-10 93m 水平 17-68 回收率、贫化率与放出矿量曲线

表 12-12 93m 水平步距放矿效果标定结果

铲数/斗	地质矿量/t	采出矿量/t		地质品位/%	出矿品位/%		贫化率/%		回收率/%
		当次矿量	累计矿量		当次品位	平均品位	当次贫化率	平均贫化率	
30	681	90	90	45.80	48.52	48.52	-6.00	-6.00	14.00
50		60	150		28.28	38.79	38.25	15.31	16.66
70		60	210		28.80	35.94	37.12	21.53	24.19
90		60	270		29.85	34.58	34.81	24.50	29.93
110		60	330		34.95	34.55	23.69	24.34	36.66
130		60	390		33.60	34.49	26.64	24.69	43.13
150		60	450		23.10	32.97	49.52	28.01	47.57
170		60	510		23.03	31.80	49.72	30.56	52.00
190		60	570		31.95	31.82	30.24	30.52	58.16
210		60	630		24.75	31.14	45.96	32.00	62.90
230		60	690		20.55	30.22	55.13	34.02	66.85
250		60	750		18.00	29.24	60.70	36.16	70.31

C 崩矿步距为3m

3m的崩矿步距共标定四个。仅23-20/21排出可以较为正常（图12-11）。其余两个步距因出现了爆破故障弃去，由图12-11和表12-13可以看出，将出矿量

900t，即300斗作为出矿停止点比较合适，此时的回收率为75%，贫化率为17%，推荐的理由：

（1）由图12-11中以看出，在整个出矿过程中，回收率、贫化率曲线和品位曲线变化比较平衡，正常，即本身比较理想的。

（2）标准菱形结构3m崩矿步距其崩矿量为1002t，现停止在900t，其回收率已达98%，这对低贫化而言是足够的。

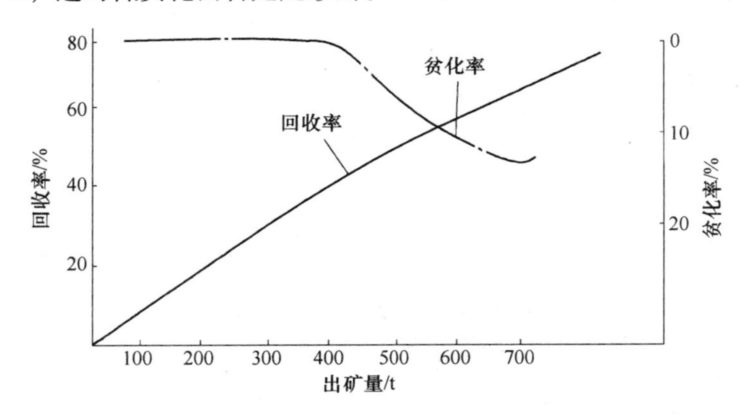

图12-11 83m水平23-20/21回收率、贫化率、放出矿量曲线

表12-13 83m水平23-20/21损失贫化率统计

铲数/斗	地质矿量/t	采出矿量/t		地质品位/%	出矿品位/%		贫化率/%		回收率/%
		当次矿量	累计矿量		当次品位	平均品位	当次贫化率	平均贫化率	
50	1070	150	150	33.45	33.45	33.45	0	0	14.02
85		105	255		33.45	33.45	0	0	23.83
120		105	360		33.45	33.45	0	0	33.64
155		105	465		26.73	31.93	20.09	40.54	41.48
190		105	570		26.14	30.87	21.85	7.73	49.16
225		105	675		25.93	30.10	22.45	10.02	56.77
260		105	780		19.31	18.65	42.27	14.36	62.44
295		105	885		24.26	28.13	27.47	15.92	69.56

12.5.6.5 结论

以上所推荐的出矿停止点，经生产实践加以调整后，得到了很好的经济效果，表12-14即是经过调整后在生产中所执行放矿停止点。

表12-15~表12-17和图12-12~图12-14是被标定的几个崩矿步距经整理后的回贫数据。

表 12-14 低贫化放矿控制出矿斗数

崩矿步距/m	3	2	1.5
地质矿量/t	1080	680	540
出矿斗数/斗	306	193	153

表 12-15 83m 水平 22-46/47 损失贫化率统计

铲数/斗	地质矿量/t	采出矿量/t		地质品位/%	出矿品位/%		贫化率/%		回收率/%
		当次矿量	累计矿量		当次品位	平均品位	当次贫化率	平均贫化率	
50	858	150	150	45.31	38.96	38.96	13.67	13.67	19.09
80		105	255		40.84	39.73	9.51	11.96	26.16
120		105	360		29.76	36.83	34.06	18.40	24.43
155		105	365		25.37	34.24	43.78	24.13	41.12
190		105	570		38.34	34.99	15.05	22.46	51.51

表 12-16 83m 水平 22-48/49 损失贫化率统计

铲数/斗	地质矿量/t	采出矿量/t		地质品位/%	出矿品位/%		贫化率/%		回收率/%
		当次矿量	累计矿量		当次品位	平均品位	当次贫化率	平均贫化率	
50	681	150	150	15.13	49.12	49.12	-8.84	-8.84	23.97
85		105	255		23.61	38.61	47.68	14.43	32.04
120		105	360		21.31	33.57	52.78	25.62	39.32
155		105	465		33.38	33.53	26.06	25.71	50.73
190		105	570		22.80	31.55	49.48	30.09	58.51
225		105	675		34.33	31.98	23.93	29.13	70.24
260		105	780		17.49	30.03	61.25	33.46	76.21
295		105	885		29.26	29.94	35.17	33.66	86.21
330		105	990		21.33	29.03	52.74	35.68	93.51
365		105	1095		24.40	28.58	45.59	36.66	101.83
400		105	1200		16.38	27.52	63.70	39.03	107.45

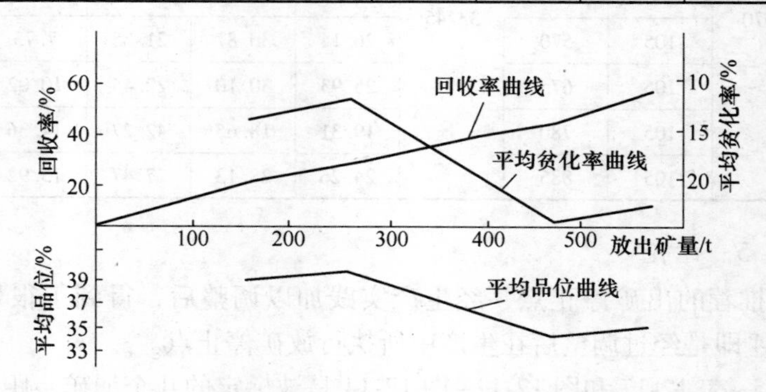

图 12-12 83m 水平 22-46/47 回收率、贫化率、品位与放出矿量曲线

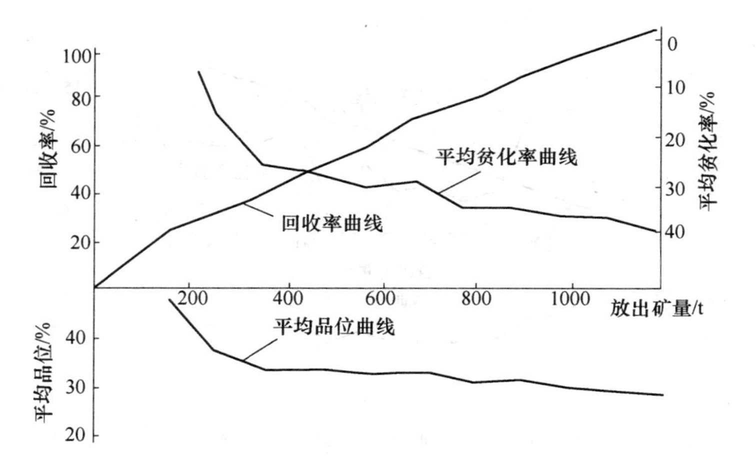

图 12-13 83m 水平 22-48/49 回收率、贫化率、品位与放出矿量曲线

表 12-17 83m 水平 23-22 损失贫化率统计

铲数/斗	地质矿量/t	采出矿量/t		地质品位/%	出矿品位/%		贫化率/%		回收率/%
		当次矿量	累计矿量		当次品位	平均品位	当次贫化率	平均贫化率	
30	540	90	90	33.42	30.83	30.88	7.60	7.60	15.40
50		60	150		24.40	28.29	26.99	16.36	23.51
70		60	210		27.74	28.13	17.00	15.82	32.73
90		60	270		16.17	25.47	51.62	23.78	38.11
110		60	330		23.91	25.20	28.46	24.63	46.08
130		60	390		27.53	25.55	17.62	23.55	55.21
150		60	450		25.51	25.54	23.67	23.57	63.68
170		60	510		30.74	26.16	8.02	21.74	73.93
190		60	570		16.52	25.14	50.57	24.77	79.40
210		60	630		47.54	27.27	42.25	18.39	95.20
230		60	690		22.44	26.85	32.85	19.65	102.66
250		60	750		23.42	26.58	29.92	20.47	110.46
270		60	810		28.44	26.72	14.90	20.06	119.93

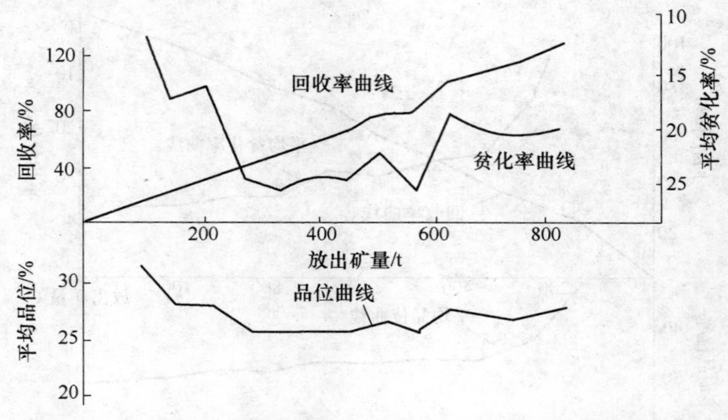

图 12-14 83 水平 23-22 回收率、贫化率、品位与放出矿量曲线

参 考 文 献

[1] 宋卫东. 程潮铁矿采矿结构参数优化的研究［J］. 金属矿山，1999（2）.

[2] 宋卫东，匡安详. 程潮铁矿过渡分段合理放矿制度的试验研究［J］. 矿业研究与开发，2002（4）.

[3] 范庆霞. 优化采矿结构参数，降低原矿成本的探讨［J］. 梅山科技，2000（1）：7~11.

[4] 无底柱分段崩落法分段高度采矿结构大间距结构参数结构参数优化［D］. 沈阳：东北大学，2009.

[5] 孙光华. 大间距无底柱采矿新工艺放矿随机模拟研究［D］. 唐山：河北理工大学，2006.

[6] 张宗生，乔登攀. 端部放矿随机介质理论方程［J］. 矿山技术，2006，6（3）：237~240.

[7] 张志贵. 无贫化放矿理论及其在矿山的实践［M］. 沈阳：东北大学出版社，2007：23~26.

[8] 胡杏保，牛有奎. 无底柱分段崩落法合理放矿方式探讨［J］. 金属矿山，2004（2）：8~10.

[9] 刘兴国，张国联，柳小波. 无底柱分段崩落法矿石损失贫化分析［J］. 金属矿山，2006（1）：3~6.

[10] 李昌宁，吴尚勇，任凤玉. 低贫化放矿研究及其在白银铜矿的应用［J］. 金属矿山，1998（6）：22~24.

[11] 余健，刘培慧，寇永渊. 高分段大间距结构合理崩矿步距研究［J］. 矿业研究与开发，2008（6）：26~29.

[12] 余健. 高分段大间距无底柱分段崩落采矿贫化损失预测与结构参数优化研究［D］. 长沙：中南大学，2007.

[13] 罗正泥. 大红山铁矿采场合理崩矿步距和爆破参数的试验研究［J］. 云南冶金，2008，37（4）：3~6，9.

[14] 余健，杨正松. 端部放矿贫化损失的预测研究［J］. 金属矿山，2000（10）：16~19.

[15] 胡杏保，王光炯，沈爱保. 桃冲铁矿低贫化放矿工艺的应用［J］. 金属矿山，1998（4）：11~14.

[16] 任凤玉. 无底柱分段崩落法采场机构与放矿方式研究［J］. 中国矿业，1995（6）：22~26.

[17] 翟会超. 无底柱分段崩落法放出体、松动体、崩落体三者关系研究［D］. 鞍山：辽宁科技大学，2007.

[18] 胡杏保. 低贫化放矿工艺现状及应用前景［J］. 金属矿山，2002（1）：12~15.

[19] 樊继平. 胡杏保，梅山铁矿低贫化放矿工艺的应用［J］. 金属矿山，2004（4）：14~18.

[20] NGHIA TRINH, KRISTINA JONSSON. Design considerations for an underground room in a hard rock subjected to a high horizontal stress field at Rana Gruber, Norway［J］. Tunnelling and Underground Space Technology incorporating Trenchless Technology Research, 2013.

[21] LADISLAV KAČMÁR. Theoretical aspects of new options of sublevel caving methods［J］. Acta Montanistica Slovaca, 2008, Vol. 13（4）.

13 贫化损失预测及控制实践

矿山在开采过程中，预先知道所采地段的地质真实品位是计划性开采的前提，知道了真实、准确的地质品位可以有计划地规划各区域采出品位，可以对生产过程及配矿进行有效的控制。但在生产中往往受到生产地质勘探的限制，通常情况下，由于地质勘探的不足而很难确定准确的地质品位，更难以对采出品位加以预测。

在此，介绍无底柱开采的炮排地质品位确定方法。

13.1 采场品位预测

在无底柱开采过程中，通过对该采矿方法的过程探索发现，尽管崩落法放矿的基本特点之一是在不长时间间隔中，不断重复纯矿石—贫化矿石—废石的放矿过程，要求细致地及时地进行管理。金属矿山因品位分布不均，夹石叠现，上盘、中部、下盘处情况又不同，矿体边界变化大，因而放矿贫化预计、品位中和、放矿工作考核、恰当而又及时地确定截止放矿时间等困难更大。但该采矿法可以结合生产过程中的地质勘探做到比较精准的地质品位确定，从而可以根据每步距的损失贫化曲线而预测该步距内的采出品位。开采进路相对位置及刻槽取样点分布如图13-1所示。

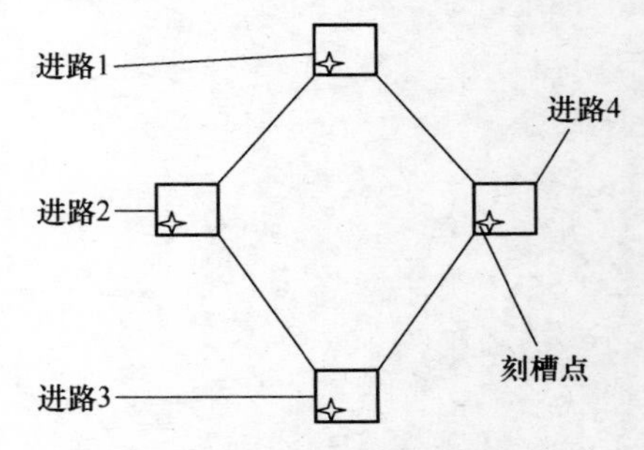

图 13-1　开采进路相对位置及刻槽取样点分布

在无底柱采矿法开采时，一般是从上分层向下分层进行逐步回采完成（图 13-1），在开采完成进路 1、2、4 之后才开采进路 3，在开采进路 3 时，由于该采矿法要求在进路施工后对各个进路进行刻槽取样（编录），即对进路的全长进行品位分析，则在开采进路 3 时至少有 4 个点品位对该排炮孔进行了控制，该排地质品位简单的计算可用算术平均值。但为了更精确确定该地段地质品位，也可以分别对 4 个点取样品位进行加权计算确定，即可以刻槽点位置品位值分别在本炮排取权重值计算该炮排的平均地质品位。具体 4 个点的权重计算可以按照图 13-2 进行计算。

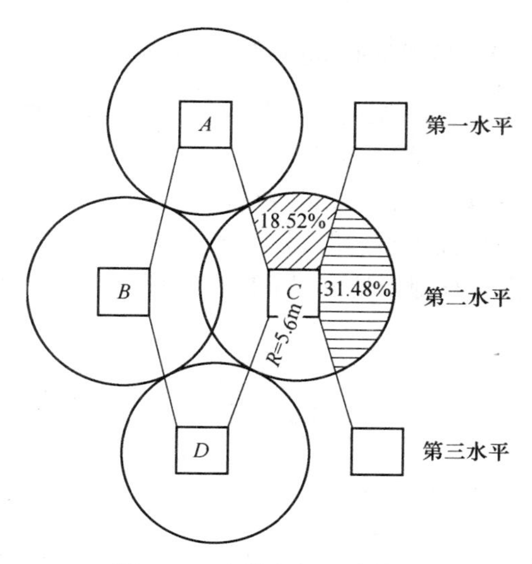

图 13-2 取样点权重计算图

13.1.1 按刻槽品位确定菱形体地质品位

为了确定炮排地质品位，首先，将放出体相邻的四个巷道顶角连线，构成如图 13-2 所示的菱形体。假定四个巷道中的刻槽品位处在同一平面内。因刻槽距离为 2m 则菱形体厚度也为 2m。放矿步距虽然不等，可以此菱形体的地质品位为基础换算。

在计算菱形体地质品位时，应考虑菱形体四端进路的影响。若只以第二、三水平的刻槽品位来代表显然是不合理的，因为实际放矿过程中，放出体的中、上部矿石品位对放出品位影响更大。据此，将每个刻槽品位代表为一个圆柱体形状的块段。在 $10\text{m}\times10\text{m}$ 的采场结构条件下（以此为例），该圆柱件的半径 $R=5.6\text{m}$，通过作图法得出上下两个巷道的刻槽品位对菱形体所影响的程度（即权系数）为 18.52%，左右两个巷道为 31.48%。

设菱形体周围的刻槽品位值分别为 A、B、C、D，菱形体地质品位 E，则：

（1）当 A、B、C、D 均大于 0 时，$E=0.1852(A+D)+0.3148(B+C)$；

（2）当 $A=B=C=0$ 时，$E=D$；

（3）当 $D=0$ 时，$E=0.1852A+0.3148(B+C)$；

（4）当 $B=C=D=0$ 时，$E=A$；

（5）当 $B=C=0$ 时，$E=(A+B)/2$。

实际上，A、B、C、D 四个刻槽位置不可能在同个垂直平面上。此时可以规定：以菱形体中间截面为界，距此面最近的刻槽品位则划入该菱形体中，因刻槽距离均等于 2m（很多矿山如此），故确定了其中一个，其余也就确定了。

13.1.2 菱形体地质品位与炮排地质品位之间的换算

根据不同的排距，在菱形体品位曲线上按等距离截取的办法换算出炮排地质品位（图 13-3）。第 i 排地质品位为 α_i，则：

（1）当炮排面与菱形面重合时，$\alpha_i = E_i$；

（2）当炮排面与菱形面不重合时，$\alpha_i = E_i + (E_{i+1} - E_i) \times$ 排距 /2。

由于数据量大，将所有刻槽品位建立成数据库，并将上述过程编成程序在计算机上实现。

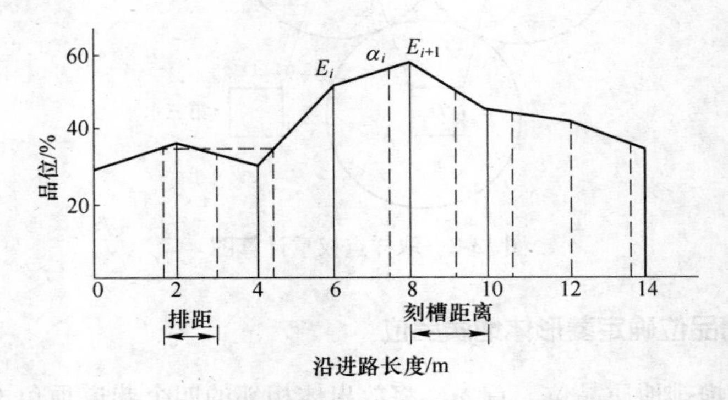

图 13-3 菱形体地质品位与炮排体品位换算

表 13-1 是某矿采用上述方法计算的品位与地质部门计算结果的对比。地质部门计算矿块地质品位时，是将-260m 两个矿块的 Fe_1、Fe_2矿体体积分别圈定，再与各自的刻槽品位均值加权平均后定为矿块地质品位，也即矿块中 Fe_1、Fe_2所占比例的不同影响着地质品位的大小。由于该 122 矿块在-250m 处有少数矽卡岩，使得 Fe_2所占比例增大。电算预测值考虑了-240m 的影响，而-240m 刻槽品位高，所以计算结果较高。实际放矿过程与中深孔测定结果均表明，该矿块内除矿体中部有矽卡岩夹层外，其余全是 Fe_1。

表 13-1 品位计算结果对比 （%）

矿 块	122	161
地质资料	49. 26	54. 07
电算预测	54. 17	46. 87

161 矿块情况与上相反，-250m 与-260m 刻槽品位高，但-240m 刻槽品位低，因此按地质部门计算方法矿块品位高，而预测计算结果低。实际放矿过程证明，该矿块 Fe_1放出量较少，Fe_2放出量较多。

由此可见，在该矿条件下，用三个水平的刻槽品位来确定地质品位其结果更将合实际。

13.2 损失贫化管理措施

矿山生产过程的损失贫化管理是矿山生产管理的主体工作，也是矿山降低损失贫化的主要手段。

矿山在抓紧放矿管理的同时，一般需要从基础抓起，需要解决放矿管理所涉及的以下几个实际技术问题：

（1）尽可能采取相关仪器或者技术对采场品位进行详尽的控制，比如根据磁测原理，如采用 WCL-1 型磁化率仪和测孔探头，在进路中利用凿成的炮孔，每 3~5 排（矿岩交界处、夹层处为 3 排）测定夹石部位、厚度、上下边界，并做出进路中心剖面图，为爆破和放矿管理、贫损预计以及补强支护提供更加可靠的依据。

（2）改进炮排地质品位的确定方法，以提高炮排地质品位的准确度，对每排的出矿量出矿品位做出更切合实际的预测，对放矿工作做出正确评价。

改进方法的实质是：各步距崩落菱形体的平均品位等于菱形四顶角上进路刻槽品位之加权和；以上述四进路断面中心为圆心，等半径作圆并相切于菱形断面内，各圆在菱形中所占面积比即为相应刻槽品位的权系数。放矿实践证明，方法改进后的计算结果更符合实际。

（3）及时开展矿山各进路刻槽取样工作，并进行详尽的相关编录登记，及时计算各炮排地质品位计算与采出品位的预测。

（4）经过研究探索，逐步形成了控制放矿的双指标制（双量控制）。

由于靠化验品位指导采场的出矿需要时间上的协调，但一般是化验时间长，井下出矿一般等不及化验就已出矿，在事实上失去了化验指导出矿的作用。因此，在实际生产中还需要通过对每进路的出矿铲斗数进行统计，按照本次崩落矿量的多少，按照视在回收率的取值量控制实际进路出矿量，即做到化验+出矿量的双量对进路出矿进行控制。

比如在上述工作的基础上，可以做出各步距：当回采率为 80%、平均贫化率为 20%时的放矿量和出矿品位预测，此放矿量即为预计截止放矿量，当实际放矿量达预计截止放矿量后，即按每 25t 的间距用磁化率法测定当次品位，直到当次品位等于截止品位时，停止放矿。

（5）确定合适的放矿方式，尽量减少使用截止品位放矿，研究低贫化放矿方案的操作使用。开展专门试验与研究，选择合适的进路截止品位，控制矿石和废石的混合程度。

（6）建立出矿管理组织，利用作出的步距出矿量和品位预测表加强出矿的计划管理和质量监督；做好放矿指标统计和贫损分析工作，针对出现的问题及时采取对应措施。

上述工作，为很多矿山现场放矿管理奠定了较好的基础，已经在山东鲁中矿业公司、陕西杨家坝铁矿等生产中发挥了较好的作用；经过进一步实践和改进之后，可以形成更为完整的放矿管理体系，在放矿贫损控制中发挥更大作用。

13.3 小官庄铁矿贫化损失管理实践

13.3.1 采用双指标控制出矿

截止品位是控制放矿的常用指标，通常按边际盈亏平衡来决定（小官庄矿为18%）。但是由于当次品位波动很大，高于或低于截止品位的情况随机出现。因此，还需要另一个控制指标（放矿量）来判定哪一个当次品位低于截止品位即可停止放矿。

在已决定了西区的截止品位为18%的基础上，需要解决的问题是预测各步距的合理放矿量。采用的方法是：根据刻槽品位及炮排实测数据求出每个炮排的地质品位及每排的夹石量、崩矿量，再利用放矿实验方面的计算公式求出每个炮排的出矿量、出矿品位的预测值。计算过程用自编程序在计算机上实现。

放矿管理时，首先根据预测出矿量进行出矿。在实际出矿量达到预测量时，开始在爆堆上按每放出25t间隔快速测定当次品位，直至当次品位等于截止品而终止出矿。下面介绍现场具体应用方法。

西区矿体不但复杂多变，一次贫化大，而且上部丢矿较多，参见图13-4。因

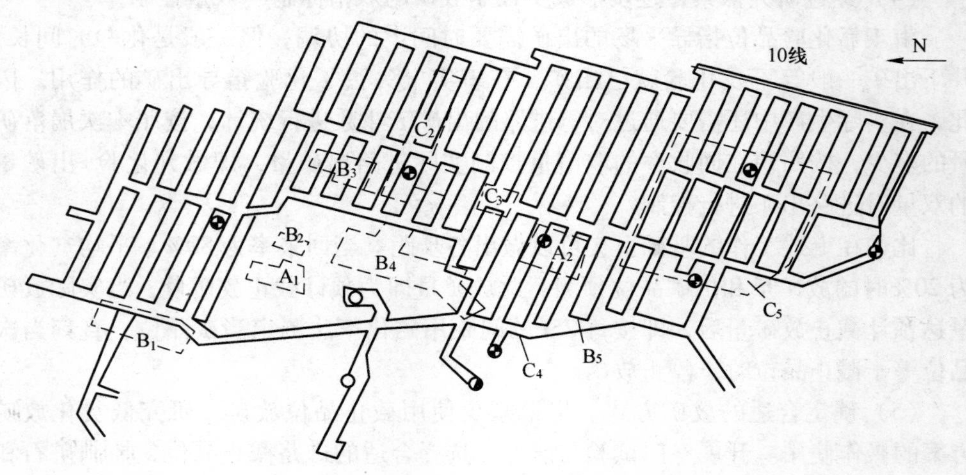

图13-4 西区-260m采水平以上丢矿位置投影图

A—-230m；B—-240m；C—-250m；A_1—2915t；A_2—1786t；

B_1—1.4万吨；B_2—1200t；B_3—3600t；B_4—2.1万吨；B_5—1.8万吨；

C_1—0.5万吨；C_2—1.5万吨；C_3—0.3万吨；C_4—0.9万吨；C_5—4.6万吨

此存在着两种不同情况的出矿管理（即上部没有丢矿与上部有丢矿的情况），首先考虑上部不丢矿的情况。

（1）正常出矿时，出矿管理人员首先要根据所预测的出矿品位值来确定该排是否出矿，判断的基本原则是：若预测出矿品位低于截止品位时，则只爆破不出矿（或出少量矿岩，以保证下排能进行挤压爆破），但要注意夹石的位置，如菱形体下部有矿时则要出矿至截止品位；若预测出矿品位高于截止品位时，则先根据预测出矿量进行出矿，然后在爆堆上测定当次品位，实施双指标控制出矿。

将-260m 161 矿块 22 号进路 30~40 排（该处上部无丢矿）实际出矿管理结果统计于表 13-2。161 矿块 6~8 月总出矿量为 31029t，总出矿铲数 16608 铲，平均每铲重 1.86t。11 个炮排的当次品位实测结果如图 13-5 所示。

表 13-2 实际出矿量统计（进路 30~40 排）

炮排编号	30	31	32	33	34	35	36	37	38	39	40	平均
预测出矿量	572.9	542.6	531.9	531.9	579.4	579.4	589.6	569.8	558.4	558.4	546	552
出矿铲数	361	306	311	303	356	349	288	317	357	340	331	338
出矿量	671	569	578	563	662	649	535	589	662	632	515	612
差值	98	27	74	32	130	70	-54	20	104	74	69	60

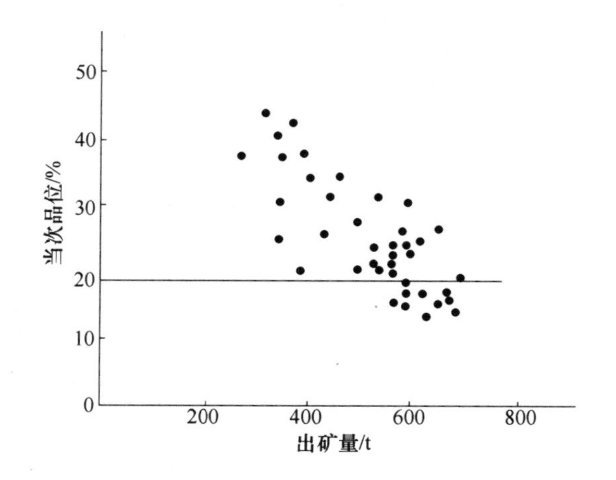

图 13-5 炮排当次品位实测结果

由表 13-2 可知：

1）实际出矿量波动趋势与预计量基本吻合。

2）实际出矿量总体上比预计值高 10%左右，这正有利于截止品位的控制。

3）由图 13-5 可以看出，当次品位测量结果波动较大，呈跳跃式下降趋势。当次品位与出矿量不存在线性关系。

（2）当上部存在丢矿时，表 13-2 所预测的结果必须加以修正。修改方法是先根据上部丢矿量的大小分配到每排上，加上本分段放出量，最后定为该排应放矿量。此时，要重新绘出图表，并对具体爆破出矿方法、注意事项加以说明。在放矿达到所定的量后，仍然采用当次品位测定方法确定是否终止出矿。当然，这种情况下预测量偏差较前一种情况要大。因此，放矿管理人员要密切注意进路上品位变化情况，测定次数也要灵活处理。

(3) 在-260m 盘矿块退采时，在 142 矿块通过现场抓样实验获得了在当次品位等于截止品位 18%时的出矿量 X 与矿石地质品位 $\alpha_{地}$ 的线陡关系。$X=12.5\alpha_{地}-96$，用该式预测无夹石（或夹石较少）矿块中的炮排出矿量，可以省略电算工作，通过 142 矿块、122 矿块的试验性出矿管理，效果很好。

13.3.2 采场出矿管理的组织措施

采场出矿管理的组织措施包括：

(1) 建立由区长总体协调，质检部门负责，攻关组具体指导，出矿段长组织落实的出矿管理小组。小组成员由出矿铲数记录人员、当次品位测定人员、炮孔测定人员组成。

(2) 由攻关组负责培训技术工人，掌握使用出矿管理的两个技术手段，并由攻关组负责按时提交出矿图表等有关资料。

(3) 工区具体负责出矿管理工作，每天测定人员交给段长当次品位测定记录卡，出矿量记录员上交出矿车数统计表。段长根据上交的实际统计资料安排下次爆破排号。

(4) 每个矿块中深孔凿完后，立即测定进路中心孔，测得结果交给计算机操作人员。地质部门在每个分段刻槽品位分布图完成后也上交一份。计算机操作人员据上述两份原始资料打印出预测出矿指标表，分发有关部门。

13.3.3 利用出矿指标的预测结果强化矿山职能部门对出矿的管理

矿山计划部门在制订计划品位时，基本上依据贫化率与地质品位求算出放矿品位。而贫化率的取值只是根据以往回采统计结果估计一个值，在西区这种复杂多变矿体条件下，算得的计划品位与实际结果有时难免会存在较大的误差，从而使矿山输出原矿品位产生较大的波动，给宏观上的矿石质量管理带来影响。预测出矿指标表是根据详细的原始资料并结合实际放矿规律给出每排的出矿品位与出矿量的预测值，这就使得计划部门能很简单地获得预测精度较高的计划品位。现存计划部门对西区下达计划品位的具体方法是，每月月底工区向计划部门上报下月爆破的进路、排号，计划部门由表上查出相应的出矿品位、出矿量加权平均后，再统筹全矿情况稍加调整作为工区下月的计划出矿品位。通过生产实践验证，预测偏差较小。

地质部门确定矿块地质品位时，是依据上下两个水平刻槽品位分布图来求算的，矿体体积计算是圈出上下水平矿体面积利用表格法求得近似值。这种计算方法对整个矿体最后的计算结果（或中段计算结果）误差不会大。但对单个矿块来说，尤其下盘矿块中倾角多变，形状不规则，有时会带来一定的误差。要搞好矿石质量管理，不做过细的工作是不行的。而预测出矿指标的计算则相对要具体准确得多。将-260m 水平 161 矿块的预测值与地质部门计算数据对照实际回采结果进行比较，将会发现一些问题。

由表 13-3 可知：

（1）按表中地质部门提供的地质品位 54.07%，下盘矿块中贫化率一般 30%~33%，相应的出矿品位为 36.22%~37.85%，而实际采出品位为 33.20%，当西区取不低于 36%的品位时，与其他工区品位均衡，使全矿输出品位产生较大的波动。

（2）第一手资料不够准确会进一步影响到贫损统计结果的准确性。按以上实际统计资料，回收率为 79.36%，贫化率为 38.6%，而在西区-260m 整个水平的其他矿块中，最低回收率为 92.75%，最高贫化率为 33.48%，以上结果显然不属于正常情况。由此可见，预测指标表划地质部门具有一定的参考价值。

表 13-3 出矿指标预测值与统计值

项目	地质矿量/t	地质品位/%	报销金属量/t	采出量/t	采出品位/%	采出金属量/t	回采率/%	贫化率/%
预测值	60931	46.87	28558.3	76590	32.21	24669.6	86.38	31.27
统计资料	65534	54.07	35434.6	84701.5	33.2	28120.8	79.36	38.6

质检部门的主要任务之一是均衡各工区之间的矿石品位，保证全矿计划品位的实现。但质检部门在检查各工区的出矿质量工作中，因不了解当月出矿炮排中地质品位、夹石情况以及可能达到的出矿品位值，只能根据进路上出矿当次品位的大小监督检查出矿质量，这显然是不够的。要搞好质检工作，必须事先对各工区该月应退采炮排的矿岩性质，出矿品位的大小了解得非常清楚，估计可能发生的问题，才能在质量管理中有所侧重。

13.3.4 加强采场出矿管理指标统计工作

13.3.4.1 统计内容

建立一套完整的详细的出矿指标统计图表，不仅可以及时了解当前各采场的生产情况，且可以根据数据变化查找影响产量、品位的因素。因此，攻关期间自始至终记录、统计了大量现场数据，为了解、分析生产情况提供了帮助。

统计内容有：月出矿统计表（包括每班各进路出矿车数；炮排爆破时间、排数，炮排装药量；各溜井每日出矿量，出矿品位），矿块贫损统计表（包括各矿块月出矿量，出矿品位，贫化率，回收率以及相应分段的月累计指标），采准掘进进度图（包括掘进时间，进度，岩性记录），退采炮排进度图（包括月爆破排数、地点、矿量）。

上述统计内容对西区的损失贫化管理发挥了重要作用，特别是为下水平开采时了解上部丢矿情况提供了可靠的第一手资料。

13.3.4.2 统计分析

从西区出矿管理工作来看，主要是贫化率指标较高，产生贫化率高的原因有以下两点：

（1）一次贫化率大。小官庄铁矿一次贫化率大是引起总贫化率大的主要原因，西区崩矿一次贫化率计算结果见表13-4。

表13-4 西区崩矿一次贫化率计算结果

水平 /m	段高 /m	回采范围 /m²	矿石量 /t	夹石量 /t	切岩量 /t	一次贫化率 /%	其中	
							夹石占比 /%	切岩占比 /%
-240	10	9696.2	244553	16794	9559	9.72	6.2	3.52
-250	10	14730	371127	42548	13425	13.1	9.96	3.14
-260	10	19392	467446	71606	49118	20.52	12.17	8.35
合计			1083126	130949	72102	15.78	10.18	5.6

由表13-4可知，崩矿一次贫化率达15.78%，这比矿山要高得多。当夹石量按80%放出，切岩量按60%放出时，出矿一次贫化率为11.50%（其中：因夹石引起的贫化率为8.14%，切岩引起的一次贫化率为3.56%）。

（2）出矿管理制度执行不严格，尤其是夜班出矿，有时是出到进路完全是上盘围岩才停止出矿。

13.3.5 结语

（1）攻关期间在小官庄铁矿西区应用的两个手段一个方法经生产实践证明是成功可靠的，对西区生产管理发挥了有效的作用。

（2）向矿山职能部门提供的预测出矿图表经实践证明准确可靠、效果良好，为决策部门避免发生偏差和失误发挥了积极的作用。

（3）西区采场实行的双指标控制出矿经攻关实践证明是该矿复杂条件下出矿管理的有效手段，既保证了量的完成又保证了质的提高。

（4）矿石回采率大幅度提高（表13-5）。

表 13-5 各分段水平回采率、贫化率

分段水平	-230m	-240m	-250m	-260m
回采率/%	52.09	38.44	64.07	95.91
贫化率/%	14.81	22.79	20.33	26.72

参考文献

[1] 鲁中冶金矿山公司小官庄铁矿西区采矿技术攻关鉴定资料［R］. 1990.

[2] 安宏，胡杏保．无底柱分段崩落法应用现状［J］．矿业快报，2005（9）．

[3] 刘兴国，张国联，柳小波．无底柱分段崩落法矿石损失贫化分析［J］．金属矿山，2006（1）：3~6.

[4] 余健，杨正松．端部放矿贫化损失的预测研究［J］．金属矿山，2000（10）：16~19.

14 低贫化诱导崩顶技术

14.1 问题的提出

无底柱分段崩落采矿法广泛应用于厚大、低价值、大规模开采的矿床，但该采矿法必须以具有足够的覆盖岩层为前提。尽管覆盖岩层有很多种形成的方法，但对于岩石比较坚硬、稳固的矿床，其覆盖岩层主要是依靠强制崩落的方法来完成，不仅延长了矿山基建的时间，而且增加了巨大的矿山投资，并将给后续的放矿造成相当的贫化可能。

为此，近年来很多矿山寻求不强制放顶的覆盖岩形成技术，由此产生了无岩低贫化诱导放顶技术。

14.2 崩落法覆盖层的作用

崩落采矿法是在落矿的同时或在回采过程中以崩落围岩（覆岩）充填（部分）采空区来实现地压管理的采矿方法，即随着崩落矿石强制（或自然）崩落围岩充填采空区，以控制和管理地压。因此，采用崩落采矿法时，没有矿柱回采问题，也没有采空区处理问题。为了形成崩落法正常回采条件和防止围岩大量崩落造成安全事故，保证足够厚度的矿岩垫层，使采空区与下部生产区隔离，使之形成缓冲矿岩垫层，以控制矿山地压，转移和缓解应力集中，防止围岩大面积突然塌落产生的岩石冲击、地震波和空气冲击波（俗称气浪）对生产区作业人员和设施的危害。在崩落矿石层上面覆以矿岩垫层是崩落采矿法的必要前提。

14.3 崩落法矿石贫化损失原因

崩落法采矿的特点是崩落矿石和覆盖岩石直接接触，矿石在覆盖岩石的包围下从放矿口放出，覆岩下放矿如图 14-1 所示。

大量的放矿试验表明，当停止放矿时，在进路出口前方即步距之间有端部残留（正面损失），倾角较小时在矿体下盘有下盘残留，在回采进路之间有脊部残留，端部残留与脊部残留是连在一起的，崩落矿岩界面随放矿不断下移，并圈定着矿石残留体，亦即放矿最后的矿岩界面形状就是矿石残留体的形态，同时也是下一分段放矿开始的状态。从整个放矿过程而言，三倍分段高度以下的矿岩层移

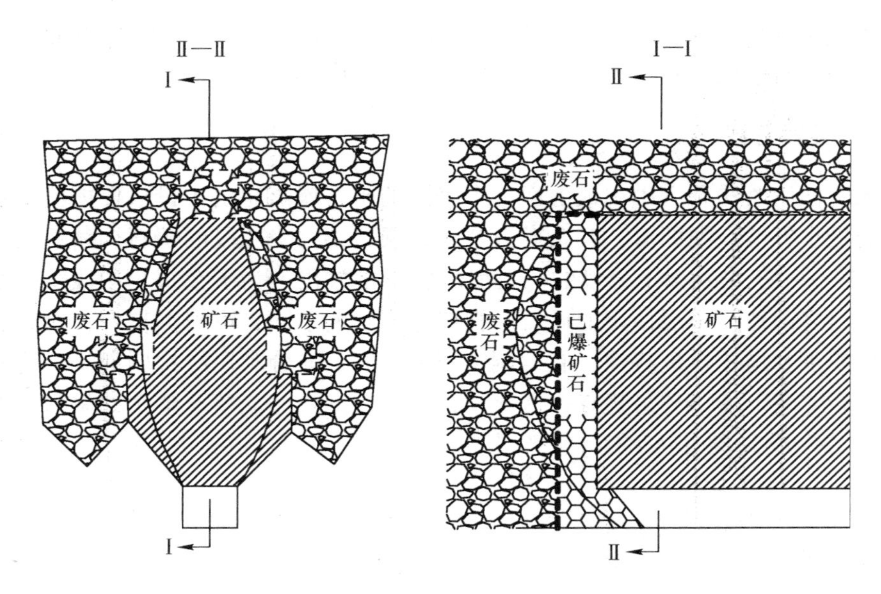

图 14-1 覆盖岩层下放矿

动始终呈余弦函数状的波浪形逐步形成并交替叠加。

以上残留体中，脊部残留与端部残留可在下分段回收，未被回收的矿石进入再下一分段的下盘残留区域中，另一部分在下移过程中混入矿岩混杂层中，覆盖于崩矿分段之上，矿岩混杂层在一定贫化后可继续回收，但进入下盘残留区域内的矿体将永久损失于地下。

崩落法的矿石贫化来源于与矿石最大放出体相接触的顶部、前部和侧面的废石（图 14-1）。由于放出体和矿石堆积体的形态不能完全一致，因此在覆岩下放矿的这种贫化是不可避免的。另外，因为爆破堆积体和放出体不能完全吻合，放出体超出矿石堆积体的部位也是贫化的来源；有些部位放出体不能完全包含爆破堆积体，便造成矿石的丢失；另一方面，覆盖层厚度不足，崩落矿石覆盖在废石上面，也造成矿石的损失，当继续回收这部分矿体时，矿石的贫化将非常大。

14.4 低贫化诱导崩顶技术

14.4.1 技术思路

综合前面崩落法覆盖层的意义和贫化损失原因可见，覆盖层是崩落法开采的必要条件，同时也是崩落法开采时矿石（覆岩下放矿时矿岩混杂）贫化的主要来源，因此减少矿岩界面的混杂是崩落法降低贫化的关键。基于此，提出崩落法开采过程中，不再强制崩落顶板，首先利用崩落的矿石作为安全开采要求的垫层，然后再充分利用顶板岩层变形崩落的时空（随时间的增长、空间的增大，顶板岩体地压越易显现）特性，采用不断增大采场（或采空场）的暴露面积和延长空场暴露时间的方式，诱导顶板岩体逐渐自然崩落。

14.4.2 实施方案

无底柱崩落法开采中，最上面一个分段的矿石崩落后出矿量只要能满足矿石崩落的最小补偿空间即可，其余矿石留作垫层，第二个分段的矿石崩落后仅放出30%左右，第三个及以下分段的矿石崩落后正常放出。为了在每个中段或一定的阶段放出之前留作垫层使用的矿石。视矿体产状的不同，可根据特定矿山顶板岩体变形崩落及地压显现特性，有意调整回采顺序、充分利用结构弱面或应力集中部位等岩体变形崩落的最优点，诱导顶板岩体逐渐自然崩落。整个回采过程中要确保两倍分段高度左右的矿石垫层、岩石垫层或矿岩混杂垫层，以确保回采安全。

低贫化诱导崩顶技术将采矿方法、回采工艺、安全生产、地压管理及经济效益完全融合在一起。其主旨是优化开采顺序，完善回采工艺，降低矿石贫化，引导地压转移，利用地压崩落。按照前面的技术思路和实施方案，很显然，低贫化诱顶崩落在确保回采安全要求厚度的矿石垫层下，一方面可减少放矿过程中矿岩界面的混杂而降低贫化，另一方面可节省回采过程中强制落顶的工程而节省费用，这两方面都从不同角度极大提高了矿山的经济效益。

无底柱分段崩落法开采覆盖层的功能、厚度确定及影响因素等内容，很多科研院所、学者等开展了较深入的研究与探索，但其主要作用则无疑是为了安全缓冲及生产爆破后矿石的有效回收。《金属非金属矿山安全规程》中已经明确要求其厚度必须达到两倍左右分层的高度。因此，作为该采矿法，首先是怎么采用最经济的方法形成覆盖层；其次是怎么保证所形成的覆盖层达到分层高度的两倍左右。

通常覆盖岩层的形成有三种方式：一是自然崩落，二是强制崩落，三是局部强制崩落（强制+自然）。然而，对于很多矿山而言，尤其是硬岩顶板矿床的矿山（越来越多，并随着开采深度的加大将会更多），需要强制崩落形成覆盖层，这不但增加放顶工程、增加了矿山投资及开采成本，而且延长了矿山投产时间，影响了矿山高效率的生产。即对于矿山来说既增加了开采成本，又增加了基建时间。为此，一些矿山开始尝试采用不崩顶板的“延时”—“等”冒落—的采场开采技术，解决覆盖层的覆盖形成。

14.5 低贫化诱顶开采原理

所谓低贫化诱顶（或无岩覆盖层开采技术）即是无底柱采矿法在开采过程中，不专门开展强制放顶而依靠岩石的冒落形成所需要的覆盖层。而对于硬岩条件下的岩石冒落一般不会即时发生，其存在一个“延时”过程。因此，需要有可以“等”顶板冒落的开采配套技术（安全上可靠，开采工艺上可行）。

该开采技术的要点是在无底柱的首采分层（或者缓倾斜矿体的上盘）以上不布置专门的放顶工程，将首采分层按照无底柱工艺进行回采（在凿岩设备允许的条件下尽量加大首采分层高度），而首采分层一般出矿量只能达到崩落矿量的35%~40%，剩余矿石将残留在采场之内；第二分层开采时，仍然进行正常的爆破落矿，其崩落的矿石出矿量取决于上部顶板岩层的冒落状况：当其已经大量冒落时，可以出的矿石量也可以增大；反之，如果其冒落量比较少，则第二分段出矿量也相应不宜过多（将矿石进行残留——在积压资金方面总比崩落岩石要好得多），其原则是保证在出矿进路的上方有足够高的覆盖层，该覆盖层在冒落的岩石不足时由矿石暂时代替。

在开采期间，利用低贫化放矿的特点，将部分矿石进行暂时的残留（作覆盖层使用），其目的是“等”上部岩石的冒落，上部岩石冒落得快则所残留的矿石可以尽快地被回收；相反，则需要将残留的矿石多“残留”一段时间。

因此，其上部岩石需要具有一定的可“崩”性，并尽可能地扩大开采面积，以超过其最大自稳定面积，创造其自崩落条件；此外，在条件适当情况下，可以适当的布置削弱工程进行工程诱导崩落岩石；或者在开采过程中尽可能人为造就要崩落部位“顶板应力集中”，以达到打破其稳定的平衡并产生冒落。覆盖层组成如图 14-2 所示。

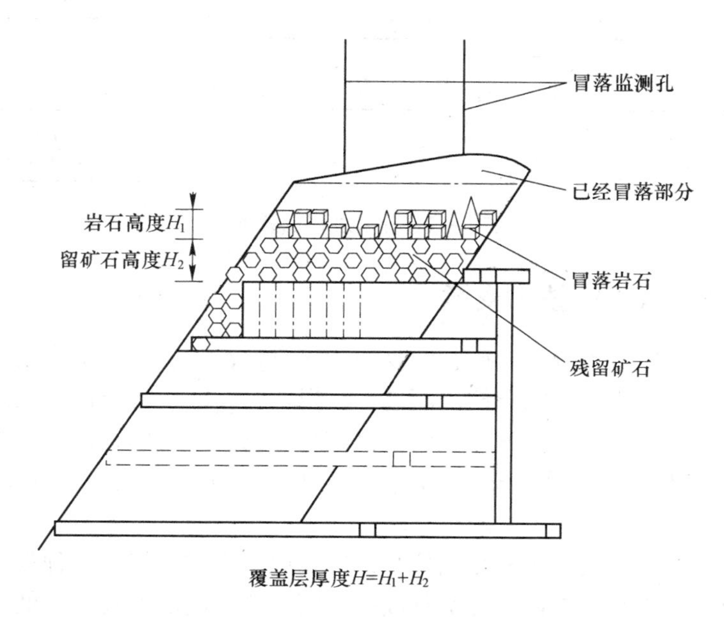

图 14-2 覆盖层组成示意图

图 14-3 中，$H=H_1+H_2$为要求的覆盖层厚度，当 H_1大于所要求的 H 后，下部出矿可以不受低贫化放矿限制。即在岩石不断崩落的过程中，所残留的矿石也可以不断回收，直到崩落岩石足够厚（达到两倍分层高度）时可将所留矿石层全部回收出来。

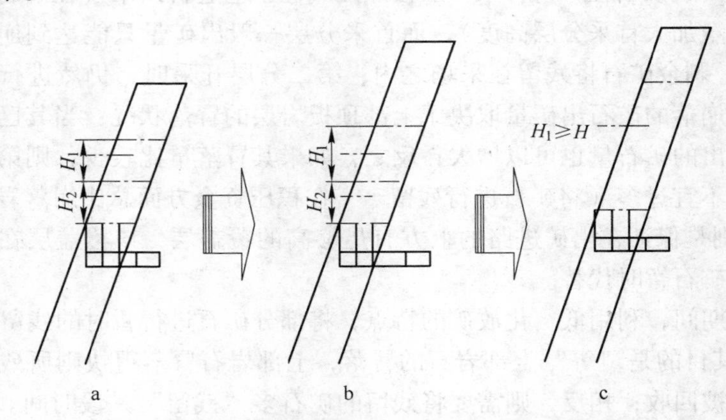

图 14-3 崩落矿石与岩石厚度转化示意图

H_1—岩石层厚度；H_2—留矿石层厚度

开采过程如图 14-4 所示。

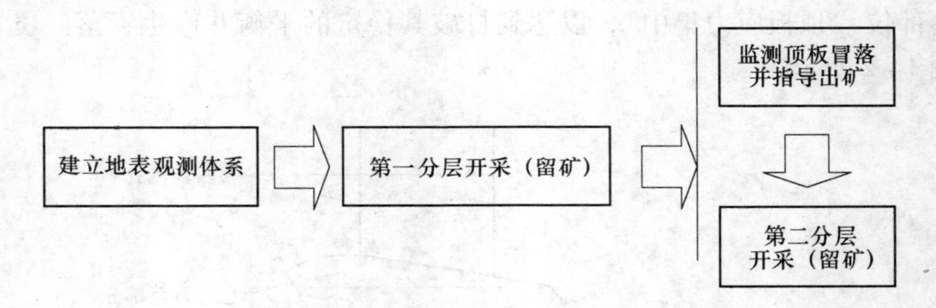

图 14-4 开采过程示意图

14.6 低贫化放矿的技术支撑

低贫化放矿以数个分层为矿石回收的考核单元，要求其上部分层采矿时，其各个步距所爆落的矿石不完全放出而进行适当残留，该残留的目的既是减少每个步距出矿时矿岩石的混合程度，从而获得较高品位的采出矿石，又可以将其作为覆盖层使用。从整体上看，该方法所获得的矿石回收指标比截止品位放矿方式要好。

低贫化放矿工艺是介于截止品位与无贫化放矿方式之间的一种放矿方式，即截止品位放矿、无贫化放矿是低贫化放矿的两个极值放矿方式。即低贫化放矿是一个区域，而无贫化放矿和截止品位放矿是点放矿方式，因此，低贫化放矿可以更好地进行管理并为矿山提供更为宽阔的使用空间，如图 14-5 所示。

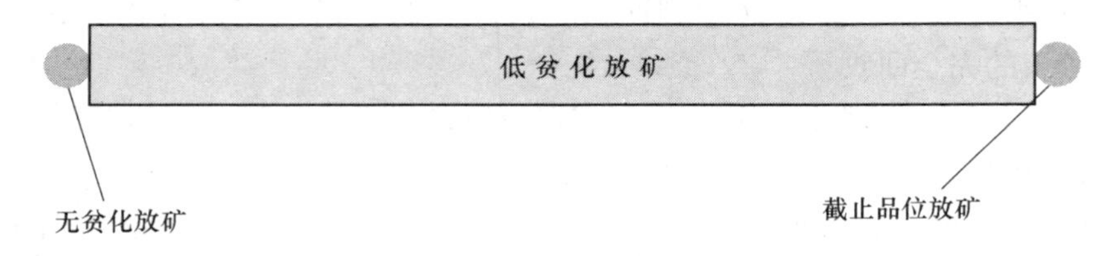

图 14-5　三种放矿方式域宽比较

采用该放矿方式可以实现：

（1）提高采出矿石品位，降低贫化，而其所留的矿石在后期的回采中可以同样被很好地回收出来。

（2）减少了总体的矿岩混合程度、矿岩混合量，结果则减少了采出矿石中的岩石混入量。

（3）低贫化放矿使上部分层部分矿石暂时残留在空区内，可以作为覆盖层进行使用，并给上部顶板的冒落提供了比较充分的时间。

（4）采用单量进行采场放矿控制，生产管理更为简单。

14.7 保障措施

由于该技术在采矿之前没有进行强制放顶，其顶板并未冒落而形成足够的覆盖岩层，需要将第一以及第二分层爆破崩落的矿石留在采场代替作为覆盖层进行使用，但并不是一直不回收该矿石，只有当顶板岩层冒落后（顶板具有冒落的可能），并具有足够的冒落厚度时才进行回收完成，因此，顶板的冒落高度必须及时的进行实时监控，在保证两个分层高度覆盖层前提下（符合国家安全规程要求），可以将超出两个分层高度的部分（所留矿石层高度+冒落下来顶板散体高度大于两倍分层高度时）进行回收，直到所冒落的顶板岩石散体高度大于两倍分层高度后将其所留矿石全部回收。因此，该技术必须有专门的顶板冒落高度的监测装置加以保障，确保有足够的覆盖层，保障开采过程的安全。

14.8 无岩覆盖层开采技术实质及实施要点

无岩覆盖层开采技术实质包括：

（1）在顶板不能及时冒落，但具有冒落（可崩性）的可能性，但其冒落具有延时的特性。

（2）不专门进行顶板岩石的强制崩落。

（3）利用预留矿石作为覆盖层，保证开采过程的安全。

（4）利用低贫化放矿的特点，“等待”顶板的冒落，为顶板冒落留有充足的等待时间。

(5) 当完成顶板冒落（达到两倍分层厚度时）后利用低贫化方式实现所“留”矿石的完全回收。

(6) 利用可靠的监测手段，准确掌握顶板冒落高度，指导生产出矿。

无岩覆盖层开采技术实施要点包括：

(1) 当顶板具有可崩性（但不能随采随崩）时，不再需要进行强制崩落放顶。

(2) 在开采时利用第一开采分层本身出矿少、留矿多的特点，以残留在采场内的矿石作为初期覆盖层。

(3) 再开采第二分层（甚至第三分层）时，根据监测的反馈结果，采用低贫化的放矿方式适当再残留部分矿石在采场内。

(4) 直到其覆盖层（崩落的矿石加冒落的岩石）达到安全要求的厚度。

(5) 随着开采的进行，面积的增大，其顶板岩石必将逐步进行冒落，当其冒落的岩石厚度达到要求的覆盖层厚度后，其前期残留的矿石可全部回收出矿，完成整个覆盖层的形成。

由此可见，低贫化放矿是该技术的基础（截止品位放矿满足不了该技术），利用“留”矿石“等”顶板冒落的方法实现该安全开采。既保障足够的覆盖层，又可以将全部矿石完好地进行回收。

此外，确定顶板岩石崩落的量（即已经崩落形成的岩石覆盖层）是该开采技术的关键技术之一，只有在明确已经崩落多少岩石的基础上才能确定需要留多少的矿石进行配合，才能有效地保障覆盖层的厚度，保障开采过程的安全及矿石的回收。因此，该开采技术对顶板的冒落监测也是其重点之一。作为顶板岩层冒落高度的监测手段有很多种方法，如钻孔多点位移计法、钻孔探头激光扫描法、钻孔数字井径仪、介质密度物探法等。

在实际矿山应用中，为了保障监测的可靠和有效性，一般建议需要两种监测方法相互印证。

14.9 适用条件

由以上分析可知，运用该开采技术进行无底柱采矿，需要满足：

(1) 采用低贫化放矿工艺，适当残留部分矿石在采场内，以“等”顶板岩石进行冒落；因此，才用该方法进行开采时，最少应该有 4 个以上的重叠分层进行开采，保证有足够的回收分层对上部残留进行回收。

(2) 尽管硬岩顶板很坚硬，但不能“硬”到（稳固到）在开采面积范围内仍不能崩落的程度，即该顶板尽管不能及时进行冒落，但随着开采面积的增大、爆破震动的影响或者适当采取适量措施的情况下能逐步进行崩落，在允许“等”

的期限内（开采到最底分层）顶板可以自行累计崩落达到两个分层高度。

（3）具有有效的“崩落厚度”实时监控系统，及时指导矿山生产出矿及安全管理。

因此，该开采技术一般适用于矿山顶板岩石不能及时冒落但慢慢可以冒落的矿山，并且为了保证安全，要求矿山在采用该工艺时要有相应的覆盖层厚度准确的监测手段进行支撑，及时掌握其上部覆盖层的厚度，指导进路出矿量控制。

采用该开采技术具有如下优点：

（1）不需要进行专门的放顶设计及工程布置，节省投资及开采成本。

（2）减少矿山基建时间。

（3）无大量的岩石混入，提高初期出矿品位。

（4）采用低贫化放矿，提高矿山开采矿石品位。

（5）利用暂时预留的矿石层代替崩落岩石层，并待顶板冒落后利用低贫化放矿方式进行回收。

14.10 工程实践

某铁矿自 2006 年投产以来已经开采数年。矿山采用的采矿方法为无底柱分段崩落法。一期工程设计生产规模为 100 万吨/a，首采中段为-370m，中段高度为 50m，分为 4 个分段，分段高度为 12.5m，进路间距为 15m，首采分段水平为-320m。为减少基建工程及生产成本，矿山开采时没有崩落顶板岩石围岩作为覆盖层，而是留下-320m 水平的大部分矿石作为前期开采的覆盖层，随着采空区暴露面积的扩大，顶板岩体逐渐冒落形成废石覆盖层，正常回采时，前期的矿石覆盖层被冒落的废石覆盖层取代。

14.10.1 采矿方法

矿山采用无底柱分段崩落法进行开采，采场沿矿体走向布置，长度为 100m，宽度为分段矿体宽度，上、下相邻的分段回采进路呈菱形布置，采场采用 $2m^3$ 铲运机出矿。

14.10.2 顶板围岩

该矿床矿体顶板围岩属层状结构岩体，岩性主要为绿泥石化、矽卡岩化、硅化、磁铁矿化、角岩化泥质、钙质粉砂岩岩体。其质量总体属良好类型。

根据矿床岩矿物理力学测试资料，分别换算顶板围岩普氏硬度 f 系数值为 11，少量角岩化地段力学强度偏高，f 系数可达 20 左右，局部松软蚀变（强绿泥石化、水云母、高岭土化）岩石力学强度偏低，f 系数为 5 左右。

14.10.3 采空区顶板可崩性分析

为了有效确定本矿山顶板的崩落性能，需要对矿山工程地质等进行相关调查与分析，并分析其总体可崩落性能。该矿山分别采用多种方法对其顶板的可崩落性能进行了评价。

14.10.3.1 岩体的构造及节理裂隙调查

矿床内岩石节理发育，选定的节理调查点分布在 -320m、-332.5m、-342.5m，-355m、-370m 水平分层的7个位置，主要调查现场和统计岩石节理发育组数、结构面产状、节理性质、岩石质量指标 *RQD* 值、所属的岩石类型等。共获得了319条节理调查数据。

节理统计倾向玫瑰花图和倾角分布直方图分别如图14-6和图14-7所示。

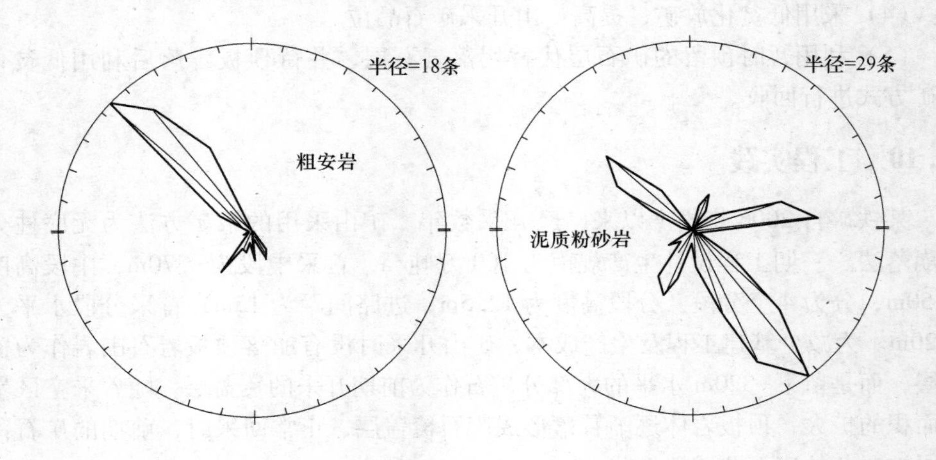

图14-6 节理统计倾向玫瑰花图

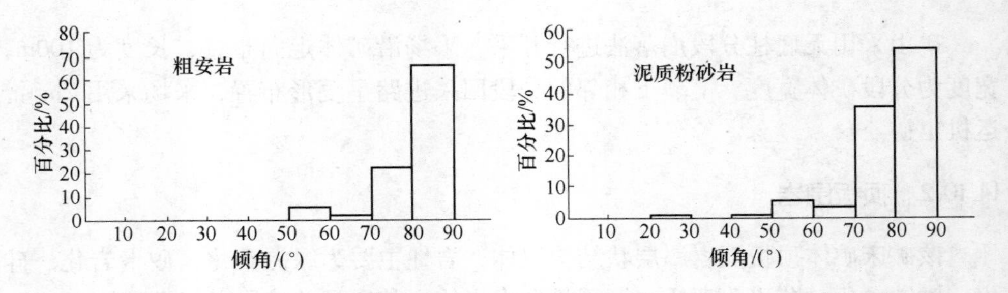

图14-7 节理统计倾角分布直方图

根据图示节理走向玫瑰花图可知，粗安岩有两组节理，第一组节理平均走向为NE52°左右，另一组为NW305°左右，走向为NE52°的节理最为发育；泥质粉砂岩具有三组节理，走向分别为 NE52°、NWW294°和 NNW355°，以组向为 NE 向的节理最为发育。上述粗安岩有三组节理，泥质粉砂岩有四组节理，该两种岩性中分别有两组走向约为 NE52°左右但倾向相反的节理；两组岩性的节理倾角均较陡，粗安岩约 70%集中在 80°~90°之间，25%集中在 70°~80°之间，泥质粉砂岩 55%集中在 80°~90°之间，36%集中在 70°~80°之间。

14.10.3.2 RMR 法

东区顶板岩性主要是铁钙质的粉砂岩，占顶板岩石比例为 86.77%，其次为粗安岩，占顶板岩石比例为 8.82%，少数顶板岩石为熔结凝灰岩以及正长岩。顶板岩石的抗压强度在 100MPa 以上，岩体的 *RQD* 值为 75%，节理组数为三组和四组，节理光滑连续，地下水局部干燥，局部滴水，综合评价得分为 56。

根据此标准，该铁矿的顶板岩体可崩性处于中等位置，即可崩性尚好。

14.10.3.3 Mathews 稳定图法

该铁矿采空区顶板最大的暴露面积约为 100000m^2，采空区周长大约为 2000m，由此计算其形状因子（水力半径）为 50 左右，根据上述计算得出的顶板岩体持续崩落条件为 $S \geqslant 11.1$。由此可得出采空区顶板具有良好的崩落性。

14.10.3.4 可崩落性能评价

根据上述所采用的几种方法综合分析，该矿山顶板总体属于可崩落性能比较好的岩层，即在达到一定暴露面积之后，存在自然崩落的可能。

14.10.4 采场放矿控制

无底柱分段崩落法采矿区域采矿进路沿走向布置，每 200m 两端布置出矿联络道，中间进行切割向两端退采，采场分段高度 12.5m、进路间距 15m。采矿工艺采用暂留矿石作为覆盖层和顶板岩石自然冒落相结合的工艺方法，从第一分层开始采矿起在出矿控制上做到每条出矿进路的眉线处不准与空区相通，已形成的空区与其他工程的通道，进行封闭以防止空区中可能出现的较大面积冒落产生空气冲击波造成危害。当矿体采矿结束时因采空区的暴露面积扩大崩落时间增长，冒落岩石的厚度满足垫层的要求，最后放出存在采空区里的矿石。

具体做法是从第一分段（-320m 分段）开始，出矿量只占崩落的矿石量的 20%~30%，第二分段（-332.5m）出矿量只占崩落的矿石 50%~60%，按照矿石的松散系数（1.4~1.6）计算，采矿水平下降到第二个分段时采空区内留矿厚度已达 22m，2011 年采空区顶板已经冒落了 11m，冒落的岩石覆盖层厚度达 17.6m，当第三分段出矿时，上部的覆盖层厚度已经有 39.6m，出矿量是根据钻孔监测资料即时掌握的覆盖层厚度变化确定的，当覆盖层厚度降低到两个分段高度左右时，就停止出矿。

14.10.5 顶板冒落状况及安全生产

该铁矿在开采第二个分段时，采矿所形成的暴露总面积为84100m²，最大采空区分布在6~7线，暴露面积76000m²，另外6~8线、5~7线有两个暴露面积各为5600m²的采空区。截至2011年4月采矿水平下降到第三分段（-345m）后，上述的采空区已经全部贯通，采空区的暴露面积估计在100000~110000m²左右。井下典型的采空区剖面图如图14-8所示。

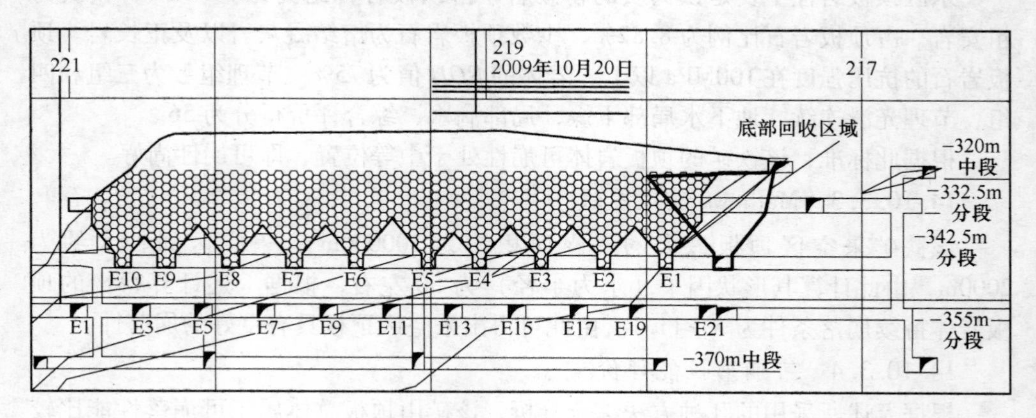

图14-8 1线采空区剖面图

在采空区管理上除前面的采矿工艺所规定的控制放矿保证采空区中矿石、岩石垫层的厚度符合矿山安全规程的要求外，目前-342.5m分段以上各分层通往采空区的所有通道均已封闭，封闭的方式有两种即压渣封闭和浇筑混凝土墙封闭。

14.10.6 覆盖层厚度监测

为了查明顶板围岩冒落情况，矿山在2008年3月~2009年4月在地表施工了4个监测钻孔（由地表直通采空区），通过仪器对采空区的冒落情况进行监测，获取岩层冒落高度数据，及时掌握覆盖层的厚度变化，为采空区管理、采矿方法研究、放矿管理、损失贫化管理提供依据。

14.10.6.1 JJY-ID数字井径仪钻孔监测

采空区地表和顶板采用仪器观测，地表控制测量测线长总计6023.1m，测量点32个，采空区顶板采用深度测量仪监测，工程观测孔为4个。沿着空区横向施工了2个观测孔，在1线附近，沿空区纵向施工了2个观测孔，分别在5线、2线附近。

自2009年4月起开始逐月监测，其统计结果表明，在1年多的时间内CZK01钻孔（空区中心）周围的采空区顶板冒落的高度达11m，CZK03钻孔

（空区东侧）周围的采空区顶板冒落的高度也有 7.55m。由此可见，采空区顶板本身具有较好的自然崩落特性。

14.10.6.2 地质雷达对采空区覆盖层厚度的探测

探地雷达采用了意大利生产的 DETECTOR 新型探地雷达设备，天线为IDSTR 40MHz 屏蔽天线，最大探测深度可达 50m。

探地雷达作为工程物探检测的一项新技术，具有连续、无损高效和高精度等优点。当其遇到不均匀体（界面）时会反射部分电磁波，其反射系数由介质的相对介电常数决定，通过对雷达主机所接收的反射信号进行处理和图像解译，达到识别隐蔽目标物的目的，其工作原理如图 14-9 所示。

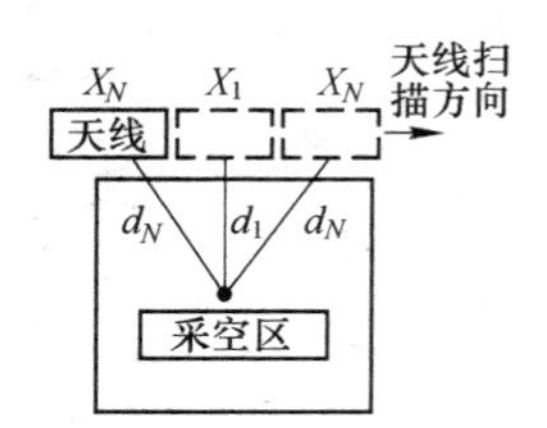

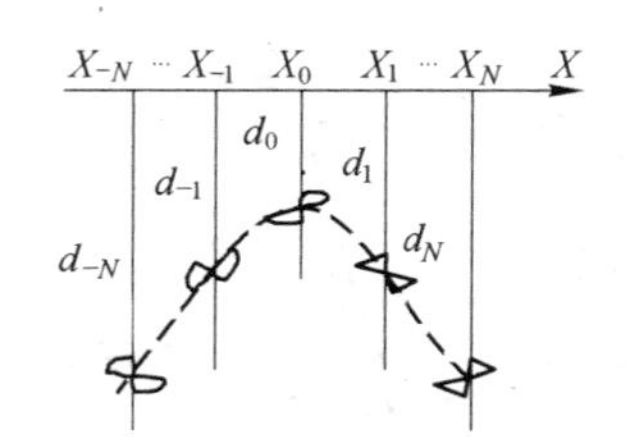

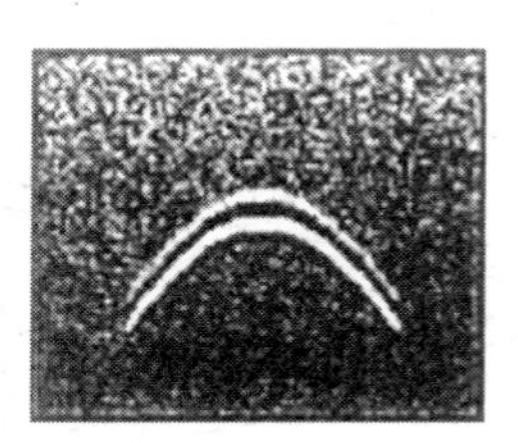

雷达可测量信号到达目标的传输时间，利用传播速率计算出目标的距离

当满足下面条件时，隐蔽物可由雷达探出：在天线信号范围之内信噪比适当

图 14-9 探地雷达工作原理

雷达波反射信号的振幅与反射系数成正比，在以位移电流为主的低损耗介质中，反射系数 γ 可表示为：

$$\gamma = \frac{\sqrt{\varepsilon_1} - \sqrt{\varepsilon_2}}{\sqrt{\varepsilon_1} + \sqrt{\varepsilon_2}}$$

式中 ε_1，ε_2 ——分别为界面上、下介质的相对介电常数。

该探测主要针对其开采中段 1 线和 4 线附近，为了得到更为全面的数据，探测前对 1 线附近：1 线穿脉、17 进路、15 进路、13 进路、11 进路、9 进路、7 进路、3 进路；4 进路附近：4 线穿脉、4-6 线穿脉、E5 进路、E7 进路、W9 进路进行了探测线路布网（图 14-10）。

（1）1 线、4 线附近探测结果和分析。从巷道顶板向上 9m 左右范围内，反射波幅度基本相同，波形均匀，未见强烈的反射波，这是完整岩体的地质雷达图像和波形特征，说明巷道顶板至 9m 左右为矿体，探测结果与事实相符。

从 9m 向上 34m 左右，此范围内反射波振幅显著增强且变化大，波形凌乱，说明此范围内岩石松散，为矿岩垫层，且在波形图上可以看出在 34m 左右有强烈的反射波，此处存在明显的分界面，垫层厚度达 25m 以上，满足生产设计要求。

（2）CZK01 钻孔资料显示钻孔周围的采空区顶板已经冒落了 11m，第三分段出矿后，工作面上部的覆盖层厚度为 24m 左右。

（3）CZK03 钻孔资料显示钻孔周围的采空区顶板已经冒落了 7.55m，第三分段出矿后，工作面上部的覆盖层厚度为 22m 左右。

为了搞清楚钻孔不能监测到的区域覆盖层厚度，采用地质雷达在-355m 分段巷道内对上部的覆盖层厚度进行了探测，探测结果显示覆盖层厚度在 25m 左右，验证了钻孔的监测结果。

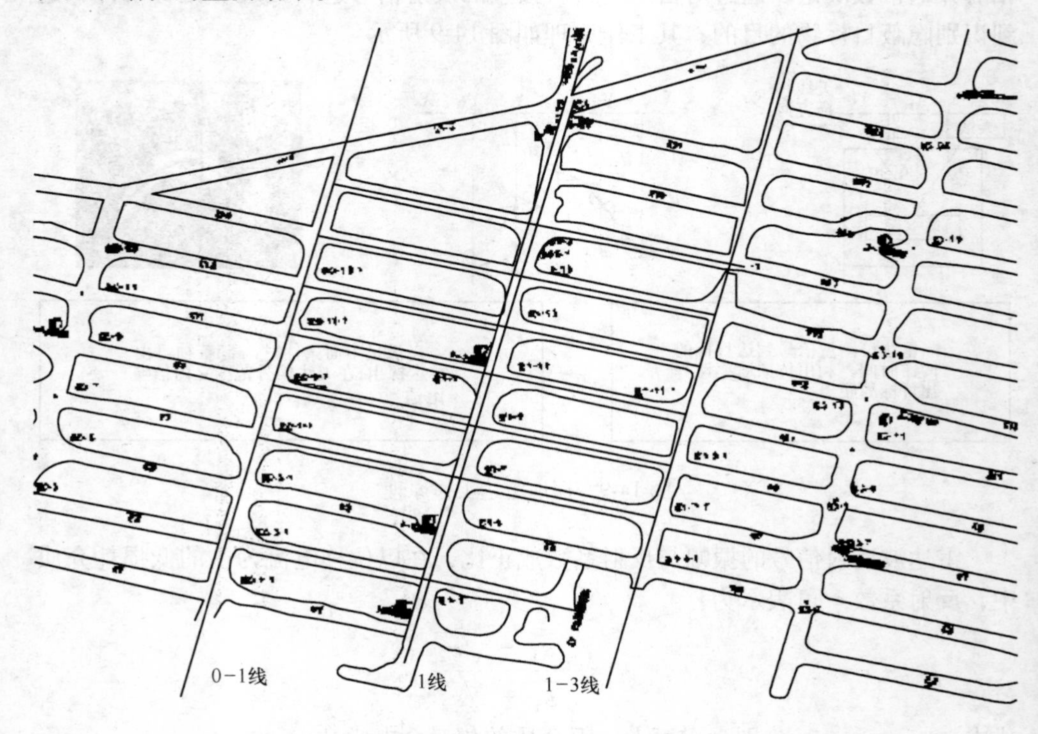

图 14-10 1 线附近探测线路网

14.11 结论与建议

（1）通过对本矿山的工程地质调查、岩石取样、岩石力学试验等工作，对矿山采空区顶板利用 RMR 法、Mathews 法进行了可崩性评价。分析认为采空区顶板具有较好的可崩性。因此，对于本矿开采的岩石条件，其顶板岩石虽然不能随着开采而及时进行冒落，但在开采范围达到一定区域后，在不断的开采过程中可以由零星冒落累加而形成足够的覆盖层厚度。

（2）对矿山的采矿方法现状和采空区现状进行了调查，对矿山前期的钻孔观测结果进行分析，采空区顶板随着开采已经开始逐步冒落，经过两年的生产，采场上部的覆盖层厚度已经达到了两个分段的高度左右，因此，矿山在按照低贫化放矿过程控制、确保维持两个分段的高度左右覆盖层的前提下可以继续进行开采。即为了实现开采的连续作业，为满足岩石崩落“滞后”及无底柱开采要求覆盖层的要求，采用低贫化放矿方式进行出矿可以实现矿山在不需要强制崩落的条件下进行安全开采。

（3）为了有效指导矿山安全生产及控制出矿，在开展该工艺开采时要求采用有效的顶板崩落和空区状况监测的手段进行配合使用，保障开采安全及矿山有效出矿；实践表明，采用 JJY-ID 数字井径仪钻孔监测及地质雷达探测两种监测手段（相互验证）可以较精确地确定掌握空区冒落及覆盖层的实际厚度，满足矿山安全与生产要求。

（4）在硬岩矿山采用以低贫化放矿为基础的无覆盖岩层开采技术，完全可以实现不需要强制崩落顶板实现安全开采。

（5）该开采技术的应用，提高采出矿石品位，减少了废石的混入。

（6）该开采技术的应用，为矿山节省了 1.2 亿元的强制放顶直接费用，并保障了矿山快速投产与达产，为矿山创造了数亿元的直接经济效益。

14.12 效果评价

低贫化诱顶崩落开采通过优化开采顺序、完善回采工艺、降低矿石贫化、引导地压转移、利用地压崩落的方式，在确保回采安全要求厚度的矿石垫层下，一方面可降低贫化，另一方面可减少强制崩顶的工程费用，这两方面都从不同角度极大提高了矿山的经济效益。该技术在龙桥铁矿实施后的主要效果：（1）矿石贫化率为 8%~10%，回收率为 85%，极大改善了崩落法回采贫化大的缺陷；（2）节省了强制落顶辅助井巷约 2000m、炮孔约 9000m、炸药约 45t；（3）减少了贫化大而带来的废石提升费用、提升时间及选厂废石处理量；（4）简化了回采工艺、缩短了回采周期。

低贫化诱导崩顶技术在龙桥铁矿得到了全面的实施，取得了良好的效果，该技术将回采工艺、地压管理、贫损控制密切结合，有效改进了崩落法回采工艺，极大改善了崩落法回采贫化大的缺点。可广泛应用于崩落法回采的矿山，特别在我国目前大型铁矿山 80%采用崩落法开采的情况下，发展推广低贫化诱顶崩落技术具有显著的经济效益和社会效益。

参 考 文 献

[1] 胡建华，周科平，罗先伟，等．顶板诱导崩落爆破效果的全景探测与评价［J］．岩石力

学，2010，31（5）：1529~1533.
[2] 李江，王喜兵．邯邢矿山崩落法空区下的安全回采［J］．金属矿山，1998（8）．
[3] 周宗红．倾斜中厚矿体损失贫化控制理论与实践［M］．北京：冶金工业出版社，2011.
[4] 程国华．诱导冒落技术在无底柱分段崩落法放顶中的应用［J］．山西冶金，2010（5）．
[5] 雷涛．采动卸荷下连续开采诱导放顶动力响应模拟研究［D］．长沙：中南大学，2010.
[6] 胡杏保．硬岩无底柱无岩覆盖层开采技术［J］．金属矿山，2013（12）．

15 采场泥石流的形成规律及预报和防治措施

15.1 概述

众所周知，泥石流形成的三个基本条件为：有陡峭便于集水集物的适当地形；上游堆积有丰富的松散固体物质；短期内有突然性的大量流水来源。

作为崩落法的矿山，由于采矿工艺本身的需要，使采区段内的顶板不断随开采的下降而下降，形成岩石覆盖层，由于顶板不断冒落充填回采空区，慢慢地使其冒落高度达到地表，最终形成地表塌陷区。

当某些矿山上覆岩层具有比较多的第四系泥土覆盖并被崩落形成塌陷的覆盖层时或者矿山在开采过程中由于某些原因，随着开采的进行将比较泥化的物料堆积到塌陷区后，在雨水密集期则很可能形成井下开采时的泥石流灾害。

在井下开采实践中，尤其是雨水比较集中的南方，由于开采矿区地表形成塌陷区后，塌陷区内受大气降水、井下采矿活动等因素的影响，区内积水现象尤为突出，而塌陷区内的地表第四系表土层（俗称黄泥）遇水形成稀泥，稀泥以水为先导，流入在采矿过程中形成的隐蔽空区和覆盖岩石缝隙空洞中储存，然后随采场出矿慢慢侵入出矿口涌出，即通常称为“泥石流”现象。轻者会对采矿作业带来影响，降低采矿效率和增加矿石的贫化和损失；重者会威胁人身安全和生产的安全，造成人身伤亡事故。1983 年 11 月 16 日向山硫铁矿发生了一起井下窜泥事故，涌入泥浆约 700m^2，147m 巷道被淤塞，造成 3 人死亡，矿井停产 40h。由于泥浆具有极高的隐蔽性，1984~1985 年连续发生泥浆涌泥事故给该矿造成上千万元的经济损失。1985 年 5 月湖北阳光县鸡笼山金铜矿在风井−40m 基建时，发生了一起灾难性泥石流事故，−40m、−90m 两个中段水仓、泵房、−230m 巷道和−40m 风井井筒被填满，地表产生一个长轴 40m，短轴 30m，深 9m 的大塌洞，导致井口卷扬机房塌落、倒塌；井架倾斜，造成重大伤亡事故和巨大的经济损失，此外，1999 年 4 月河北矾山磷矿的涌泥事故，造成 7 人死亡，地表塌陷，停产数天的安全事故，给矿山的安全生产带来了严重的影响，桃冲铁矿、程潮铁矿、梅山铁矿也曾发生采矿工作面涌泥事故。

正因为矿山泥石流灾害事故在国内低下矿山频频发生，其原因是多方面的，如何防止矿山泥石流或采场涌泥事故的发生机理的情况下，提出切实可行的防范措施，以减少泥石流灾害事故给矿山造成经济损失，确保矿山安全生产。

15.2 矿山开采黄泥涌入采场的原因与规律

黄泥涌入采矿工作而形成泥石流是在稳定的地质条件下发生的一种地质灾害，它一般是突然爆发的，并含有大量泥沙、石块、地表植被等固体物质，并且具有强大破坏力的特殊洪流，具有突然爆发、预兆不明显、时间短、破坏力强等特点，它的发生往往会造成人员伤亡、毁坏矿山生产设备和矿山采矿工程等事故。

以梅山铁矿为例，从塌陷区与井下开采现状以及顶板冒落规律来综合分析，采场涌泥的基本条件包括：

（1）塌陷区内隐蔽空区或顶板覆盖岩石缝隙空洞中含有大量的第四系细粒砂土。

（2）在大气降水或农田用水的作用下使储存在顶板覆岩缝隙空洞或隐蔽空区中的地表第四系细粒砂土处于饱水状态。

（3）受井下采矿活动的影响，促使处于饱水状态下的地表第四系细粒砂土由采矿工作面涌出。

在上述三个基本条件同时具备的情况下形成采场涌泥事故。矿山黄泥涌入采场可能存在以下两种形式：

（1）隐蔽空区逐步转移储存饱水黄泥，受采矿影响涌出。前面在分析梅山铁矿顶板冒落规律中认为，该矿顶板主要岩石层为安山岩类型（包括变安岩、风化辉石安山岩、高岭土化辉石安山岩等）。

受节理裂隙等构造的影响，其稳定性较差，一般能随采空区的暴露面积增大而自然冒落，受下部垫层支撑作用保持相对“稳定”。由于采矿松动范围与地表塌陷区直接相通，而塌陷区地表第四系黏土土质疏松，遇水饱和易产生液化流失，加之第四系接触的安山岩近浅部及接触界面风化严重，形成中、细粒砂土，抗剪强度低，遇水易崩解、流失，由第四系表涂层在塌陷区内形成的黄泥浆，在大气降水的“诱导”下逐步渗入到塌陷区内的隐蔽空区中储存，该隐蔽空区中储存的黄泥浆，又随井下采矿活动流向更接近采矿工作面的隐蔽空区储存，一旦采矿活动频繁，强度加大之时，隐蔽空区中储存的黄泥浆即会突然大量涌出，最终到达采矿作业面，形成“泥石流”现象。此方式黄泥涌入采场的路径如图 15-1 所示。

（2）地表第四系细粒砂土预先“渗入”顶板岩石缝隙空洞中储存，受大气降水及井下不均匀出矿影响从采矿工作面涌出。

根据金属矿山开采顶板冒落规律分析结果，井下采空区由于顶板冒落后与地表塌陷区形成一个整体，并充满了松散的岩石和地表第四系黏土，由于第四系黏土土质疏松，砂土粒径较小，而顶板冒落的岩石往往块度较大，缝隙较多，其地表细粒的砂土以其更快的速度充填到大块顶板岩石的缝隙空洞中去，并随采矿工

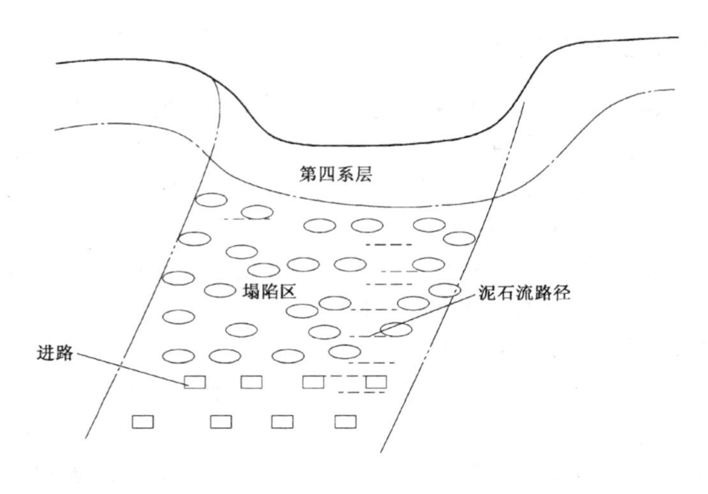

图 15-1 采场泥石流路径示意图

作逐渐由上向下“渗透”，储存于采矿工作面上部的覆盖岩石缝隙空洞中。上述形成的地表细粒砂土，在塌陷区内大气降水逐渐渗入的外在条件作用下，使储存于覆盖缝隙空洞中的地表细粒砂土达到饱和状态，此时若采矿工作面各出矿点出现不均匀出矿现象，覆盖岩石就会呈现漏斗状，已达饱和状态的地表细粒砂土就会快速从某一工作面涌出，形成“泥石流”现象。

以上分析的两种黄泥涌入采场的方式，以第一种的可能性更大。

15.3 采场涌泥的预测预报与防治措施

15.3.1 采场涌泥的预测预报

针对采场工作面涌泥的具体情况，结合采矿工作面涌泥的基本条件和对采矿工作面涌泥的认识，一般情况下采矿工作面涌泥事故发生前会出现声、水、混合量等方面的异常现象。因此，采矿工作面涌泥的预测预报必须以此为重点研究。

（1）采矿工作面涌泥预测预报的模拟实验室试验。为了掌握采矿工作面涌泥的动态情况，应开展采矿工作面涌泥预测预报的模拟试验研究，模拟试验的测定方法包括：泥浆涌出前的声接收仪、上向滴水显示器、地面泥浆移动观测器、泥浆涌入巷道流速计等。通过上述模拟试验，捕捉到泥浆涌出前后的信息。

（2）采矿工作面涌泥的现场监测。根据实验室模拟试验的结果，在采矿工作面周围或附近区域布置现场监测仪器（仪表），主要监测顶板覆盖岩石中声音的变化和采矿工作面涌水状况的变化，从而以此来综合分析判断有没有黄泥涌出的“先兆”，为矿山采取必要的安全措施提供决策依据。

15.3.2 采场涌泥的防治措施

在弄清楚采矿工作面涌泥的原因之后，治理塌陷区的水和土是防治采矿工作面涌泥的关键，再结合规范井下的采矿活动程序（如按采矿要求均匀出矿、有计划地放顶等），最终达到防止采矿工作面涌泥的目的，确保矿山安全生产和人身安全。

针对上述要求，总结出一些防止采矿工作面涌泥的具体安全措施。再查清楚地表塌陷区范围之后，修筑排水防洪设施，从各矿发生泥石流矿山历年的地表塌陷区范围不断扩大的情况来看，修筑地表排水防洪设施要充分考虑到将来开采范围所影响地表塌陷区和移动区的范围。因此，修筑地表排水防洪设施要从疏、堵两方面综合考虑。

疏：针对地表塌陷区所在的地形位置，并充分考虑原来地表的防洪排水设施得到利用的前提下，将地表塌陷区和移动区外围的大气降水和地表农田涌水，通过一些疏引水工程，将其排出范围之外的水沟或河流中，以减少大气降水涌入采场。

堵：在地表塌陷区和移动区周围修筑一些排水防洪设施，以阻止大气降水或农田涌水流入地表塌陷区和移动区。

此外：

（1）在开采初期，在预计的塌陷范围内尽可能地将第四系土层进行预先清理，并保证在开采过程中尽可能避免将细颗粒废弃物回填塌陷区。

（2）在雨季生产时建立井下涌水监测系统，对可能产生的泥石流进行预防预警。

（3）编制相应应急预案，成立应急救援队伍，并开展相应预防演练。

（4）加强对矿山生产人员等进行安全教育，开展雨季危害安全培训。

参考文献

[1] 李尚贤．泥石流运动规律在矿山含泥矿石水采水运中的应用［J］．云南冶金，1977（4）．

[2] 冯朝富．开阳磷矿泥石流发育规律及防治措施探讨［J］．矿业快报，2000（10）．

[3] 欧阳治华，王胜开，全中学．矿山井下泥石流形成机理及固液耦合数值模拟研究［J］．金属矿山，2008（10）．

[4]《大间距集中化无底柱开采新工艺研究》验收报告［R］．2013.

[5] 王永清，宋卫东，等．金属矿山井下泥石流发生机理分析［J］．金属矿山，2006（8）．

[6] 万相宗．浅析井下泥石流的危害和防治［J］．现代矿业，2012（11）．

16 岩爆及控制

岩爆是深井矿山面临的最大安全隐患之一，前苏联、德国、法国、波兰、前捷克斯洛伐克、匈牙利、保加利亚、奥地利、南非、加拿大、美国、新西兰、日本和印度等国家都是较早发生过岩爆并引起关注的国家。南非是世界上岩爆灾害最严重的国家，岩爆事故从1908年的7起上升到1918年的233起，并且随着开采深度的增大而增多。1975年，680起岩爆分别发生在31个金矿，导致73人死亡和4800多个工班的损失。南非金矿开采中，岩爆造成的伤亡占所有伤亡事故的20%。

我国最早记载的岩爆发生在1933年抚顺胜利煤矿，当时的开采深度仅有200m左右，造成80余人伤亡。之后，抚顺矿务局的龙凤矿和老虎台矿也先后产生了岩爆，并随开采深度和开采范围的增加而增大。我国金属矿较早发生岩爆的有湖南的锡矿山、江西的盘古山、东北的杨杖子、石嘴铜矿，以及后来的金川二矿区、红透山铜矿、铜陵的冬瓜山铜矿等。红透山铜矿分别于1999年5月18日和6月20日发生了两次较大规模的岩爆，地点均在-467m的9号采场附近，岩爆后采场斜坡道和二、三平巷有几十米遭到破坏，巷道边壁呈薄片状弹射出来，最大片落厚度达1m。

针对深井开采出现的岩爆问题，控制技术措施主要有两大方面：一方面是区域性防治措施。该措施的基本原理是尽可能避免采矿工作区域大范围应力（或应变能）集中，使岩体内的应力（或能量）处于极限平衡状态以下，从而达到控制岩爆的目的；另一方面是局部解危和防护措施。

区域性防治措施包括：

（1）合理布置矿山开拓系统，优化采场、硐室和巷道的结构参数，确定最佳回采顺序，防止大范围应力长期过载。

（2）岩层预注水，降低岩体强度，增加岩体塑性变形比例，使岩体内聚力能多次小规模释放，防止应变能集中释放。

（3）开采岩体保护层，先将大规模开采矿体上方或下方的岩层采掉，使矿体大部分落入到卸压带内，降低矿体大面积回采时区域应力。

（4）充填采空区，降低采场弹塑性变形和平均能量释放率，实现减少岩爆发生次数（特别是破坏性岩爆）和降低岩爆强度的目的。

（5）及时放顶，用崩落法回采有岩爆危害矿床时，处于崩落范围内的岩体的崩落经常会引发强烈岩爆，因此，如果采空区顶板不能自然及时崩落，需进行强制放顶，降低岩爆的危害。

局部解危和防护措施包括：

（1）在有岩爆迹象的工作面打大孔径钻孔，增加工作面附近岩体塑性，降低局部岩体承压强度，使工作面附近应力峰值进一步向原岩体内推进，达到降低可能发生的岩爆强度或防止岩爆发生的目的。

（2）采用松动爆破降低采场工作面岩体强度，使应力增高区进一步远离采场工作面，局部解除处于极限状态岩体发生岩爆的危险。

（3）根据预计可能发生的岩爆机理和强度，选择相应的支护方法。对破坏性较小的岩爆，支护的作用是预防岩石表面剥落和破坏的发生，支撑和固定已移位的小块岩石，一般采用喷锚网支护即可。对于中等强度的岩爆，支护系统内在强度必须足以预防和控制岩石的膨胀和位移，这时锚杆密度要加大，并且用高强度、高韧性的金属网和钢缆绳增加支护强度。破坏性极大的岩爆，每米巷道破碎岩石的质量可高达 10t，破坏岩石的深度大于 1.0m，岩石弹射最大初速度可达到 10m/s，这时用任何经济的支护已都不现实，对于这种岩爆的任何支护只能起到减灾的作用。

（4）架设防冲击挡板、格栅等保护井下作业人员和设备安全。

16.1 概念及分类

岩爆（也称冲击地压）是高地应力区地下硐室中围岩受到脆性破坏时，大量应变能瞬间释放造成的一种动力失稳现象。

它发生在具有大量弹性应变能储蓄的硬质脆性岩体内。由于硐室开挖，地应力分异，围岩应力集中，在围岩应力作用下产生脆性破坏，并伴随响声和震动。在消耗部分弹性应变能的同时，剩余能量转化为动能，围岩由静态平衡向动态失稳发展，造成岩块脱离母体，并猛烈向临空方向抛射的破坏现象。

从工程实际出发，依据现场调查所得到的岩爆特征，考虑岩爆的危害方式、危害程度以及防治对策等，对岩爆进行分类。按照围岩的破裂程度，岩爆可分为以下几种：

（1）破裂松弛型。围岩成块状、板状或片状爆裂，爆裂响声微弱，破裂的岩块少部分与硐壁母岩断开，但弹射距离很小，顶板岩爆的石块主要是坠落。

（2）爆裂弹射型。岩爆的岩块完全脱离母岩，经安全处理后留下岩爆破裂坑。岩爆发生时的爆裂声响如枪声，弹射的岩块最大不超过 1/3m^3，有 5 ~10cm 大小的，也有粉末状的岩粉喷射。主要危害是弹射的岩片伤人，对机械设备无多大影响。

(3) 爆炸抛射型。有巨石抛射，声响如炮弹，抛石体积数立方米至数十立方米，抛射距离数米至 20m，对机械、支撑造成大的破坏。

16.2 形成条件

根据目前国内外大量研究和工程实践经验综合分析，岩爆的发生主要有以下4个条件：

(1) 深度。发生岩爆可能性随开采深度的增加而增加。如印度科拉金矿在采深小于 250m 左右时不曾发生岩爆，后来发生岩爆且随深度变化而愈演愈烈。20 世纪 60 年代以来，在世界范围内所进行的原岩应力测量一致说明，地应力随采深呈线性增加，开挖工程所处的应力环境随采深而恶化，是造成岩爆的重要背景。此外，随着深度增加，岩体的完整性越来越好，从而岩石强度和脆性相应增加，发生岩爆的可能性增高。

(2) 地质构造应力。强大的构造应力是造成硬岩矿山岩爆的重要原因。科拉金矿岩爆区的岩爆，就是在水平地应力较铅直向重力应力高 1.6~4 倍的情况下发生的。构造应力往往与一定的构造相联系，例如，在冲断层、挤压型平移断层、紧密褶皱的核部和这些构造的交汇以及岩脉附近，可能存在着诱发岩爆的危险应力。

(3) 矿岩的力学性质及岩组间的组合关系。南非金矿中的岩爆，则多发生在坚硬的辉绿岩岩脉之中，在破碎和软弱的岩体中则不至于发生岩爆。煤矿中的岩爆多发生在直接顶板很差、老顶为整体性好的厚层砂岩或砂砾岩条件下。这类老顶使采空区上覆地层难以充分垮落和沉陷，从而在工作面上及其前方的大片煤壁的侧向扩容，在工作面前方的支点压力带中造成应变势能的大量积累，为岩爆准备了条件。

(4) 开挖。目前岩石力学理论认为，发生于开挖过程中的岩爆，乃是围岩受开挖影响发生脆性破坏时，存在周围岩体中的弹性势能转移的突变过程。开挖工程中所遇到的岩爆，归根结底是由开挖诱发的。开挖诱发岩爆的作用表现在两个方面：一是造成开挖体周围矿岩中的应力集中，二次应力可达到很高的量级；二是使这种应力异常区中的应力状态从原来的三向受压状态转变为二向受压状态，甚至单向受压状态，为岩爆的形成准备了条件。

16.3 预防与控制

对于有岩爆危险或潜在岩爆危险的矿山，应采取预防与治理相结合的方法。岩爆防治可分为区域防治和局部防治两种。

16.3.1 区域防治

16.3.1.1 合理的采矿工艺和开采顺序

有岩爆倾向的矿床所采用的采矿工艺和方案必须与矿体赋存条件一致，具有岩爆倾向矿床的开采工艺可先根据一般采矿方法选择原则进行初选，然后根据下述原则进行调整和完善，最终确定采矿工艺：

（1）空场法、充填法和崩落法这三大类采矿方法中，空场法（不包括空场嗣后充填采矿法）一般不宜用于有岩爆倾向的矿床开采。用少量矿柱支撑采空区顶板，大面积开采后，矿柱破坏几乎是不可避免的，随即会发生连锁反应，大量矿柱在瞬间破坏造成的危害是巨大的，并可能诱发岩爆。而充填法和崩落法都有利于控制矿体开采后围岩内的应力集中和所积聚应变能的均匀释放。下向分层充填法比上向分层充填法更有利于控制岩爆。

（2）岩爆与岩石高温或自燃发火同时出现在一个矿床时，一般应采用充填采矿法。有条件时应尽可能实现连续开采；无条件实现盘区连续开采时，安排作业应确保采矿工作面总体推进连续，避免全面开挖，到处安排采场。

（3）采矿作业面推进应规整一致，不应有临时小锐角的作业面出现。沿走向前进式回采顺序比后退式回采更有利于控制岩爆。单向推进采矿工作面不能满足生产规模要求时，应采用从中央向两侧推进的回采顺序。一个中段生产规模不足而实行多中段同时生产时，一般下中段推进速度要快于上中段，且中段间尽可能不留尖角矿柱。

（4）矿区内有较大规模断层或岩墙时，采矿工作面应背离这些构造推进，避免垂直向着构造或沿构造走向推进。

（5）多层平行矿脉开采时，先采岩爆倾向性弱或无岩爆倾向矿脉，以便解除其他岩爆倾向强的矿脉的应力，尽量防止岩爆的发生；岩爆倾向性强烈的单一矿脉回采时，先回采矿块的顶柱并用高强度充填料充填，以降低回采过程中弹性应变能的释放速度，在解除矿房的应力后再大量回采矿石。

（6）缓倾斜的薄矿体一般应采用长壁法回采，采空区的顶板可以用崩落或充填处理（各国有岩爆危害的煤矿以及南非的金矿均采用长壁法回采）；厚大矿体采用充填法无法接顶时，应有计划地崩落来充满空间，以防止出现过高应力。

（7）采场长轴方向应尽量平行于原岩最大主应力方向，或与其成小角度相交。当能量释放率的绝对值不至于产生岩爆时，为了充分发挥原岩能量释放率较大时有利于提高爆破效果的特点，采场爆破推进方向要尽量与原岩最大主应力方向平行；能量释放率接近或超过设计极限时，爆破的推进方向应垂直原岩最大主应力方向，以防岩爆的发生。

（8）应尽量采用人员和设备不进入采场的采矿工艺。对于薄矿脉回采，人员和设备非进入采场不可时，采场工作面要根据情况采取爆破预处理措施。采用爆破预处理可以破坏采矿破碎圈内采矿裂隙面上的凸凹体和障碍体，从而降低了裂隙面的抗滑阻力，导致应力重新分布；同时将高应力区进一步向完整岩石深部推进，靠应力降低的破碎区作为缓冲层，减少工作面岩爆的发生。爆破最好采用能量大而冲击能量低的炸药（如铵油炸药）。

（9）采准工程应尽量布置在岩爆倾向性较弱的岩层内，且先施工岩体刚度大的巷道，后施工岩体刚度小的采准工程。

（10）岩爆矿山一般埋藏深度较大，为了提高采矿综合经济效益，应尽可能做到废石不出坑，减少提升费用；回填采空区，减少对地表环境的破坏。

16.3.1.2 改善巷道支护

木支架、混凝土配装式砌块、料石砌碹或整体浇灌混凝土一类的支护方式在岩爆时可能被彻底摧毁，砸伤人员和堵塞通路，造成人身伤亡事故。可伸缩的U形金属支架在有岩爆的矿山使用过，并收到良好的效果；喷锚网联合支护用于有岩爆的矿山，效果良好。

16.3.2 局部防治

局部防治包括：

（1）注液弱化。该方法的实质使围岩弱化。它是通过向围岩内打注液钻孔，注入水或化学试剂（如0.1%的氯化铝活化剂）。注水是利用了岩石的水理性质，即注水可使岩石的强度及相应的力学指标降低。化学试剂的使用是基于它的化学成分可以改变围岩中裂纹或破裂面表面自由能，从而达到改变岩石材料力学指标的目的。

（2）钻孔弱化。该方法也属围岩弱化法，是通过向围岩钻大孔达到弱化围岩，实现应力向深部转移的目的。该方法应用较普遍，技术上也易于实现，但实施时必须用其他方法了解巷道周边围岩的压力带范围，以确定孔深和孔距。只允许在低应力区开始打钻并向高应力区钻进，否则将会适得其反，诱发岩爆。

（3）切缝弱化法。该方法也属弱化围岩法，但具有明显的方向性，切缝一般与引起应力集中的主要方向相垂直。切缝弱化法可用钻排孔或专用的切缝机具实现。只要能合理地选择切缝宽度，往往可以取得较好的弱化效果。

（4）松动爆破卸压法。该方法也属围岩弱化法，有两种基本形式，即超前应力解除法和侧帮应力解除法。超前应力解除法是在巷道工作面前方的围岩中打超前爆破孔和爆破补偿孔，用炸药爆破方法在围岩中形成人工破碎带，以使高应力向深部岩层转移。侧帮应力解除法则是在工作面之后的巷道侧帮围岩内钻凿卸压爆破孔，用炸药爆破方法人工形成破碎带，以使高应力向深部岩层中转移。

需要指出的是，上述四种方法均是通过减少工作面（或围岩）的应力集中区域内的岩体强度来使荷载重新分布，而工作面上的应力集中程度及其分布特点是决定采用何种处理方法的依据。一般来说，对于没有产生应力集中（针对较大范围而言）或应力集中程度不高时，这四种方法都会获得较好的效果。

（5）加固围岩。这是最常规的处理方法，从原理上与前四种方法截然相反，是以通过提高围岩的强度（或自承能力）为出发点。

（6）开挖方式。该方法是改变巷道掘进中的开挖方式，控制开挖几何形状和掘进工艺过程，采用合理的开挖进尺以允许应变能的逐步释放，避免高应力集中，减少爆破震动对岩爆的诱发作用等。

参 考 文 献

[1] 王新民，古德生，张钦礼．深井矿山充填理论与管道输送技术［M］．长沙：中南大学出版社，2010.

[2] 杨鹏，蔡嗣经．高等硬岩采矿学［M］．第2版．北京：冶金工业出版社，2010.

[3] 王永才，康红普．金川深井高应力开采潜在问题及关键技术研究［J］．中国矿业，2010（12）．

[4] 杨承祥，罗周全，胡国斌．深井高应力矿床开采地压检测与分析［J］．矿业研究与开发，2006（19）．

[5] 王御宇，李学锋，李向东．深部高应力区卸压开采研究［J］．矿冶工程，2005（4）．

[6] 杨志强，等．高应力深井安全开采理论与控制技术［M］．北京：科学出版社，2013.

[7] 赵生才．深部高应力下的资源开采与地下工程——香山科学会议第175次学术讨论会综述［J］．科技政策与发展战略，2002（2）．

[8] 古德生，李夕兵，等．现代金属矿床开采科学技术［M］．北京：冶金工业出版社，2006.

17　富水矿床突水防治

17.1　概述

我国开发较早及相对地质条件比较简单的露天、地下矿山，由于已开发多年，多数已接近矿山开采末期，部分矿山也已闭坑。一些地质条件比较复杂、赋存形态多变的复杂难采矿体逐渐面临大规模开发。大水矿床为复杂难采类型矿床之一，据统计，全国复杂富水难采矿床的铁矿资源量和有色金属资源量约46亿吨，由于富水矿床的赋存情况的复杂性，给该类矿山开采带来了很大的困难。

大水矿床一般是指水文地质条件复杂，矿坑涌水量每日数万立方米以上的矿床。该类矿床通常是赋存于含水岩系中或含水溶洞发育的岩层带。其水的补给有的只靠大气降雨，有的除大气降雨外还与地表的江、河、湖泊等水体具有水力联系。一旦发生突水事故，由于水量大、流速快，井下空间有限，水在很短时间内充满井下空间，将会导致人员和设备被困被淹。

例如1999年7月12日，山东省莱芜市谷家台铁矿-100m水平28A穿脉发生透水事故，导致矿井被淹，29人死亡。2001年7月17日3时40分，广西壮族自治区南丹拉甲坡矿9号井在实施二次爆破后，标高-166m平巷的3号作业面与邻近恒源矿最底部-167m平巷的隔水岩体产生脆性破坏，大量高压水从恒源矿涌出，淹及拉甲坡矿3个工作面，以及相邻的龙山矿2个工作面、田角锌矿1个工作面，81人死亡，直接经济损失9000余万元。2007年1月16日内蒙古包头壕赖沟铁矿突水，1号、2号、3号竖井井下巷道全部被泥浆和水淹没，35名矿工被困井下。2010年3月28日，山西乡宁县王家岭煤矿发生突水事故，造成153人被困井下、死亡加失踪38人的恶性突水事故。表17-1是我国2001~2009年矿山所发生突水事故起数与死亡人数的统计。

表17-1　2001~2009年矿山突水事故

年　份	2001	2002	2003	2004	2005	2006	2007	2008	2009	合计
事故起数	42	93	94	63	75	47	44	29	24	511
死亡人数	432	438	477	287	586	344	279	236	175	3245

据不完全统计，在过去的20多年里，全国有250多个矿井被水淹没，经济

损失高达350多亿元人民币。

这些水害事故破坏性大，突发性强，往往导致大量人员伤亡，即使没有造成人员伤亡，矿井水害事故也具有抢险救援难度大、经济损失大、矿井恢复生产周期长、恢复生产期间安全隐患多等特点。因此，矿井水害已成为影响非煤矿山安全生产的重大问题之一。

针对矿山水害事故，国内外在地下水灾害领域开展了众多研究工作：采矿过程中地下水的运移规律和突水机理研究、工作面及矿井涌水量预测、老窿与岩溶水探测设备与技术、裂隙或构造带涌水通道堵截技术及材料等。

17.2 矿山水害的种类及防治方法

矿山水害是矿山主要灾害之一。受地质条件和矿山开采历史等客观因素的影响，我国矿区水文地质条件极为复杂，无论是受水害威胁的面积、类型，还是水害威胁的严重程度，都是世界罕见的。

矿山井下透水可以分为以下几种：

（1）老空水。在矿井中分布最广，对人身的危害最大，事故教训也最多。

（2）钻孔水。钻孔水是勘探工作中遗留下来的问题。一般情况下，打钻以前，地面汇水区，地下含水层以及洞窑性的喀斯特溶洞岩层都与矿体层上下隔绝，但在钻探以后，这些岩层便互相贯通了。因此，当井巷碰到钻孔时，往往会有大量的水涌出。有时采掘工作面虽离钻孔还有一定的距离，但钻孔水也会将工作面前端冲溃，造成穿水的事故。

（3）裂缝水。裂缝水常以两种形式出现：一种是新矿山开采水平较深，受雨水影响较小，但上下层的含水量较大，如遇隔水层不够厚或开采方法、顶板管理不够合理等，都能引起隔水层破裂，造成严重的顶板淋水现象，影响生产的顺利进行；另一种是老矿山所遭受的裂缝水害，一般说来老矿山附近都难免有大小不等面积的塌陷区，形成盆地，这些地区雨水汇集，顺塌陷裂缝浸入井下，造成井下排水困难。

（4）地面水。对井下威胁最大的是山洪暴发，因为它会造成灌井事故。另外，地面河流，湖泊，池沼等水的下渗会使采区地面的裂缝扩展，造成透水事故。

（5）地下水。地下水主要是指含水层及有溶洞岩层的来水，这些水一经透出也往往造成淹井。

（6）断层水。由于地质变化，出现断层以后，往往将含水层的水沟通起来，当井巷遇到断层时就有大量水透出。

（7）层间水。岩层露头部分，受长期的风化作用，裂纹特别发达，因而水就会由岩层的露头流入，形成层间水，层间水常常随着透水岩层的倾斜、标高和构造等条件的不同，有很大变化。一般来说，平缓岩层的补给水，比垂直岩层多，山谷露头的渗水比山岭露头多，破碎地带又往往形成蓄水带。

矿山水害防治方法一般分为四种，即疏、堵、避、探，实际应用中往往采用一种方法为主、其他方法为辅的综合防治方案。矿山水害防治（表 17-2）首先应深入掌握矿区水文地质条件，在此基础上，遵循“先简单、后复杂，先地面、后井下，层层设防”的原则，开展矿山水害防治。对于各种可能涌入矿坑的地表水，应采取地面防水措施；为防范突水淹井，应采取井下防水及探放水措施；为保证安全顺利开采，坑内一般以疏为主，并尽量在浅部将地下水拦截。

表 17-2　矿山水灾害防治方法

分　类	主　要　内　容
地表水防治	（1）在河流（含冲沟、小溪渠道）的漏水、渗水段铺底，修人工河床、渡槽或河流部分地段改道等； （2）在矿区外围修筑防洪泄水渠道，在采空区外围挖沟排（截）洪； （3）填堵渠道； （4）建闸设站，排除塌陷区积水或防止河水倒灌
井下防水设施	（1）留设防水矿柱； （2）设置防水闸门等； （3）设排水泵房、水仓、排水管路及排水沟等排水系统
井下探放水	（1）探放老空水； （2）探放断层、溶洞水； （3）探放含水层水； （4）探放旧钻孔水
疏　干	（1）地表疏干； （2）地下疏干； （3）联合疏干
突水预测	（1）易于突水的构造部位或地段的预测； （2）采掘前突水预测； （3）采掘过程中突水预测
注浆堵水	（1）封堵突水口的注浆； （2）封堵突水巷道的注浆； （3）封堵突水断层带的注浆； （4）堵水截流帷幕的注浆； （5）封堵天然隐伏垂向补给通道的注浆； （6）巷道布设在厚层灰岩的突水口的注浆
避　水	在摸清地下水源及通道的状况下，尽可能采取避开的方法进行开采，减少矿山费用

17.3 井下水害应急救援

就我国矿山安全装备和技术水平现状而言，无论水害预防工作做得如何周密，由于井下采矿环境的复杂多变、水害影响因素和形成机理的多样性等，矿山水害事故总是难以避免的。矿山水害发生后，经济损失是一方面，另一关键方面是井下人员的生命随时遭受着威胁。2011 年国家安监总局出台了《非煤矿山六大系统建设规范》，其中要求“水文地质条件中等及复杂或有透水风险的地下矿山，应至少在最低生产中段设置紧急避险设施”。但是截至目前国内外利用井下紧急避险设施施救的案例中，无一起是井下发生突水事故而依靠紧急避险设施成功获救的。井下人员众多，不能单一依靠紧急避险设施。而应该尽量在有限的逃生时间内，主动逃生到安全地带。

所以水害事故发生后，人员在突水充满井下空间的这段时间内，及时逃生就显得尤为重要。井下水仓按照《金属非金属矿山规程》规定容积仅为井下 6~8h 的正常涌水量。而井下突水时，按照一般的突水事故，井下突水规律有水头高压力大、水量大、水势猛。突水量常常是井下正常涌水量的几倍至几十倍，这时井下水仓在极短时间内将被充满，常常发挥不了应有作用。这时，若水仓足够大，能够容纳数小时井下的突水量，就能够为人员逃生争取时间，为突水应急救援争取黄金时间。

17.4 应急水仓的提出

17.4.1 应急水仓概念

应急水仓是指设置在矿井正常生产水平之下，利用空场法开采局部矿体并形成相应的空区，该空区在井下发生透（突）水时，将其涌出的非正常涌水通过穿脉等通道全部或部分汇流至此以暂时缓解井下透（突）水危害的一种特殊大型硐室系统。

应急水仓是结合矿石开采的过程，利用矿石开挖后的空区作为应急水仓。不是专门开挖岩石硐室而形成的，因此，矿山不需要另行投资建设。

17.4.2 应急水仓应达到的效果

矿山井下透（突）水水源按补给水源类型可分为有限水源（老窑积水、大气降水等）和无限水源（地下暗河、地表水源等）两类。应急水仓不但应对于有限水源的突水事故的抢险应急能力有显著的效果，而且应为矿山在发生无限水源型灾害时争取到宝贵的自救时间，以达到减少相关损失的效果。

根据矿山突水事故的案例分析及统计，一般突水水量为 800~1500m^3/h；而应急水仓和井下主要巷道全部连通，体积需要达到存储数小时（按照 8h 考虑）

以上的灾害突水量，其可容容积应在 10000~20000m^{3}左右，可以为矿山最少争取到 8~10h 的应急避灾时间；有条件的矿山可以形成 100000m^{3}以上的应急水仓；当井下发生透（突）水事故时，非正常涌水能够迅速通过巷道汇集进入应急水仓，避免因透（突）水后暂时水位的上升而威胁到井下生产作业人员，为应急救援争取数小时以上的宝贵时间，井下被困人员被救出的几率也会大大提高。

至少可以达到“可以淹井，不可以淹人”的目的。

17.5 井下应急水仓实现原理及主要参数

17.5.1 应急水仓基本原理

对于大水矿床开采，矿井设计初期就应将应急水仓作为设计的一部分，水仓的位置根据矿体的赋存状态选取，一般是布置在矿体的边界部位或者是单独的零星矿体地段、多中段开拓时的最下中段、上向开采时的最下部位置。

应急水仓的基本原理是在矿山投入生产前，在作业水平的下部位置利用局部空场法开采矿体而形成足够大的空区（或者组合空区群），利用该空区作为矿山在突水时非正常涌水的暂时存放地，从而达到避灾的目的。

17.5.2 应急水仓实施方案

应急水仓建设之前首先应考虑两方面的问题，即应急水仓地段问题及其稳定性问题。

（1）应急水仓地段问题。应急水仓应考虑设置在井田边界靠近风井部位且矿体围岩稳定性较好地段，这样既可以减小应急水仓对于上部矿体开采的影响和维持水仓本身的稳定性，而且也有利于水流汇集时排气和透（突）水后水仓内的水外排。

（2）应急水仓的稳定性问题。应急水仓体积大，必须保证其稳定，否则将会成为矿山的安全隐患，需根据矿体赋存条件、矿山开拓方案、采矿方法等具体条件确定，开采前进行专门的设计论证。稳定性保证方法主要是采矿方法的选择以及不稳定地段的支护等。缓倾斜矿体利用房柱法等，矿柱参数比一般正常开采时应该留设的相对保守，以保障空区存在的稳定性；倾斜矿体尽量留连续宽间柱，采高尽量降低，形成一系列空区；对于局部不稳定地段可以采用锚杆、锚索、喷浆等方法进行支护。

根据矿山矿床赋存情况及矿山开拓与采矿方法的不同，应急水仓形成的方案可以有多种形式，最基本的有以下三类：

（1）多中段开采。当一个矿山开拓有 3 个或者 3 个以上的中段，并且其开采采用自上而下的开采顺序作业时，可以将最下部的中段局部先行开采并形成足够大的采空区（图 17-1），该采空区可以作为本矿山的应急水仓进行使用。

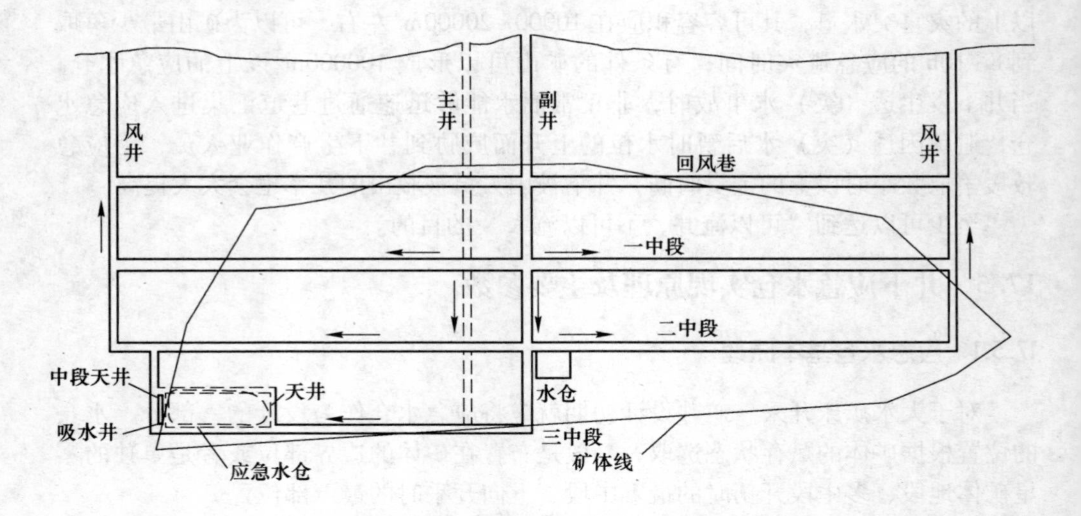

图 17-1 多中段开采时应急水仓布置示意图

（2）上向充填开采。一般大水矿山多采用自下而上的上向分层开采时，主体矿部分可以在最下部的中段留一定高度暂时不开采，而在局部利用空场法开采并形成相应的空区，作为矿山的应急水仓进行使用，如图 17-2 所示。

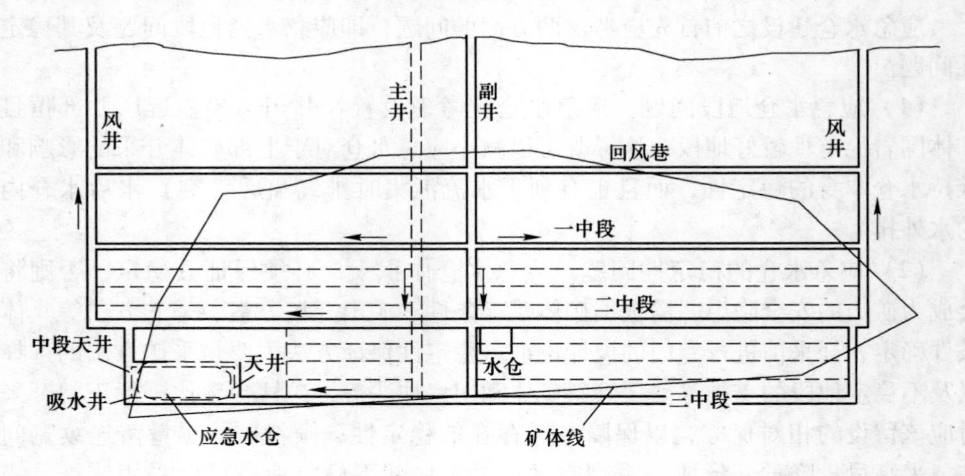

图 17-2 上向分层充填开采时应急水仓布置示意图

（3）开拓之外的零星（边角）矿体开采。当矿床存在（一般均存在）开拓之下或者之外的零星和边角矿体时，在最低开拓水平之下位置利用盲斜（竖）井开拓形成一套小生产系统，将边界部位矿体或零星矿体采空留下空区（群）作为应急水仓，如图 17-3 所示。

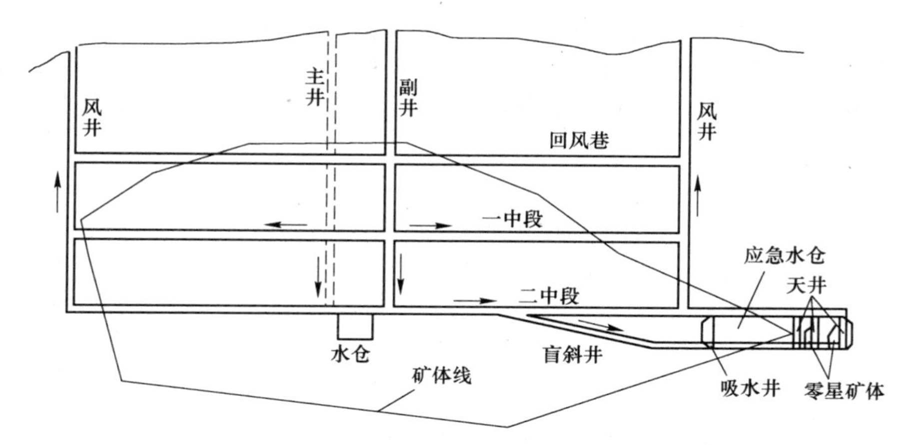

图 17-3 利用边角及零星矿体的应急水仓布置示意图

17.6 保障措施

应急水仓的功能是在矿山发生突水事故时，将透入的水及时引到应急仓进行临时排放，并在事故之后可以被再行排出以恢复矿山生产。为此，需要进行相应的配套建设。

17.6.1 巷道坡度

矿山底部中段的巷道坡度，为了保障正常生产的排水和重车下坡的巷道坡度，设计稍低于正常巷道坡度，可设计为 0.1%～0.2%，以利于事故后的排水，其余运输巷道坡度按正常设计。

17.6.2 结构形式（多空区组成）、水仓本身稳定性保障

应急水仓要求的体积较大，单空间类型稳定性很难保障，因此应设计为空区组合型，空区的贯通性应良好，而且设计的采高应根据具体的岩体工程地质条件进行论证，采矿后空区内应留有矿柱或者人工矿柱，并对不稳定部位进行支护。

17.6.3 排水

突水事故发生后，井下巷道全部被淹，救援工作首先利用大功率水泵将井筒内的水位降至底部中段运输巷道，然后利用应急水仓的吸水井将水仓内水排至地表。

17.6.4 排泥

水仓只做应急用，平时不存水，因此不设计专门的排泥系统。透（突）水

事故发生后，待水排干，泥沙和碎石等采用机械方式或人工方式进行清理。

应急水仓利用的是采矿留下的采空区，地面环境较差，水仓面积较大，大部分利用机械清理，可选择利用铲运机或者装载机配合矿车，人工清理主要是机械不能清理到的部位。

17.6.5 供电

应急水仓的用电主要是发生在水害发生之后的处理时段，对已经被淹的水仓进行清理恢复使用。

目前很多中小型矿山发生突水事故后，大功率水泵不能应用于现场排水，主要是矿山供电系统的负荷不能满足大功率水泵的要求，因此，应急水仓的水泵电源的负荷设计应能满足多台大功率水泵的用电功率。

17.6.6 透气排压与容量的全部利用

透（突）水事故发生后，涌出的水汇集至水仓后，水仓内的水位高度会与主、副井内的水位持平，水仓的最高标高和底部中段运输巷道底板持平，因此水仓容量能够全部利用。

应急水仓的上下中段运输巷道间布置有各类天井，天井在上中段平巷与风井连通，水流入水仓时可以透气排压。

17.7 小结

井下应急水仓的建设为大水矿山的安全开采提供了一种有效的应急延时救援关键技术，消除井下水害对人员生命的威胁，能够为井下人员的生命争取救援的黄金时间。该技术在水文地质条件复杂以及有突水风险的矿山应全面推广。

参 考 文 献

[1] 褚军凯，霍俊发，崔存旺．复杂富水矿床安全开采综合技术研究［J］．金属矿山，2012（8）．

[2] 褚洪涛．我国金属矿山大水矿床的地下开采采矿方法［J］．采矿技术，2006（6）．

[3] 叶粤文，孟中华．复杂大水矿床安全开采技术研究［J］．金属矿山，2006（12）．

[4] 刘晓亮，褚洪涛．我国复杂大水金属矿床的开采现状与发展趋势［J］．采矿技术，2008（2）．

[5] 王运敏．现代采矿设计手册［M］．北京：冶金工业出版社，2012.

[6] 韩路朋．我国金属矿山大水矿床的地下开采采矿方法［J］．科技与企业，2012（22）．

[7] 辛小毛，王亮．大水金属矿山防治水综合技术方法的研究［J］．矿业研究与开发，2009

（2）.
［8］郭金峰.我国复杂难采矿床开采的问题与对策［J］.金属矿山，2005（12）.
［9］曹剑峰，等.专门水文地质学［M］.北京：科学出版社，2006.
［10］王军，等.复杂及特殊条件下矿床开采调研报告——大水矿床开采技术部分［R］.
［11］胡杏保，刘海林.井下大水矿山应急水仓建设探讨［C］//2010′中国矿业科技大会论文集，2010.
［12］徐树岚，等.充填采矿法.中国有色金属学会采矿学术委员会，1999.